KB250926

DNA는 어떻게 나를 설계하는가?

멘델에서 합성생물학까지, 유전자를 다시 읽다

DNA는 어떻게 나를 설계하는가?

초판 1쇄 발행 2026년 4월 30일

글쓴이	김훈기
감수	전방욱

펴낸이	이경민
편집	장미향

펴낸곳	㈜동아엠앤비
출판등록	2014년 3월 28일(제25100-2014-000025호)
주소	(03737) 서울특별시 마포구 월드컵북로22길 21, 2층
전화	(편집) 02-392-6901 (마케팅) 02-392-6900
팩스	02-392-6902
전자우편	damnb0401@naver.com
SNS	

ISBN 979-11-6363-803-2 (03470)

*책 가격은 뒤표지에 있습니다.
*잘못된 책은 바꿔 드립니다.

DNA는 어떻게 나를 설계하는가?

멘델에서 합성생물학까지, 유전자를 다시 읽다

김훈기 지음　전방욱 감수

동아엠앤비

첨단 생명공학은 우리 평범한 시민에게 실제로 어떤 혜택을 주고 있으며, 우려되는 바는 무엇인가. 필자의 오랜 관심사였다. 2000년대 초반 완성된 인간게놈프로젝트, 식품과 사료로 쓰이고 있는 유전자 변형 식품(GMO), 집에서 간단히 내 유전 정보를 확인할 수 있는 DTC 유전자 검사, 자연에 없는 생명체를 실험실에서 제조하는 합성생물학. 이들 주제에 대한 저술과 강연 활동을 이어 오면서 늘 중심에는 '유전자'라는 공통어가 있었다. 하지만 그 의미가 조금씩 다른 것 같다는 막연한 느낌을 지울 수 없었다.

그러던 차에 과학저널리스트 시절 함께한 '동아엠앤비' 출판사의 이경민 대표로부터 제안이 왔다. 2013년 발간된 『내 생명의 설계도, DNA』의 후속 작업으로, 최신 연구 성과를 보완해 유전자에 대한 책을 집필해 보라는 것이었다. 마침 잘됐다 싶어 흔쾌히 응했다.

그러나 막상 시작해 보니 인간 유전학의 세계는 예상보다 훨씬 방대하고 전문적이어서 당황스러웠다. 수많은 과학적 성과의 흐름을 파악하는 작업이 상당히 어려웠다. 새로운 연구 프로젝트는 물론 육성과 규제를 위한 제도도 끊임없이 만들어졌다. 가깝게는 국내에서 2025년 4월, 세계 최초로 제정된 '합성생물학 육성법'이 올해 2026년 4월 시행령을 앞두고 있다. 이런 소식들을 따라가며 정리할 때마다 멀미가 나는 느낌마저 들었다. 3년 전 시작한 집필의 결과물을 이제야 낼 수 있게 된 이유다.

집필 과정에서 필자가 느낀 점을 두 가지로 요약하면 이렇다. 첫째, 과학계에서 유전자의 정의는 하나가 아니라 여럿이다. 과거 추상적 개념에서 출발해 한동안 구체적 물질로 인식되다, 최근에는 다시 추상적 개념으로 나아가고 있다. 따라서 유전자라는 용어만으로 인간의 실체를 제대로 설명할 수 없다. 둘째, 사회에서 유전자의 개념은 과학계와는 다른 차원에서 받아들여지곤 한다. 우리의 운명을 결정하는 고정된 본질이라는 생각이 주를 이루는 것 같다. 체형, 성격, 지능은 물론 특정 질병의 발생 가능성까지 나의 모든 생물학적 특성은 바로 유전자 때문이라는 믿음이다.

이 책은 과학계와 사회의 이 같은 인식 차이를 크게 두 파트로 대조해 보여 주려 한다. 다만 본격적인 논의에 앞서 책의 메시지를 일단 가볍게 전달하고 싶은 마음으로, 우리가 태어나기까지의 다양한 유전적 변수를 '프롤로그'에 담았다.

I부 '유전자로 이해하는 인간'은 수백 년에 걸친 과학계의 치열한 탐구 여정을 다룬다. 19세기 멘델의 추상적 인자가 세포 속 염색체와 DNA라는 물질로 확인되는 고전유전학의 발견(1장), DNA의 이중나선 구조를 규명한 이후 유전자가 단백질을 만드는 '고정된 염기서열'로 정립된 분자생물학의 전개(2장), 생명의 설계도를 손에 쥐려는 인간게놈프로젝트를 진

행하며 유전자 개념이 '기능적 단위'로 확장된 양상(3장), 새롭게 규명해야 할 과제에 적극 도전한 후속 프로젝트들의 출범(4장), 그리고 최근 후성유 전학, 장내 미생물, 표현형프로젝트를 통해 유전자가 환경과 상호작용하 며 변화하는 '동적 체계'로 조명되는 현황(5장) 등이다.

다음으로 II부 '유전자를 사용하는 인간'에서는 과학계 성과를 바탕으 로 진행돼 온 공학적 응용과 이에 따른 사회적 인식의 형성을 소개한다. 인간게놈프로젝트에서 파생되는 유전 정보의 소유와 차별, 윤리적 합의 문제를 다루는 ELSI 프로그램(6장), 질병 예측부터 성격 확인까지 가능하 다는 유전자 검사의 현주소와 그 과학적 한계(7장), 크리스퍼 유전자가위 기술이 가져온 생명공학의 혁명과 맞춤형 아기나 유전자 도핑을 둘러싼 윤리적 쟁점(8장), 최첨단 합성생물학의 출현으로 형성된, 생명을 설계 대 상으로 바라보는 흐름과 그 사회적 과제(9장) 등이다.

하지만 과학계 논의와 사회적 이슈에 대해 명확한 결론을 제시하는 것 은 필자의 역량을 훌쩍 넘어서는 일이다. 유전자라는 용어가 이미 일상에 깊이 파고든 현실에서, 일반인이 고민하고 선택하는 데 출발점으로 삼을 수 있는 개괄적인 기초 자료를 정리하려 했다. 개인적인 바람으로는 중고 등학교 학생이나 대학의 다양한 전공자도 유전자를 둘러싼 과학적·사 회적 논의를 종합적으로 고찰할 수 있는 계기가 되었으면 한다.

집필을 마치면서 필자의 부족한 역량에 대한 부끄러움이 앞선다. 동시 에 책의 완성에 도움을 준 많은 분들에게 감사의 마음이 떠오른다.

무엇보다 필자와 비슷한 문제의식을 가졌던 선행 연구자들의 업적에 깊은 존경을 표한다. 인상적인 문구들을 소개하면 다음과 같다. "유전자 에 관한 분자적 지식의 증가는 그러나…유전자 개념의 자기 정체성 위기 를 낳는 묘한 상황이 전개되고 있다"(정상모, 2003), "유전 정보를 통해 그 사람의 성향이나 기질, 건강 상태 등을 예측하는 것은 유전 정보에 대해 더 많은 것을 알게 될수록 생각보다 훨씬 더 어려워 보인다…먼 길을 돌아 오랜 상식을 확인한 셈이 되었다"(조은희, 2014), "유전자 개념은…생물학 분야의 여러 개념 가운데 가장 정의 내리기 어려운 개념 중의 하나…모호한 까닭에 심각하게 남용되고 있다"(앙드레 피쇼, 2010).

이를 포함해 집필 과정에서 참고한 수많은 저자들의 통찰에 내내 감탄했다. 그 울타리를 별달리 벗어나지 못했지만, 비교적 최근의 이슈와 균형 잡힌 시각을 담아내려고 애썼다는 점에서 발간의 의의를 찾으려 한다. 그리고 책의 딱딱함을 조금이나마 줄이기 위해, 참고문헌 출처는 본문에서 생략하고 글 뒤에만 소개하기로 출판사와 협의했다.

필자의 집필 활동은 언제나 주변의 자극과 지원 덕분에 가능했다. 지난 20여 년간 유전자 변형 이슈를 총괄해 온 한국바이오안전성정보센터(KBCH)는 개인적 궁금증 해소와 새로운 영감의 원천이었다. 특히 2021~2022년 합성생물학이라는 난해한 첨단 분야에 접근할 수 있도록 전문가 소통 프로그램의 기회를 제공했다. 당시 열심히 머리를 맞대며 모임을 이끈 오랜 친우 임홍탁 박사님(서울대 과학학과), 비전문가의 끝없는 질문에도 적극 의견을 나눠 준 최인걸 교수님(고려대 생명공학부), 성봉현 소장님(한국생명공학연구원 합성생물학연구센터), 양택호 소장님(제노포커스 연구소), 최준호 소장님(시민환경연구소), 우태민 교수님(카이스트 인류세연구센터) 등과의 만남이 소중한 기억으로 남는다.

10년 넘게 인연을 이어 온 성제경 교수님(서울대 수의학과)은 필자에게 실험 재현성 이슈 등을 소개하며 과학자로서 인문사회학적 접근을 적극 독려해 줬다. 염재호 총장님(태재대학교)과 고려대 과학기술학협동과정 출신의 혁신정책연구회 선후배님들은 필자의 문제의식에 항상 아낌없는 조언과

성원을 보내 줬다.

책의 감수를 기꺼이 맡아 주신 전방욱 교수님(강릉원주대 생물학과)은 국내에서는 드물게 생명공학과 생명윤리 두 분야의 독보적인 전문가로서 활발히 활동을 펼치고 있는 존경스러운 학자이시다. 처음 집필을 제안하고 마지막까지 완성도를 높여 준 이경민 대표님, 오경희 부장님, 장미향 편집자님의 노고에도 깊이 감사드린다.

지칠 때마다 쉬었다가 다시 시작할 수 있었던 동력원은 늘 가족이었다. 국악의 철학적 원리를 집대성하기 위해 필자보다 열정적으로 활동하시는 아버님, 남편과 자식들의 길을 열어 주는 데 결정적으로 헌신해 오신 어머님, 부족한 사위를 귀하게 대해 주며 분에 넘치는 격려로 힘을 실어 주신 장모님, 즐거움과 안타까움을 함께 나누고 있는 형제자매와 처제들 가족에게 새삼 감사의 말씀을 드린다. 가장 가까운 곳을 지켜 주고 있는 아내 박인경과 자랑스러운 청년 누리에게 평소 제대로 표현하지 못한 깊은 사랑의 마음을 전한다.

차례

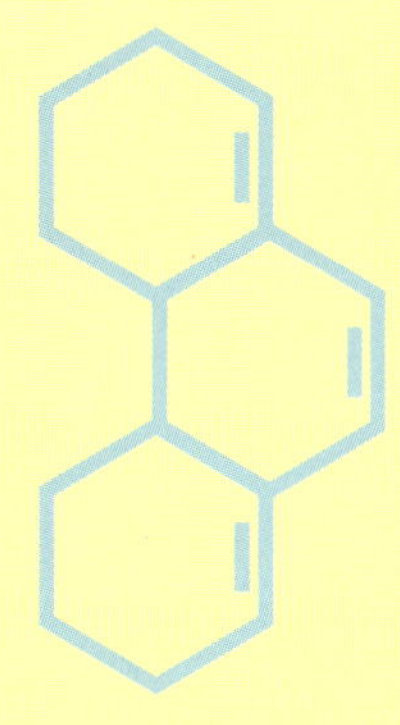

II부 유전자를 사용하는 인간

8장 변형 크리스퍼 혁명과 유전자치료 ······ 270
- 기능이 향상된 맞춤형 아기는 실현될까?(2000~2020년대)

9장 합성 생명의 설계와 제조를 꿈꾸다 ······ 298
- 인간게놈의 '읽기'에서 '쓰기'로의 전환(2000~2020년대)

: 그림 차례 :

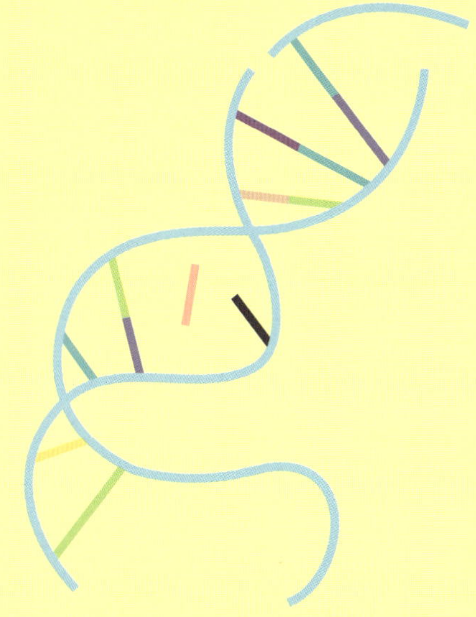

: 표 차례 :

우리가 태어나던 순간의 유전자
수정에서 출생까지 10개월의 여정

우리는 부모로부터 어떤 특성을 물려받아 태어나는 걸까? 생명의 시작, 즉 정자와 난자의 만남에서 유전자가 절반씩 전달되는 과정, 그리고 각각의 특성이 자식에게 어떻게 나타나는지에 대한 궁금증은 인류 역사 내내 이어져 왔다. 유전자의 정체와 의미에 대한 본격적인 탐색에 앞서, 정자와 난자의 수정에서 출생에 이르기까지 우리의 유전자가 얼마나 많은 우여곡절을 겪으며 형성돼 왔는지 먼저 확인해 보자. 그러면서 현재 우리가 가지고 있을지 모르는 몇 가지 오해와 편견을 미리 걷어내 보자.

우리 각자의 생명은 언제 시작됐을까? 얼핏 생각하면 태어난 날이라 여기기 쉽다. 하지만 시간을 조금 더 거슬러 올라가면, 아버지의 정자와 어머니의 난자가 수정되는 순간일 것이다. 어머니 몸속에서 형성된 수정란이 자궁으로 이동해 안전하게 자리를 잡을 때까지 14일 정도 걸린다. 이때부터 어머니로부터 산소와 영양분을 공급받으며 자라나, 보통은 수정 이후 약 10개월 만에 세상에 나오게 된다. 그리고 우리의 생물학적 특성은 부모로부터 절반씩 물려받은 유전자에 의해 만들어진다.

오늘날에는 초등학생들도 인터넷을 통해 접할 수 있는 상식적인 내용이다. 하지만 필자가 성장하던 어린 시절만 해도 대부분 이런 사실을 정확히 알지 못했다. 부모로부터 어떤 특성을 물려받는다는 것은 막연히 알았지만, 그 구체적인 과정은 중고등학교 생물 시간을 통해서야 조금씩 이해할 수 있었다. 이처럼 어렴풋한 짐작에서 출발해 새로운 지식을 습득해 나간 상황은 단지 개인적인 경험이 아니었다. 인류 역시 비슷한 단계를 거치며 관련 지식을 쌓아 왔다. 다만 그 기간이 수천 년에 걸쳐 이어졌다는 점이 다를 뿐이다.

'몸부림치는' 정자와 '작은 공' 난자의 만남

초창기 인류는 성관계가 아기의 출생으로 이어진다는 사실을 명확히 인식하지 못했을 것으로 추측된다. 성관계를 가진다고 반드시 임신이 되는 것은 아니며, 임신의 징후 또한 성관계 후 몇 주가 지나야 나타나기 때문이다. 특히 수렵과 채집으로 식량을 구하던 시절, 모계 중심의 일부 공동체 사회에서는 아기의 출생에서 아버지의 생물학적 역할이 뚜렷하게 인식되지 않았을 것으로 짐작된다.

이후 기원전 4세기 무렵에 이르러 서구 사회에서는 성관계를 통해 남성의 정액과 여성의 월경혈이 결합함으로써 아기가 태어난다고 생각했다. 그러나 정액과 월경혈의 정체에 대해서는 정확히 알지 못했다. 물론 사람들은 자녀가 부모와 외모나 성격을 닮는다는 사실을 분명히 인식하고 있었고, 그 대물림 방식에 대한 궁금증은 이어지고 있었다.

17세기에 이르러서야 아기의 출생에 관한 과학적 연구 결과를 얻기 시작했다. 이를 두 갈래로 나눠 살펴보자. 하나는 정자와 난자의 발견이고, 다른 하나는 수정 현상의 관찰이다.

1677년 네덜란드의 안톤 판 레이우엔훅(Anton van Leeuwenhoek, 1632~1723)은 자신이 개발한 현미경으로 인간의 정자(精子, sperm)를 처음 관찰했다. 한 의대생이 친구의 정액에서 '작은 동물'을 봤는데, 정액이 부패해서 생긴 것 같다고 레이우엔훅에게 전한 게 발단이었다. 이 작은 동물이 바로 정자였다. 레이우엔훅은 의대생과는 달리 정자가 정액의 정상적인 구성물이라 생각하고 다양한 동물의 정액을 관찰하기 시작했다.

현미경으로 확인한 장면은 놀라웠다. 머리와 꼬리를 가진 독특한 모습의 정자들이 뱀장어처럼 '몸부림치듯이' 활발하게 움직이고 있었다. 그리고 그 수는 엄청나게 많았다. 같은 해 11월 레이우엔훅은 런던왕립학회(Royal Society of London) 회장에게 자신의 발견 소식을 편지로 알렸다. 이듬해에 다시 보낸 편지에는 정자의 크기와 모습이 거의 정확하게 묘사된 그림이 실려 있었다.

당시 레이우엔훅은 이 발견 내용이 사람들에게 불경스럽게 느껴질 것이라고 우려했다. 의대생으로부터 받은 정자는, 사실 부인이 아닌 여성과의 잠자리에서 채취한 것이었기 때문이다. 레이우엔훅은 왕립학회에 보낸 편지에서 자신의 발견을 무시해도 좋다며 다음과 같이 적었다(Matthew Rozsa,

 DNA는 어떻게 나를 설계하는가?

2023). "만일 이 편지 내용이 사회적으로 역겹거나 학생들에게 불쾌하게 여겨질 수 있다고 판단한다면, 부디 이 편지를 비공개로 취급해 주시고 출판 여부는 주님의 뜻에 따라 결정해 주시기를 진심으로 부탁드립니다."

그러나 왕립학회는 레이우엔훅의 발견에 주목하고는 오히려 더 많은 관찰을 해 달라고 요청했다. 결국 1679년 1월 레이우엔훅의 논문은 라틴어로 출판됐는데, 여기에는 인간뿐 아니라 개, 말, 토끼 등의 정자들이 그림으로 상세하게 표현돼 있었다(그림 1 참조).

그렇다면 레이우엔훅은 아기가 태어나는 과정을 어떻게 이해했을까? 그는 아기의 출생에 전적으로 남성의 정액이 기여한다고 생각했다. 정자 안에 이미 작은 아기가 형성돼 있다고 보는 전성설(前成說, preformationism)의 입장이었다. 이 관점에서 여성의 역할은 정자를 아기로 키워 내는 일에 불과하다. 당시 레이우엔훅의 발견을 바탕으로 '정자 전성설'을 묘사한 그림이 한동안 세간에 널리 퍼지기도 했다(그림 2 참조).

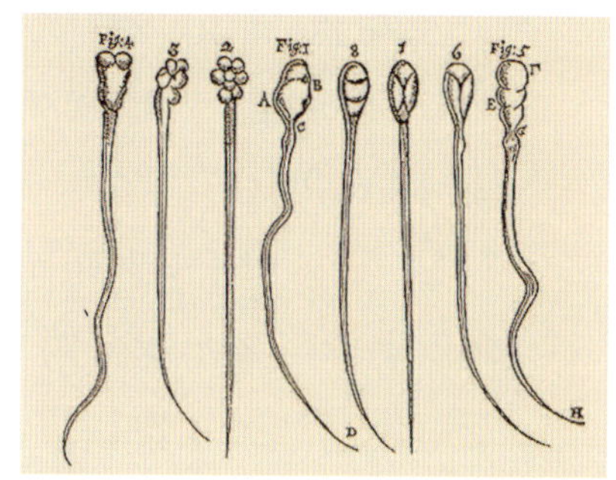

<그림 1> 현미경으로 처음 관찰한 동물의 정자

17세기 후반 안톤 판 레이우엔훅이 현미경으로 관찰한 동물의 정자를 직접 그린 도해다. 그림에는 토끼의 정자(1~4)와 개의 정자(5~6)가 나란히 묘사돼 있다. 각 정자는 머리와 꼬리가 뚜렷하게 구분돼 있다. 머리 부분은 여러 갈래로 나뉘거나 둥근 모양, 혹은 세포가 뭉쳐 있는 듯한 모습 등 형태가 다양하다.
(출처: https://commons.wikimedia.org)

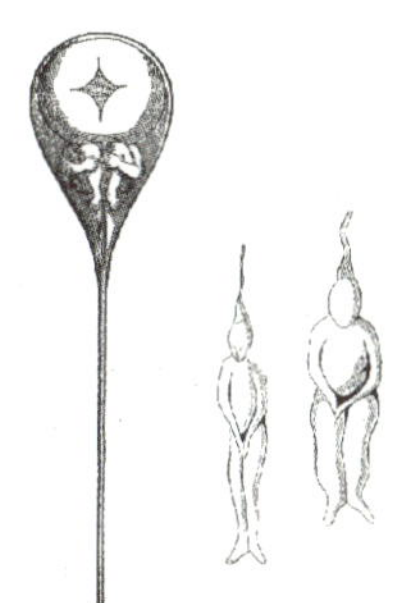

<그림 2> 전성설로 묘사한 정자의 모습

17~18세기 유럽에서 유행하던 '정자 전성설'을 보여 주는 대표적인 그림이다. 정자 머리 부분에 웅크리고 있는 인간을 '호문쿨루스(homunculus)'라고 부르는데, 원래는 연금술에서 인공적으로 만들어진 작은 인간을 뜻하는 말이었다. 당시 과학자들은 인간의 모든 특징이 이미 정자 속에 들어 있고, 난자는 이 작은 인간이 자라나는 그릇에 불과하다고 여겼다.
(출처: https://commons.wikimedia.org)

그런데 17세기 유럽에는 정자 전성설만 존재했던 것은 아니다. 난자(卵子, ovum) 안에 아기가 이미 형성돼 있다고 파악하는 '난자 전성설'도 한 축을 이루고 있었다.

대표적으로 영국의 윌리엄 하비(William Harvey, 1578~1657)는 난자가 모든 새로운 생명의 유일한 근원이라고 생각했다. 그래서 레이우엔훅과 의견 충돌로 갈등을 빚기도 했다.

하지만 하비는 난자를 직접 관찰한 적이 없었다. 포유류에서 암컷 생식기를 해부한 경험을 바탕으로 난자 전성설을 주장했던 것이다. 그럼에도 당시 하비의 주장에 동조한 학자들이 여럿 있었다. 1667년 덴마크의 니콜라우스 스테노(Nicolaus Steno, 1638~1686)는 암컷 상어 난소의 알에 새끼의 모든 신체가 들어 있다고 발표했다. 1672년 네덜란드의 레이니어르 더 흐라프(Reinier de Graaf, 1641~1673)는 토끼의 알에 새끼를 만들어 내는 물질이 들어 있다고 주장했다.

이후 포유류의 난자가 현미경으로 확인된 것은 19세기 초에 이르러서였다. 1827년 카를 에른스트 폰 베어(Karl Ernst von Baer, 1792~1876)가 개의 자궁에서 '작은 공' 모양의 구조를 발견함으로써 그 존재가 처음으로 입증됐다(그림 3 참조).

정자와 난자가 눈으로 직접 확인됐다면, 둘 다 생명체의 형성에 기여하리라는 생각이 자연스럽게 떠오를 수 있었을 것이다. 실제로 제각기의 전성설이 유행하던 19세기를 거치면서 정자와 난자가 함께 생명체를 만든다는 인식이 생겨나기 시작했다. 특히 독일의 마티아스 야코프 슐라이덴(Matthias Jakob Schleiden, 1804~1881)과 테어도어 슈반(Theodor Schwann, 1810~1882)이 식물과 동물의 기본 단위가 '세포(cell)'임을 설파함으로써, 정자와 난자 역시 세포의 일종이며 생식 과정에서 동등한 역할을 한다는 인식이 확산됐다.

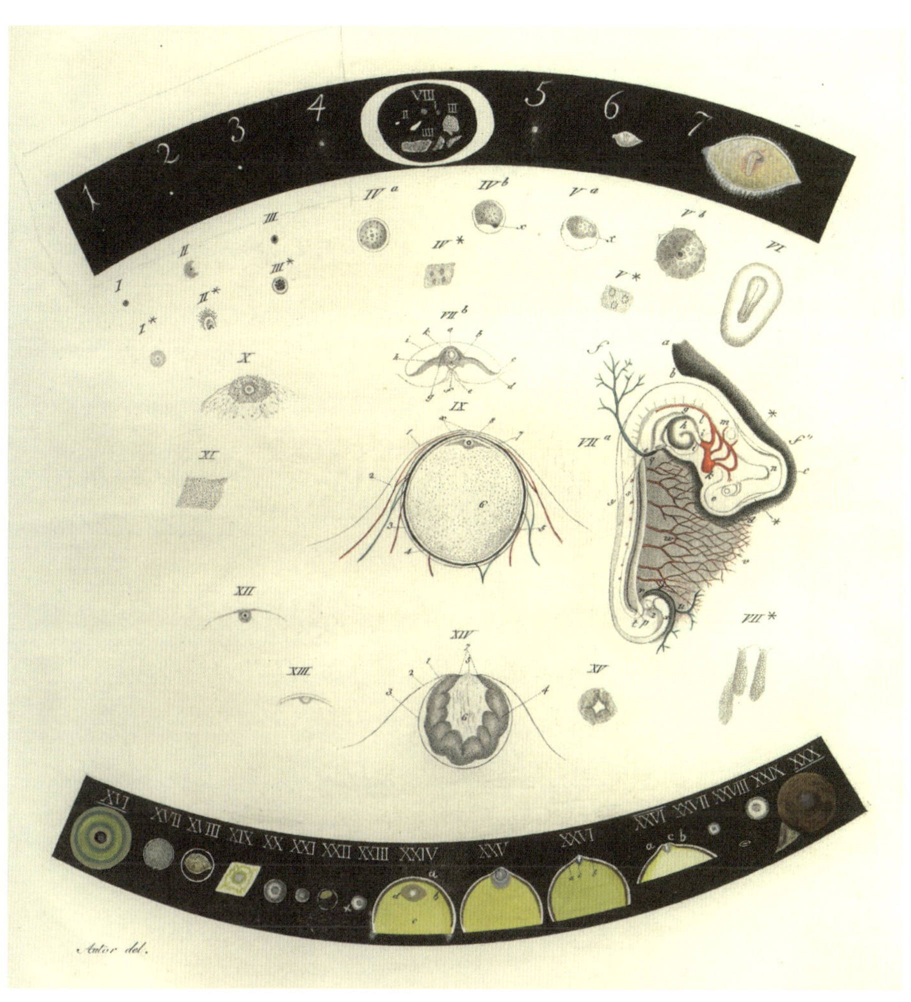

<그림 3> 포유류 난자의 첫 보고

1827년 카를 에른스트 폰 베어가 포유류의 난자를 최초로 발견하고, 이 작은 세포가 어떻게 생명으로 성장하는지를 기록한 장면이다. 그림 중앙과 상단에는 난소에서 발견한 난자가 나팔관을 거쳐 자궁으로 향하며 초기 수정란으로 변하는 과정이 담겨 있다. 아래쪽은 뱀, 개구리, 새 등 다양한 동물의 수정란이 세포 분열을 거쳐 점차 성숙해 가는 과정을 비교한 것이다. 난자에서 시작해 복잡한 생명체로 자라나는 과정이 모든 동물에서 보편적으로 일어남을 보여 준다.
(출처: Signe Altmäe et al., 2017)

그러나 정자와 난자가 어떤 방식을 거쳐 생명체를 만드는지에 대해서는 여전히 명확한 설명이 없었다. 정자가 난자에 접촉하면서 특정한 자극을 가할 것이라는 막연한 추측이 제기되기도 했다. 한편에서는 범생설(pangenesis)과 같은 가설이 등장하기도 했다. 대표적으로 찰스 다윈(Charles Darwin, 1809~1882)은 신체 각 부위의 세포에서 '제뮬(gemule)'이라는 미세 입자들이 방출돼 정자와 난자를 형성하고, 이들을 통해 부모의 특성이 자식에게 골고루 전달된다고 주장했다. 하지만 생식 과정에서 정자와 난자의 실제 역할은 불명확한 채로 남아 있었다.

이 궁금증은 정자가 난자와 만났을 때 난자 내부로 들어간다는 사실이 밝혀지면서 해소됐다. 1843년 영국의 마틴 배리(Martin Barry, 1802~1855)는 토끼 실험에서 정자가 난자 주변의 투명한 막(투명대, zona pellucida)을 통과한다는 사실을 처음으로 확인했다. 10년 뒤인 1853년 조지 뉴포트(George Newport, 1803~1854)는 개구리에서도 정자가 난자 표면을 지나 내부로 들어간다는 사실을 알아냈다. 바로 수정란이 형성되는 순간이었다.

당연히 인간에서도 비슷한 상황이 벌어질 것으로 추측됐다. 마침내 1944년 미국의 존 록(John Rock)과 미리엄 멘킨(Miriam Menkin)이 시험관에서 정자와 난자를 수정시키는 데 성공함으로써, 인간 수정란의 형성 과정도 확인될 수 있었다. 최근에는 난자 역시 수정이 이뤄질 때 능동적인 역할을 수행한다는 주장이 제기되고 있다.

'유전자gene'라는 용어의 출현

현재 우리는 정자와 난자 각각이 23개의 염색체를 가지고 있으며, 이 둘이 결합한 수정란에 23쌍(46개)의 염색체가 존재한다는 사실을 잘 알고 있다. 그리고 각 염색체 안에 존재하는 '유전자(gene)'를 통해 부모의 생물학적 특성을 물려받는다는 것도 상식에 속한다. 한편으로는 흔히 'DNA'를 유전자와 동의어로 사용하기도 한다.

지금은 중고등학교 교과서에 등장하는 이 같은 기본 지식은, 사실 19세기 중반부터 100여 년간 치열한 논쟁을 거치며 형성된 결과물이다. 그 상세한 내용은 뒤에서 본격적으로 다루고, 여기서는 국내에서 이들 용어가 정착한 상황만 간단히 짚어 보도록 하자.

먼저 '유전'을 뜻하는 영어 단어 'heredity'는, 본래 한 사람이 죽은 뒤 남겨진 재산 또는 그 재산이 전달되는 과정을 의미하는 법률 용어였다. 생물학자들은 이 용어를 가져와, 부모로부터 자식에게로 전달된다고 여겨진 형질과 그 전달 과정을 설명하는 데 사용하기 시작했다.

한편 영어로 'gene'이라는 용어를 처음 사용한 과학자는 1909년 덴마크의 빌헬름 요한센(Wilhelm Johannsen, 1857~1927)이다. 이 단어는 세대(generation) 또는 기원(genesis)을 뜻하는 그리스어에서 유래했다. 요한센이 활동하던 시기는 우리에게 익숙한 오스트리아의 수도사 그레고어 요한 멘델(Gregor Johann Mendel, 1822~1884)의 완두 교배 실험이 본격적으로 조명되던 시기와 겹친다. 당시 서구 과학자들은 멘델이 밝힌 대물림의 요소를 막연히 '멘델 인자(Mendelian factor)'라고 불렀다. 요한센은 gene이 멘델 인자를 가리킨다고 명확히 밝히지는 않았지만, 당시 학계에서 그 의미는 서로 유사한 것으로 인식됐다. 다만 요한센에게 gene은 물질적 실체가 아니라 추상적인 '계산의 단위'에 가까웠다.

20세기 초반 일본 과학계는 멘델 인자에 해당하는 gene을 '遺傳子'로 번역해 사용하기 시작했다. 대략적으로 부모로부터 자식에게 전달되는 유전적 기본 단위라는 의미의 용어였다. 이후 1960년대 한국 과학계가 이를 그대로 받아들여 '유전자(遺傳子)'라는 단어가 국내에 정착한 것으로 추정된다(이일하, 2014).

현재는 연구자에 따라 유전학을 전통적인 '전달 유전학'과 현대적인 '분자 유전학'으로 구분하기도 한다(이성재·전상학, 2020, 228). 하지만 전달 유전학이라는 표현은 다소 중복적인 면이 있다. 유전이라는 용어 자체에 이미 '무언가를 전달한다'는 뜻이 포함돼 있기 때문이다. 그럼에도 굳이 이같이 구분하는 이유는, 분자 유전학이라는 새로운 학문의 중요성을 강조하기 위해서인 것 같다. 1950년대에 분자 수준에서 DNA의 모습과 기능이 밝혀지면서 분자 유전학이 세계 생물학계의 주류를 형성했기 때문이다.

이때부터 사회적으로는 DNA가 유전자와 거의 동일한 의미로 인식될 수 있었다. 하지만 과학적으로 DNA는 유전자와 확실히 다른 개념이다. 그 이유는 뒤에서 자세히 살펴볼 것이다.

2억 개 정자 가운데 1개만 수정

지금까지의 내용을 한 문장으로 요약해 보면 다음과 같다. '우리는 부모의 생식 세포를 통해 유전자를 절반씩 물려받는다.' 그러나 우리의 생물학적 형질은 부모의 형질을 단순히 합친 것에 그치지 않는다. 실제로 아버지나 어머니 중 한쪽의 형질만 대물림되기도 하고, 두 사람의 형질이 섞여 나타나기도 하며, 때로는 부모와는 전혀 다른 새로운 형질이 발현되기도 한다. 이러한 다양성은 어떻게 생겨나는 것일까? 여기서는 수정에서 출생까지의 기간에 한정해 그 이유를 개략적으로 확인해 보자.

그런데 정자, 난자, 수정란의 수를 표현할 때마다 약간 망설여지곤 한다. 이들을 '몇 개'라고 부르자니 생명의 기원을 이루는 중요한 요소를 마치 물건처럼 다루는 느낌을 주기 때문이다. 특히 정자는 꼬리를 이용해 스스로 움직이기 때문에 생물처럼 보이기도 한다. 그래서인지 정자를 '정충(精蟲)'이라고도 부른다. 여기서 '충(蟲)'은 벌레를 뜻하는데, 실제로 정자가 마치 벌레처럼 꼬리를 활발히 흔들며 재빠르게 이동하는 모습에서 비롯된 표현이다. 흥미롭게도 인간의 몸에서 긴 꼬리를 지닌 세포는 정자가 유일하다. 이런 이유로 정자의 수를 셀 때 '몇 마리'라고 표현하는 경우도 있다.

그렇다고 정자를 사람처럼 '몇 명'이라고 부르기도 어색하다. 결국 정자와 난자는 모두 세포의 일종이기 때문에, 다른 세포를 부를 때처럼 '개'라는 단위를 사용하는 것이 자연스러워 보인다.

하지만 수정은 생명의 시작점에 해당하는 만큼, 수정란에 대한 단위를 선택할 때는 조금 더 신중할 필요가 있다. 이 책에서는 편의상 '개체'로 표현하고자 한다.

우리의 생명은 정자 1개와 난자 1개가 만나 수정란 1개체가 만들어지는 것으로 시작된다. 이렇게만 보면 마치 아버지와 어머니를 '대표하는' 정자와 난자가 만나는 것처럼 느껴질 수 있다. 그러나 실제로 그 대표성을 짐작하기는 어렵다. 수정 과정에서 어떤 정자와 난자가 만나는지는 수많은 변수와 우연에 의해 결정되기 때문이다.

정자의 길이는 약 0.05mm에 불과하지만, 움직임은 매우 역동적이다. 보통 정자는 1분에 1~4mm의 속도로 헤엄쳐 나간다. 질 내부에서 출발한 정자가 난자가 있는 곳까지 가기 위해 통과해야 하는 거리는 15~18cm이다. 단순히 계산한다면, 정자가 직선으로만 이동할 경우 난자까지 도달하는 데 약 40분에서 3시간이 걸린다. 하지만 실제로는 12시간 이상이 소요되기도 한다. 정자가 직선으로 무난히 이동하는 것이 아니라, 질 내부의 산성 환경, 끈적끈적한 자궁경부의 점액, 여성 면역 체계의 공격, 자궁과 나팔관의 복잡한 구조 등 수많은 장애물을 넘어야 하기 때문이다(표 1 참조).

우리는 모두 얼떨리우스?

남성이 한 번 사정할 때 방출되는 정자의 수는 약 2억 개에 달한다. 이 엄청난 수의 정자 중 최종적으로 난자와 결합해 생명을 잉태하는 것은 단 1개뿐이다. 그 과정은 치열한 경쟁을 거치는 마라톤 같다.

먼저 2억 개의 정자는 질에 진입하면서 첫 번째 장벽을 만난다. 질 내부는 산성(pH 4~5) 환경이기 때문에, 이곳에서 절반 이상이 사멸해 수가 1억 개 정도로 줄어든다.

<표 1> 인간의 수정 과정에서 정자 수의 단계별 감소와 그 원인

단계	정자 수(개)	감소 원인
1. 질 내부	1억	산성 환경(pH 4~5)
2. 자궁경부 통과	1,000만	점액의 물리적 장벽
3. 자궁 내 이동	100만	면역세포의 공격 등
4. 나팔관 진입	1,000~2,000	잘못된 방향 선택 등
5. 난구 세포 및 투명대 통과	수백	보호막
6. 난자 내부 진입(수정)	1	

살아남은 정자들이 마주하는 다음 관문은 자궁경부다. 자궁의 입구인 이곳에는 외부 이물질의 침입을 막기 위해 끈적끈적한 점액이 가득 차 있다. 이 점액은 미세한 섬유들이 촘촘하게 얽힌 그물망 구조를 띠고 있다. 배란기가 되면 정자가 통과하기 쉽도록 평소보다 묽어지지만, 여전히 정자에게는 만만치 않은 물리적 장애물이다. 이 단계에서 정자의 수는 약 1,000만 개로 급격히 감소한다.

자궁 내부로 진입한 정자들은 여성의 면역세포에 의해 제거되면서 다시 그 수가 줄어든다. 외부 이물질로 인식된 정자들이 백혈구의 식세포 작용에 의해 사멸하는 과정이다. 여기에 자궁벽의 복잡한 물리적 구조라는 환경적 요인이 더해지면서, 살아남는 정자의 수는 약 100만 개로 감소한다.

다음으로 정자들은 나팔관으로 진입해야 한다. 나팔관은 자궁을 중심으로 좌우 양쪽에 하나씩 있는데, 보통 한 달에 한 번 한쪽 난소에서만 난자가 배출된다. 어느 쪽에 난자가 있는지 알 수 없는 정자들은 양쪽 길로 흩어지게 되고, 절반에 가까운 정자는 난자가 없는 방향으로 향한다. 설령 올바른 방향으로 들어섰더라도 복잡한 구조의 장애물이 기다리고 있다. 나팔관 입구는 매우 좁은 구간인 데다 내부는 미세한 섬모들이 잔뜩 뒤엉켜 있다. 결국 난자가 있는 곳까지 도달하는 정자의 수는 1,000~2,000개 정도에 불과하다.

마지막 관문은 난자를 둘러싼 난구 세포와 투명대라는 보호막이다. 여기에 도달한 수백 개의 정자가 일제히 머리 부위에서 화학물질(효소)을 방출해 보호막을 녹이기 시작하고, 마침내 하나의 정자만이 난자 내부로 들어갈 수 있게 된다. 이 순간에 난자는 다른 정자의 진입을 막기 위해 즉시 투명대의 성질을 변화시켜 추가적인 수정이 일어나지 않도록 한다.

그런데 이 마지막 관문이 매우 흥미롭다. 먼저 도착한 정자들이 수정에 성공하는 것이 아니라 단지 조력자 역할을 한다는 점에서 그렇다. 투명대가 충분히 얇아진 순간 수정에 성공하는 주인공은 오히려 뒤늦게 도착한 정자들 가운데 하나다. 즉 수정은 '가장 빠르고 건강한' 정자가 아니라, 많은 정자들이 여러 난관을 돌파하던 중 '적절한 순간'에 도달한 정자에 의해 이뤄진다.

예전에 한 강연자가 이 상황을 빗대어 "우리는 모두 얼떨리우스"라고 표현한 것이 인상적이었다. 수정에 성공한 정자는 수정 당시의 환경과 우연이 복합적으로 작용해 '얼떨결에' 난자에 도착했음을 비유한 표현이었다.

한편 난자는 정자에 비해 매우 크다. 인간 난자의 지름은 약 0.1~0.2mm로, 정자 머리 부위와 비교하면 수십 배, 전체 길이와 비교해도 2~4배에 달한다. 그 이유는 담고 있는 유전 정보의 양이 달라서가 아니다. 수정 후 분열과 초기 발생에 필요한 영양분을 풍부하게 저장하고 있기 때문이다. 염색체의 크기와 구조는 난자와 정자 모두 동일하다.

여성은 평생 사용할 난자를 모두 갖고 태어난다. 임신 20주 무렵 난소에는 600만~700만 개의 난모세포가 있지만, 출생 시에는 100만~200만 개로 줄어든다. 이후 사춘기에 접어들면 30만~40만 개가 남고, 성인이 된 뒤에는 매달 수백에서 수천 개의 난자가 소멸된다. 35~40년의 가임 기간 동안 실제로 배란되어 정자와 만날 기회를 얻는 난자는 400~500개에 불과하다.

하지만 배란되는 난자 중에서 반드시 '가장 건강한' 난자가 선택된다고 단정할 수는 없다. 난자의 건강 상태나 성숙도는 매번 다를 수 있고, 어떤 난자가 배란될지는 여러 생물학적 요인과 우연에 의해 결정되기 때문이다.

자식의 성 결정에 부모 역할은 없다

한 명의 아기가 태어나기까지 그렇게 많은 정자가 동원되는 이유는 여전히 미스터리다. 다만 진화의 관점에서 볼 때, 최상의 조건을 갖춘 정자보다 다양성과 효율성을 갖춘 정자가 선택됨으로써 인류의 생존 가능성이 높아졌을 것이라고 추정할 수 있다.

또한 정자와 난자 모두 수정 과정에서 아버지와 어머니의 '가장 대표적'이거나 '가장 건강한' 것이 선택되지 않는다는 사실은 중요한 시사점을 던진다. 생명의 시작은 부모의 의지나 설계가 아닌, 수많은 가능성 속에서 일어난 무작위적인 결합의 결과다. 따라서 자녀가 자신의 생물학적 특성을 두고 부모를 원망하거나, 반대로 부모가 자녀의 어떤 면에 대해 스스로를 탓하는 것은 합리적이지 않다.

더욱이 수정된 이후 출생에 이르기까지 약 10개월 동안에도 우리의 유전자는 다양한 변화 환경 속에서 '후천적으로' 형성돼 간다. 그 양상을 단계별로 간단히 확인해 보자.

먼저 우리의 성(性)은 수정란 단계에서 결정된다. 이 과정에 부모가 할 수 있는 역할은 없다. 그럼에도 한동안 사회에는 자식의 성별이 어머니 책임이라는 잘못된 속설이 퍼져 있었다. 굳이 따지자면 인간의 성 결정은 어머니가 아니라 아버지에게 달려 있다.

1905년 미국의 네티 마리아 스티븐스(Nettie Maria Stevens, 1861~1912)는 곤충 연구를 통해 성별이 염색체, 특히 Y염색체의 유무에 의해 결정된다는 사실을 처음 밝혀냈다. 이후 인간을 비롯한 포유류에서도 성염색체(X, Y)의 조합이 성을 결정한다는 것이 상식이 됐다.

인간은 23쌍의 염색체 중 한 쌍이 성염색체로, 여성은 XX, 남성은 XY

조합이다. 여성의 난자는 항상 X염색체만 지니지만, 남성의 정자는 X 또는 Y염색체 중 하나를 포함한다. 따라서 자식이 여성(XX)이 될지 남성(XY)이 될지는, 오로지 수정에 이르는 정자가 어느 염색체를 가졌느냐에 달려 있다. 아들을 낳지 못하는 것이 여성의 책임이라는 주장은 과학적으로 아무런 근거가 없다는 뜻이다. 그렇다고 온전히 아버지 책임으로 돌리기에도 무리가 있다. Y염색체를 가진 정자가 수정에 성공하도록 할 수 있는 방법이 없기 때문이다.

수정 후 하루 정도가 지나면 수정란은 분열을 시작한다. 이후 약 8주까지의 수정란을 가리켜 '배아(embryo)'라 부른다. 이 시기에 배아는 크기가 그다지 변하지 않은 채 분열을 거듭한다.

약 5일이 지나면 배아 내부에는 수백 개의 세포가 존재한다. 이들은 장차 우리 몸을 구성하는 모든 세포로 분화되는 근간이라는 의미에서 '배아 줄기세포(embryonic stem cell)'라 불린다.

그런데 수정란이 배아 단계를 무사히 거치기까지는 관문이 하나 남아 있다. 배아는 분열을 거듭하면서 어머니의 자궁까지 이동한다. 자궁 내막에 도착한 배아가 완전히 안쪽에 묻혀 자리를 잡아야 어머니로부터 영양분을 공급받기 시작한다. 이를 '착상(implantation)'이라 부른다. 인간의 경우, 수정란이 어머니의 자궁 내막에 완전히 착상하기까지 대략 14일이 소요된다(그림 4 참조).

만일 착상에 실패하면 배아는 몸 밖으로 배출돼 임신이 이뤄지지 않는다. 정자가 무려 2억 대 1의 경쟁을 뚫고 어렵사리 수정에 이르렀어도, 착상이 이뤄지지 않으면 아기는 태어날 수 없다.

착상의 실패 비율은 전체 수정의 30% 정도로 높다고 알려져 있다. 또한 착상이 이뤄지지 않을 때 신체에서 별다른 변화가 생기지 않기 때문에,

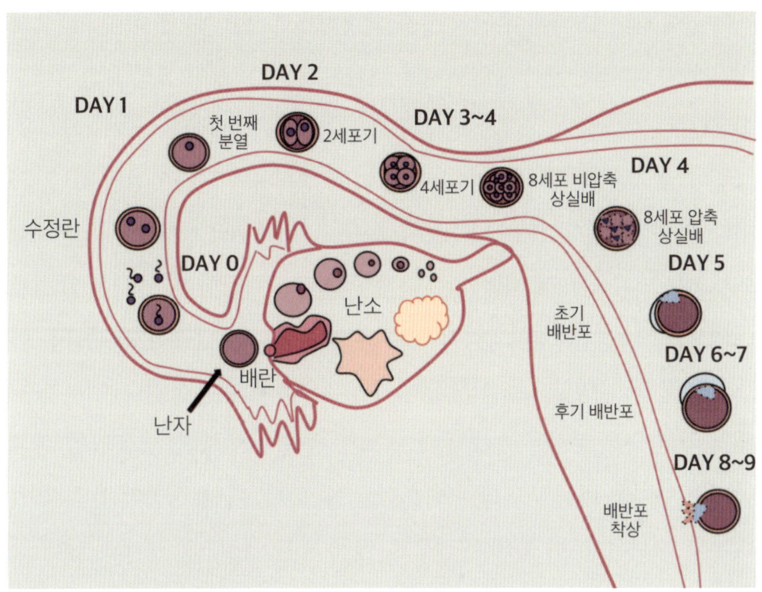

<그림 4> 인간의 수정과 착상

인간의 수정과 초기 발생 과정을 날짜별 단계로 보여 주는 그림이다. 먼저 난자는 난소에서 방출(배란)된 후 정자와 만나 수정란이 만들어진다. 1일 차에는 첫 번째 세포 분열이 일어나 2세포기가 되고, 2일 차에는 4세포기, 3~4일 차에는 8세포기 상실배 단계로 발달한다. 이어 4~5일 차에는 초기 배반포가 형성되고, 6~7일 차에는 후기 배반포가 된다. 마지막으로 8~9일 차에는 배반포가 자궁 내막에 착상하면서 임신이 시작된다. 착상이 완전히 이뤄지기까지 보통 14일이 걸린다.

(출처: https://commons.wikimedia.org)

대부분의 여성은 수정 사실도 모른 채 지나간다고 한다. 우리의 존재는 무사히 착상이 이뤄진 배아로부터 가까스로 형성된 것이다.

착상에 성공한 배아는 비로소 어머니의 혈관과 연결되어 영양분을 공급받으며 크기를 키워 간다. 수정 후 8주까지는 뇌와 심장, 척추, 팔다리 등 주요 장기와 신체 구조의 기본 틀이 만들어진다. 9주째에 접어들면 이미 형성된 장기들이 기능을 갖추며 본격적으로 성장하기 시작하는데, 이 단계부터를 배아와 구분하여 '태아(fetus)'라 부른다.

그런데 태아 초기에 우리의 성을 외형적으로 '확실하게' 구분 짓는 과정이 있다. 수정란에서 성염색체의 조합으로 이미 성이 결정돼 있음에도 말이다.

태아 초기에는 남아와 여아 모두 외부 생식기의 모습이 비슷하다. 그러다 생식샘이 고환 또는 난소로 분화하고, 이때부터 성호르몬의 분비로 외부 생식기가 남녀에 따라 뚜렷하게 달라지기 시작한다. 남아는 테스토스테론 등 남성 호르몬의 작용으로 음경과 음낭이 발달하고, 여아는 에스트로겐 등의 영향으로 여성 생식기가 자연스럽게 분화된다. 이러한 신체적 변화가 완료되는 수정 후 12~14주 무렵에 이르면, 초음파를 통해 남녀의 차이를 비교적 명확하게 확인할 수 있다. 다만 드물게 유전자 발현이나 호르몬 분비 등의 이상으로 인해 외부 생식기의 형태가 남녀 중 어느 한쪽으로 명확히 구분되지 않는 경우가 나타날 수 있다.

수정란과 현재 몸속 유전자의 차이

이제 수정란에서 출생까지의 과정을 유전자의 관점에서 다시 생각해 보자. 수정란이 만들어진 이후 태아로 발달하는 과정에서, 우리의 유전자는 처음부터 끝까지 완전히 동일하게 유지되지 않는다. 세포가 분열할 때마다 DNA 복제 과정에서 자연스러운 오류가 발생해 미세한 유전자 변이가 생길 수 있기 때문이다.

유전자 변이는 대부분의 경우 세포 내 복구 메커니즘에 의해 바로잡힌다. 하지만 아주 소수는 그대로 남아 각 세포에 축적되기도 한다. 또한 세포가 분화하면서 유전자에 변이가 없다 해도, 그 기능과 역할은 체내 여러 조절 장치에 의해 달라질 수 있다.

이런 과정들은 대부분 생명 유지에 별다른 영향을 주지 않지만, 결과적으로 출생 직전의 유전자는 수정란 단계에서와 100% 동일하지 않다는 점은 분명하다. 이는 생명체가 성장하면서 일어나는 자연스러운 결과로, 집단 전체에서는 유전적 다양성이 확보되는 한편 개인적으로는 성장 환경에 효율적으로 적응하기 위한 기반이 되기도 한다.

그런데 아기의 유전 정보 형성이 완료되기까지 아직 한 단계가 더 남아 있다. 출생 시점과 그 직후 장내에서 거대한 미생물 생태계가 만들어지는 과정이다. 아기는 임신 기간 내내 거의 무균에 가까운 자궁에서 보호를 받으며 성장한다. 그러나 세상 밖으로 나오는 순간 상황이 급격히 달라진다. 아기는 산도를 통과하면서 어머니의 질과 그 주변에 사는 다양한 미생물에 노출된다. 이른바 '미생물 샤워(microbial shower)'라 불리는 이 과정에서 어머니의 미생물들이 신생아의 피부, 점막, 그리고 장에 정착하기 시작한다. 뒤이어 모유에 포함된 미생물과 영양분이 더해지면서 아기의 장내 생태계는 더욱 풍성해진다.

장내 미생물은 유전자 수만 따지면 인간 유전자보다 훨씬 많다. 또한 면역계, 소화계, 대사 등 인체 건강 유지와 관련된 전 영역에 큰 영향을 미친다.

이제 출생까지 마쳤으니, 더 이상 우리 유전자가 영향을 받을 일은 없을까? 그렇지 않다. 지금까지의 이야기는 전체의 서막에 불과하다. 우리가 유아기와 청소년기를 거쳐 성인이 될 때까지 유전자의 구조와 기능은 끊임없는 변화 가능성에 노출돼 있다. 그럼에도 사회에서는 유전자가 마치 우리의 운명을 결정짓는 고정된 요소처럼 인식돼 왔다.

결국 우리의 문제의식은 내 생물학적 특성이 부모로부터 물려받은 유전자 탓인지 여부에서, 현재 몸속 유전자가 내 특성을 '얼마나' 설명할 수 있는지로 옮겨질 필요가 있다. 그리고 우리 머릿속에 떠오르는 제각기의 유전자 개념은 사회에서 어떤 과정을 거치며 형성됐는지를 따져 봐야 한다. 그 해답의 단서들은 19세기 중반 멘델에서 출발해 최근의 합성생물학에 이르기까지 과학계의 연구에서 꾸준히 제시돼 왔다. 이제 책의 첫 장을 펼치면서 유전자의 정체와 의미에 대한 본격적인 탐색에 나서 보자.

I

유전자로 이해하는 인간

1장

발견

대물림되는 '물질'의 정체, DNA
멘델의 법칙에서 핵산의 구조까지(19세기~1950년대)

인간의 생물학적 특성이 부모로부터 대물림되는 원리를 밝히려는 과학계의 노력은 19세기 이후 오랜 시간 진행됐다. 멘델의 실험에서 관찰된 유전되는 무언가의 정체는, 처음에는 '추상적 인자'로 여겨졌으나 점차 세포 속 염색체와 그 구성 물질로 파악됐다. 한때 단백질이 유전물질로 인식됐지만, 수많은 시행착오 끝에 결국 DNA가 대물림의 실체임이 밝혀졌다. 이 과정에서 축적된 지식은 인간 유전 질환의 원인 규명에 본격적으로 적용됐고, 비교적 단순한 멘델형 질환뿐 아니라 여러 유전자와 환경 요인이 함께 작용하는 복합 질환까지 설명할 수 있는 토대를 마련했다.

이 시기에 유전자의 개념은 점차 분화되기 시작했다. '부모의 생물학적 특성을 전달하는 인자'라는 전통적인 개념은 유지됐다. 여기에 '자식의 새로운 생물학적 특성을 만들어 내는 인자'라는 개념이 추가된다. 후천적으로 발생하기도 하는 복합 질환, 그리고 염색체 수나 구조 이상으로 인한 질환의 발견이 그 계기였다.

단백질에 대한 집착, 결론은 DNA

우리의 생물학적 특성은 부모로부터 물려받지만, 우리와 부모 사이에는 닮음과 차이가 분명히 존재한다. 차이가 발생하는 이유에 대한 가장 단순한 해석은, 부모 각각의 형질이 절반씩 '섞여' 자식에게 중간 정도의 형질이 나타난다는 생각이다. 그러나 실제로는 그렇지 않다. 예를 들어 갈색 눈을 가진 아버지와 청색 눈을 가진 어머니 사이에서 태어난 자녀가 중간색 눈을 갖는 것이 아니라, 각각 갈색이나 청색 눈을 갖고 태어나는 경우가 더 흔하다.

이처럼 자식이 부모의 어느 한쪽 형질을 그대로 물려받는다는 사실은 19세기 일반인들에게도 경험적으로 알려져 있었다. 특히 우수한 형질을 가진 동식물을 얻기 위해 다양한 개체를 교배해 잡종을 만들던 사육가나 원예가에게는 더욱 상식적인 내용이었다.

멘델이 발견한 우열 인자

멘델 역시 선택적 대물림 현상에 흥미를 느끼고 있었다. 그리고 그 원리를 계량적으로 체계화하려는 목표, 즉 생명 현상을 물리학이나 화학의 법칙으로 해석하고 싶은 목표를 갖고 있었다(정상모, 2003, 2).

하지만 인간을 대상으로 직접 실험을 할 수는 없었다. 멘델은 그 대안으로 쥐를 교배해 연구를 진행하려 했다. 그러나 독신으로 살아갈 것을 맹세한 성직자가 동물 교배를 연구하는 것은 부적절하다는 주교의 의견에 따라 식물로 눈길을 돌렸다. 그 유명한 완두로 실험 대상을 결정한 이유였다(스티븐 하이네, 2018, 23). 한편에서는 사실 멘델이 유전에는 관심이 없었고 새로운 종이 만들어지는 원리를 알아내기 위해 연구를 수행했다는 해석도 제기된다. 목적이 무엇이었든, 자연에 대한 단순한 관찰에 머물지 않고 교배라는 '실험적 접근'을 시도했다는 점에서 멘델의 연구는 유전학의 역사에서 중요한 전환점이 됐다.

먼저 멘델의 업적을 간단히 살펴보자. 멘델은 1865년 2월 한 학회에서 「식물 잡종에 관한 연구」라는 논문을 발표했다. 여기에는 8년 동안 2만 9,000여 개의 완두를 교배한 결과가 담겨 있었다. 그는 완두의 대립되는 형질 일곱 가지를 관찰하며 잡종 연구를 수행했다. 예를 들어 둥근 형질과 주름진 형질, 키가 큰 형질과 작은 형질 등이었다.

멘델은 둥근 완두콩과 주름진 완두콩을 교배해 얻은 잡종 1세대가 모두 둥글다는 점을 확인했다. 그런데 이들 잡종끼리 다시 교배해 잡종 2세대를 얻었을 때, 둥근 완두콩과 주름진 완두콩이 3:1의 비율로 나타났다. 멘델은 둥근 모양의 형질을 'dominant', 잡종 1세대에는 드러나지 않았다가 2세대에 나타나는 주름진 모양의 형질을 'recessive'라고 명명했다.

이 내용을 우리가 교과서에서 접한 익숙한 용어로 다시 정리해 보자. 우리는 '멘델의 법칙'으로 '우열의 법칙(제1법칙)', '분리의 법칙(제2법칙)', '독립의 법칙(제3법칙)' 등 세 가지가 있다고 배웠다.

우열의 법칙에서 '우열'이란, 멘델이 언급한 dominant를 '우성(優性)', recessive를 '열성(劣性)'이라 부르고 그 첫 글자를 따온 것이다. 우열의 법칙은 바로 잡종 1세대에서 둥근 형질처럼 한 가지 형질만이 겉으로 드러나는 현상을 설명한다. 예를 들어 둥글게 만드는 인자(R)와 주름지게 만드는 인자(r)를 가진 잡종(Rr)에서 겉모양이 둥글게 나올 때, R을 우성인자, r을 열성인자라고 부른다.

현대 유전학 용어로 표현하면, 콩의 모양이 둥글거나 주름지게 결정하는 각각의 인자를 '대립유전자(對立遺傳子, allele)'라고 부른다. 그런데 '대립'이라는 단어는 자칫 오해를 불러일으킬 수 있다. 일상적으로는 대립이라는 단어에서 의견이나 속성이 반대되거나 모순되는 상황을 떠올리기 쉽기 때문이다. 하지만 대립유전자에서는, 부모로부터 유전자를 하나씩 물려받을 때 동일한 위치에 대칭적으로, 서로 다른 형태의 유전자가 존재한다는 의미일 뿐이다.

완두의 경우 둘 다 둥글거나(RR) 주름진 인자라면(rr) '동형접합체(homozygote)', 서로 다르면(Rr) '이형접합체(heterozygote)'라 칭한다. 또한 gene이라는 말을 만든 요한센은 둥글게 만드는 인자를 'genotype', 둥근 모습을 'phenotype'이라 명명했다. 우리말로는 각각 '유전형'과 '표현형'에 해당한다. 즉 표현형은 유전형이 관찰 가능하게 겉으로 드러난 형질을 의미하며, 이 개념은 현재도 중요하게 사용되고 있다.

한편 분리의 법칙은 잡종 2세대에서, 숨어 있던 열성 형질이 다시 분리되어 나와 우성과 열성이 3:1의 비율로 나타나는 현상을 가리킨다. 또한 멘델은 완두에서 두 가지 이상의 특성이 서로 간섭하지 않고 독립적으로 대물림된다는 사실을 보여 줬는데, 이를 독립의 법칙이라 한다. 가령 '줄기의 키(큰 키/작은 키)'와 '씨껍질의 색(회색/흰색)'이라는 두 가지 특성을 관찰한다고 가정해 보자. 독립의 법칙에 따르면, 줄기가 큰 완두라고 해서 반드시 특정 씨껍질 색을 물려받는 것은 아니다. 큰 키와 작은 키라는 형질, 그리고 회색과 흰색이라는 형질은 각각 분리의 법칙에 따를 뿐 서로의 대물림 양상에는 아무런 영향을 주지 않은 채 독립적으로 나타난다.

염색체가 전달된다

한편으로 멘델의 발견은 당시 과학자들에게 닮음보다 차이의 대물림에 관한 근본적인 질문을 남겼다. 예를 들어 둥근 특성을 가진 개체끼리 교배했을 때 주름진 개체가 나타나는 구체적인 이유가 궁금해진 것이다. 그 결과 멘델 인자가 실제로 물질인지 아닌지, 만일 물질이라면 어디에 존재하는지에 대한 탐구가 이어졌다.

이후 대물림을 결정하는 요인이 세포의 핵 속에 있는 염색체라는 사실이 밝혀졌다. 이 발견에는 독일의 아우구스트 바이스만(August Weismann, 1834~1914)과 미국의 토머스 헌트 모건(Thomas Hunt Morgan, 1866~1945)이 중요한 역할을 했다. 염색체(chromosome)는 색깔을 뜻하는 그리스어 ‘크로마(chroma)’와 몸을 의미하는 ‘소마(soma)’의 합성어로, 세포에 염색약을 처리했을 때 염색이 잘되는 물질이라고 해서 붙은 이름이다.

바이스만은 1880년대에 현미경으로 요충의 세포가 분열하는 모습을 관찰했다. 그는 세포의 핵에 있는 작은 실 같은 물질이 뭉치면서 염색체가 되고, 이 염색체들이 2배로 증식한 뒤 둘로 나뉘어 각각 새로운 2개의 세포로 들어간다는 사실을 밝혀냈다. 이 관찰을 바탕으로 바이스만은 대물림의 요소가 세포 핵 속의 염색체에 있다고 주장했다.

이에 비해 모건은 1910년 초파리를 이용한 실험을 통해 염색체 내에 유전 요소가 존재한다는 사실을 더욱 구체적으로 규명했다. 당초 모건은 멘델의 발견 내용이 동물에게는 적용되지 않을 것이라 생각했다. 그래서 확인 차원에서, 초파리를 교배할 때 같은 결과가 나오는지를 관찰했다. 하지만 결과는 예상과 달랐다. 멘델의 설명대로 우성과 열성 형질이 일정한 비율로 나타난 것이다.

모건 연구진이 선택한 초파리는 붉은 눈을 가진 야생형(wild-type)과 흰 눈의 돌연변이형(mutant)이었다. 연구진이 붉은 눈 암컷과 흰 눈 수컷을 교배한 결과 잡종 1세대의 대부분은 붉은 눈을 가진 채 태어났다. 붉은 눈 형질이 흰 눈 형질보다 우성이라는 점이 확인된 것이다. 이후 잡종 1세대 개체들을 다시 교배한 결과, 2세대에서도 멘델의 완두에서처럼 붉은 눈의 암컷과 흰 눈의 수컷이 함께 나타났다.

하지만 2세대에서 나타난 실제 분리 비율은 멘델이 제시한 비율과 적잖은 차이가 있었다. 모건 연구진은 그 이유를 파고들었다. 연구진이 주목한 점은 2세대에서 흰 눈을 가진 개체가 모두 수컷이라는 사실이었다. 이 관찰을 바탕으로 모건은 눈 색깔을 결정하는 유전자가 성염색체인 X염색체에 존재할 것이라고 추정했다. 최종적으로 연구진은 오늘날 유전학에서 중요한 개념으로 자리 잡은 유전자 간 '연관(linkage)'과 '교차(crossing over)' 현상을 발견하기에 이르렀다. 이 공로로 모건은 1933년 노벨 생리·의학상을 수상했다(그림 1 참조).

사실 이 시기에는 노벨상을 받을 만한 또 한 명의 과학자가 있었다. 프롤로그에서 언급했던, 1905년 Y염색체가 수컷의 성을 결정한다는 사실을 최초로 밝혀낸 스티븐스였다. 모건의 제자이기도 했던 그녀는 안타깝게도 유방암으로 요절하면서 수상의 기회를 얻지 못했다. 노벨상은 생존하는 인물에게만 수여하기 때문이다.

여기서 잠깐 용어 선택에 관한 문제를 짚고 넘어가자. 우리는 흔히 유전자에 변화가 생기는 상황을 '돌연변이(mutation)', 그리고 모건의 실험에서처럼 특정 변이가 생긴 개체를 돌연변이형이라 부른다. 그런데 사전적으로 돌연변이라는 말에는 생명체의 유전자에 발생하는 '갑작스럽고 비정상적인 변화'라는 의미가 담겨 있어, 마치 질환처럼 생체 기능에 큰 문

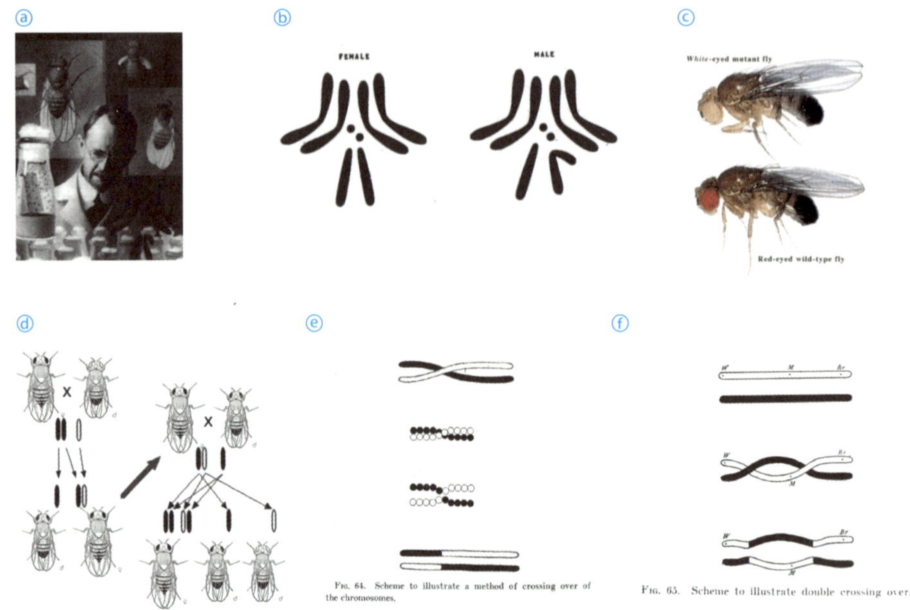

<그림 1> 모건의 초파리 '자연' 돌연변이 실험

토머스 헌트 모건ⓐ은 초파리에서 유전형질이 전달되는 방식을 통계적으로 분석함으로써 20세기 초 유전학의 새로운 지평을 열었다. 초파리는 염색체가 4쌍에 불과하고ⓑ, 성충이 된 지 나흘이면 짝짓기를 시작해 며칠 후에는 번식이 가능하다. 한 번에 수많은 알을 낳는 점도 실험에 유리하다. 모건은 붉은 눈의 야생형 암컷과 흰 눈의 돌연변이형 수컷 초파리ⓒ를 교배해 '우열의 법칙'을 비롯해 다양한 유전 현상을 확인할 수 있었다ⓓ. 초파리 아래의 긴 원은 X염색체를 의미한다. 그림 왼쪽에서처럼, 붉은 눈 유전자를 지닌 X염색체(검은색)를 2개 가진 암컷과, 흰 눈 유전자를 지닌 X염색체(흰색) 1개를 가진 수컷이 교배했을 때는 자손은 성별과 관계없이 모두 붉은 눈을 갖고 태어난다. 하지만 그림 오른쪽에서처럼 이들 자손을 다시 교배하면, 암컷은 여전히 붉은 눈이지만 수컷은 염색체의 조합에 따라 붉은 눈과 흰 눈의 개체가 섞여 태어난다. 모건 연구진은 눈 색깔 외에도 다양한 형질에서 이와 유사한 유전 양상을 발견했다. 이를 통해 특정 유전자가 X염색체에 '연관'돼 있다는 사실을 확인해 오늘날 '유전자 연관'이라 부르는 개념을 확립할 수 있었다. 나아가 유전자가 염색체 위에 줄지어 배열돼 있으며, 생식 세포가 만들어지는 감수 분열 과정에서 염색체 일부가 서로 교환될 수 있다는 사실도 밝혀냈다. 이는 '교차'라고 불리는 현상인데, 모건은 이를 바탕으로 유전자의 자연적인 재조합 원리를 설명할 수 있었다ⓔ,ⓕ.

(출처: https://www.nobelprize.org; https://commons.wikimedia.org)

제가 생긴 것 같은 부정적인 인상을 줄 수 있다. 하지만 돌연변이는 20세기를 전후해 동식물의 교배 실험에서 부모와는 다른 자손의 특성을 가리키기 위해 만들어진 과학적 개념이었다. 모건의 실험에서도 돌연변이형은 유전자 수준에서의 차이로 자연에서 발견된, 새로운 표현형을 가진 개체를 뜻했다. 최근 과학계에서는 돌연변이를 '순화'한 용어로 '변이(variant)'나 '다양성(diversity)'을 사용하자는 제안이 나오고 있다. 이 책에서도 필요한 경우를 제외하고, 유전자의 변화를 가리킬 때는 '변이'라는 용어를 사용하고자 한다.

유전물질은 단백질? DNA!

바이스만과 모건의 연구를 통해 멘델 인자는 염색체 속에 존재하는 어떤 물질인 것이 확실해졌다. 남은 문제는 그 물질의 정확한 정체였다. 1920년대 들어 염색체는 단백질과 핵산(DNA와 RNA)으로 구성돼 있다는 사실이 밝혀졌다. 그렇다면 이제 후보는 둘 중 하나로 좁혀졌다.

먼저 단백질이다. 단백질의 영어 명칭인 'protein'은 1830년대에 등장했다. '가장 중요하고 기본적인 것'을 의미하는 그리스어 'proteios'에서 유래한 말이다. 이 단어는 일본을 거쳐 한국에 들어오면서 '단백질(蛋白質)'이라는 한자어로 번역됐는데, 새의 알(蛋)에 들어 있는 흰자위(白質)에서 많이 발견된다고 해서 붙은 이름이다. 단백질의 기본 단위는 '아미노산(amino acid)'이라고 부른다. 생명체에는 약 20종의 아미노산이 존재하며, 모두 아미노기(-NH₂)와 산성기(-COOH)를 포함하고 있다. 이들이 다양하게 조합돼 인체에서는 무려 10만 종 이상의 단백질이 만들어진다.

다음으로 핵산이다. 1869년 인간의 고름 세포와 연어 정자의 핵 안에서 단백질과는 성질이 다른 물질이 처음 발견됐다. 1889년 이 물질이 산성을 띤다는 사실이 확인되면서 '핵산(nucleic acid)'이라는 이름이 붙었다. 이후 수십 년이 지나서야 핵산의 두 종류인 DNA와 RNA의 화학 구조가 영국의 알렉산더 토드(Alexander Todd, 1907~1997)에 의해 밝혀졌다(그림 2 참조). 그

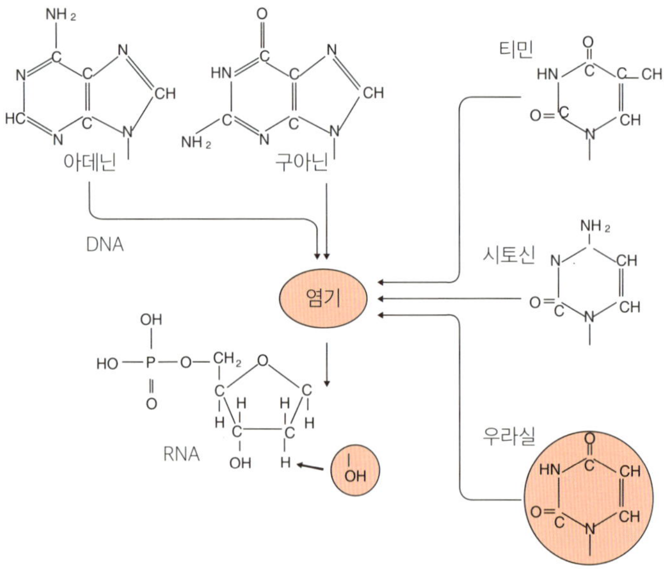

<그림 2> DNA와 RNA의 화학 구조

인간의 세포는 핵과 세포질로 구성돼 있다. 핵(核, nucleus)에는 우리가 흔히 유전자라고 부르는 DNA와 RNA가 포함돼 있다. 먼저 RNA는 RiboNucleic Acid의 약자다. 그 기본 구성 물질은 인산기(-PO₄), 당, 그리고 염기다. 인산기가 산성(酸性)을 띠는 물질이기 때문에 RNA와 DNA를 핵산(Nucleic Acid)이라 부른다. 당은 탄수화물의 일종이다. 탄수화물(炭水化物)은 탄소, 수소, 산소 등 세 가지 원소로만 이뤄져 있는데, 보통 1:2:1의 비율로 구성된다. 마치 탄소(C)와 물(H₂O)로 이뤄진 것으로 보여, 물이 결합된 화합물(수화물)이라는 뜻에서 탄수화물이라 부른다. RNA에서 당은 탄소 5개로 이뤄진 리보오스(ribose)이기 때문에 Nucleic Acid 앞에 Ribo라는 말이 붙었다. 염기는 질소가 함유된 네 가지 종류(아데닌, 구아닌, 시토신, 우라실)가 존재하는데, 이들은 용액 안에서 염기성(鹽基性)을 높이기 때문에 염기라고 부른다. DNA는 DeoxyriboNucleic Acid의 약자로서, RNA 앞에 Deoxy라는 말이 붙어 있다. RNA의 리보오스에서 산소(oxygen) 하나가 없다(de)는 뜻이다. DNA의 염기는 RNA처럼 네 가지 종류지만 우라실 대신 티민이 있다는 점이 다르다.
(출처: 최재천 외, 2013, 82)

는 이 공로로 1957년 노벨 화학상을 수상했다.

20세기 초반 대부분의 과학자는 유전물질의 정체가 단백질일 것이라고 여겼다. 방대한 유전형질의 정보를 저장하고 전달하는 역할에는, 구조가 단순한 핵산보다 다양한 종류와 복잡한 구조를 가진 단백질이 더 적합하다고 판단한 것이다. 한편 1860년대 미생물의 발효 과정을 연구하던 과학자들은 생체 내에서 특정 단백질이 화학 반응을 촉진하는 촉매로 작용한다는 사실을 발견하고, 이를 '효소(enzyme)'라고 불렀다. 이후 효소는 생물의 거의 모든 생리작용에서 필수적인 역할을 수행한다는 점이 밝혀졌다. 효소의 발견과 그 작용의 규명은 단백질이 생명 현상의 핵심 요소이자 유전물질의 본질일 것이라는 인식을 더욱 굳히게 만들었다. 이해되지 않는 모든 생명 현상을 효소의 작용으로 설명하려는 경향이 유행할 정도였다. 당시 단백질에 지나치게 집착한 과학계의 분위기는 단적으로 "효소 편집증(enzyme mania)"이라 불릴 만했다(앙드레 피쇼, 2010, 71, 155). 이에 비해 핵산의 기능은 거의 알려지지 않은 상태였다.

그러다 유전물질이 단백질이 아닐 수 있다는 의문이 제기되기 시작했다. 영국의 프레더릭 그리피스(Frederick Griffith, 1877~1941)가 수행한 폐렴구균 실험이 결정적 계기였다. 1920년대 과학자들은 치명적인 폐렴을 일으키는 이 박테리아가 여러 형태로 존재한다는 사실을 알아냈다. 그 하나는 전염성이 있는 S형으로, 반짝이면서 매끈한(Smooth) 집단을 형성하며, 생쥐에 주입하면 병을 일으켜 죽게 만들었다. 반면 다른 하나는 전염성이 없는 R형으로, 작은 낟알이 모인 듯한 거친(Rough) 형태를 보이고, 생쥐에 주입해도 병을 일으키지 않았다.

그리피스는 실험 과정에서 흥미로운 현상을 발견했다. 열을 가해 S형을 죽인 뒤 살아 있는 R형과 혼합해 생쥐에 주입하자, 생쥐가 폐렴에 걸.

려 죽는 일이 벌어진 것이다. 죽은 S형에서 유래한 '어떤 물질'이 R형을 S형으로 변화시킬 수 있다는 뜻이었다. 더욱 놀라운 사실은 변환된 S형이 이후에도 계속 S형으로만 분열했다는 점이었다. 즉 '어떤 물질'은 대물림되는 유전물질이라는 추정이 가능했다(그림 3 참조).

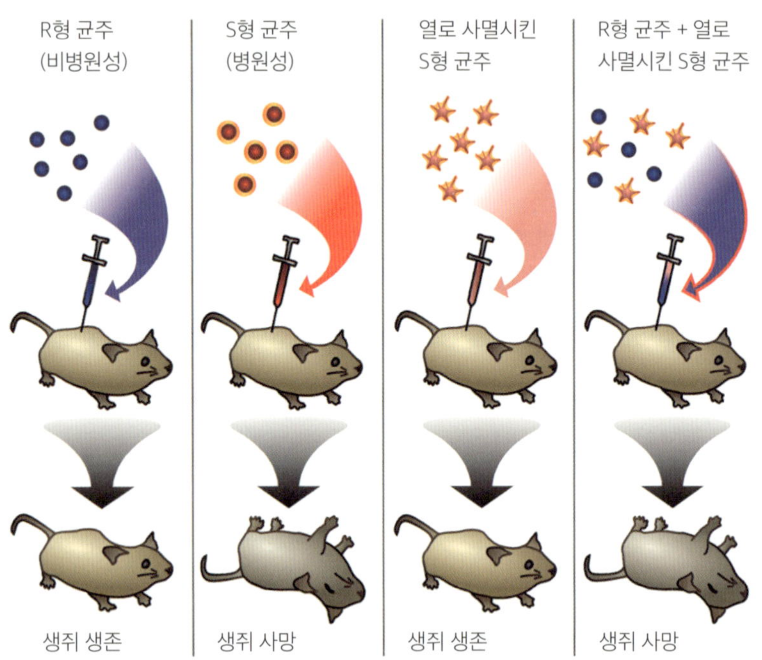

<그림 3> 그리피스의 폐렴구균 형질전환 실험

프레더릭 그리피스가 폐렴구균의 형질이 전환되는 현상을 발견한 과정이다. 맨 왼쪽에서 비병원성인 R형 균주를 생쥐에 주사하면 생쥐는 살아남는다. 다음으로 병원성인 S형 균주를 주사하면 생쥐가 폐렴에 걸려 죽는다. 또한 열로 사멸시킨 S형 균주를 주사했을 때는 생쥐가 살아남는다. 그러나 살아 있는 R형 균주와 열로 사멸된 S형 균주를 함께 주사하면 생쥐가 죽고, 사체에서 살아 있는 S형 균주가 검출된다. 이는 사멸된 S형 세포 속의 어떤 물질이 R형 세포로 전달돼 병원성 형질이 생겼다는 사실을 알려 준다.
(출처: https://commons.wikimedia.org)

그리피스는 이 물질의 정체가 무엇인지는 밝히지 못했지만, 실험 결과
는 단백질이 아닐 가능성을 강력히 시사했다. 열처리로 대부분의 단백질
이 변성됐을 텐데도, 폐렴구균의 형질이 전환됐기 때문이다.

이후 1944년 그리피스의 실험을 계승한 오즈월드 에이버리(Oswald Avery,
1877~1955)는 R형을 S형으로 변환시키는 S형 폐렴구균의 성분이 무엇인지
밝혀냈다. 바로 DNA였다.

에이버리는 열처리로 죽인 S형 폐렴구균에서 얻은 추출물로 일종의 '뺄
셈 실험'을 수행했다. 추출물의 대표적인 성분은 단백질, 다당류, 지질, 그
리고 핵산(RAN와 DNA)이었다. 개념적으로는 비교적 간단한 실험이었다.

준비물은 살아 있는 R형 폐렴구균과 S형 추출물을 섞은 시험관들이
었다. 먼저 시험관에 단백질 분해 효소(프로테아제), 다당류 분해 효소(아밀라
아제), 지질 분해 효소(리파아제)를 각각 처리하자, R형에서 전환된 살아 있
는 S형이 발견됐다. 그렇다면 S형 추출물에서 단백질과 다당류, 그리고
지질은 R형의 형질을 전환시키는 물질이 아니었다. 다음 2개의 시험관에
RNA 분해 효소와 DNA 분해 효소를 각각 처리했다. S형의 추출물에서
RNA가 분해됐을 때는 여전히 살아 있는 S형이 발견됐다. 하지만 DNA
분해 효소를 처리한 경우에는 살아 있는 S형이 발견되지 않았다. 따라서
R형을 S형으로 바꾸는 '어떤 물질'이 바로 DNA라는 점을 알 수 있었다
(그림 4 참조).

바이러스에서 얻은 결정적 단서

더욱 결정적인 증거는 박테리아에 기생하는 바이러스를 연구하는 과
정에서 도출됐다. 사실 바이러스는 생물과 무생물의 중간 정도의 존재로

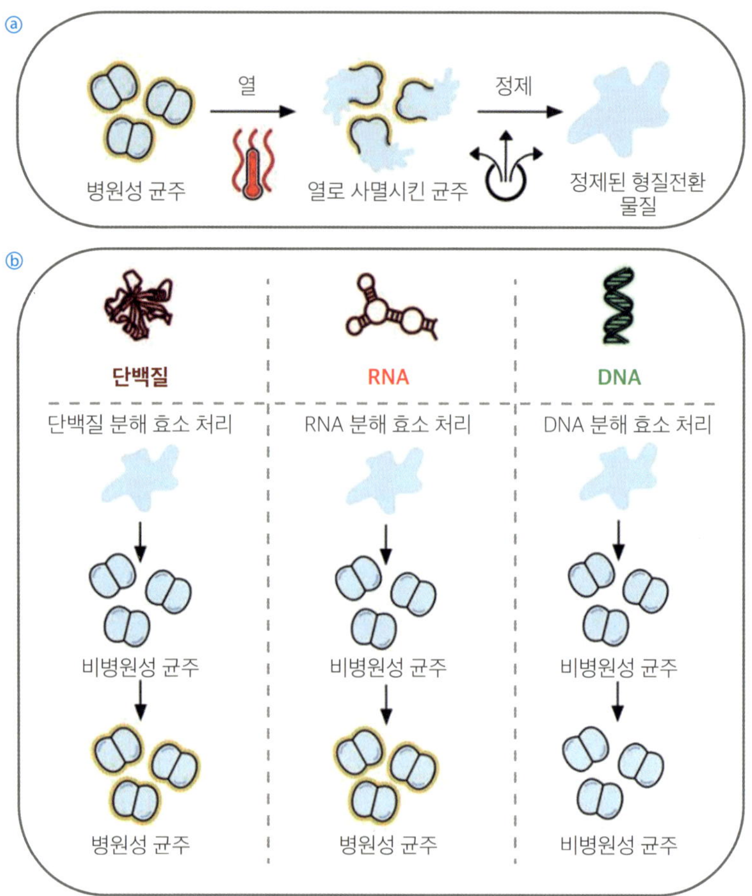

<그림 4> 에이버리의 폐렴구균 DNA 발견 실험

ⓐ 먼저 병원성 폐렴구균을 열로 사멸시킨 뒤, 비병원성 균주를 병원성 균주로 전환시킬 수 있는 형질전환 물질을 순수하게 추출해 정제했다.

ⓑ 정제된 물질에 각각 단백질 분해 효소, RNA 분해 효소, DNA 분해 효소를 처리해 어떤 성분이 형질전환을 일으키는지 확인했다(실제 실험에서는 다당류와 지질의 분해 효소도 처리했다). 단백질 분해 효소와 RNA 분해 효소 처리 후에도 비병원성 균주는 병원성 균주로 전환됐지만, DNA 분해 효소를 처리한 경우에는 전환이 일어나지 않았다. 이 실험으로 DNA가 폐렴구균의 형질을 전환 시키는 데 필요한 정보를 담고 있음이 입증됐다.

(출처: Pascal Maguin & Luciano A. Marraffini. 2021)

  DNA는 어떻게 나를 설계하는가?

인식되고 있다. 단백질과 핵산으로만 구성돼 있고 오로지 다른 생명체의 세포에 핵산을 주입해야만 번식할 수 있기 때문이다. 세포 바깥에서는 아무런 활동이 없어 물질 입자에 해당한다는 의미에서 바이러스는 살아 있는 존재가 아니라 '분자 기생체(molecular parasites)' 정도로 취급되기도 한다. 그럼에도 바이러스는 그 단순한 구조 덕분에 핵산의 활동과 역할을 규명하는 연구에서 중요한 재료로 사용된다.

1952년 미국의 앨프리드 허시(Alfred Hershey, 1908~1997)는 바이러스의 일종인 박테리오파지가 박테리아를 감염시킬 때 단백질과 핵산 중 어떤 물질이 주입되는지 관찰했다. 그 결과 박테리아 안으로 들어가는 것은 DNA뿐임을 밝혀냄으로써, 유전물질의 정체가 단백질이 아니라 DNA라는 사실을 확실히 확인할 수 있었다. 허시는 이 공로로 1969년 노벨 생리·의학상을 수상했다(그림 5 참조). 앞서 에이버리 역시 유전물질이 DNA임을 보여 주는 중요한 업적을 남겼지만, 1955년에 사망해 수상의 기회를 얻지 못했다.

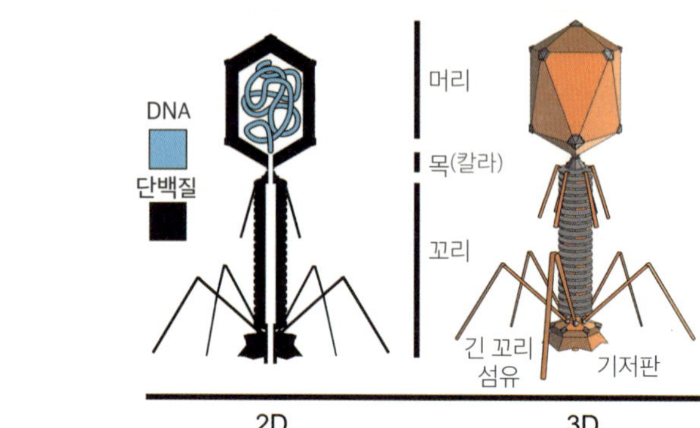

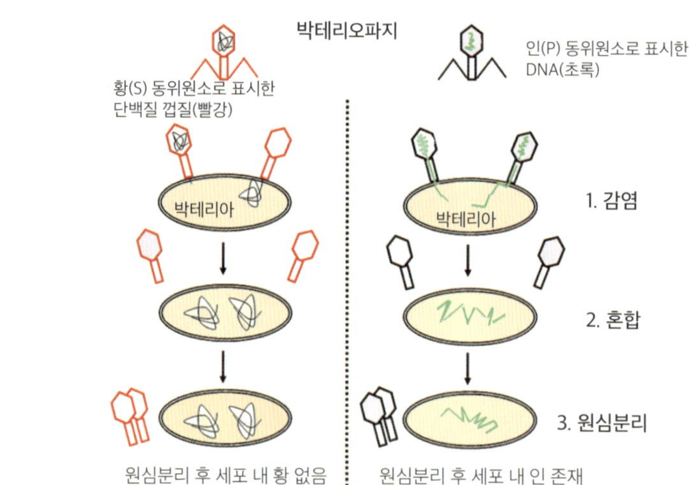

<그림 5> 허시의 바이러스 DNA 발견 실험

박테리오파지는 박테리아를 감염시켜 증식하는 바이러스의 일종이다ⓐ. 머리 부분에는 DNA나 RNA와 같은 유전물질이 들어 있으며, 외부는 단백질 껍질로 둘러싸여 있다. 꼬리의 섬유와 기저판을 이용해 숙주인 박테리아 표면에 붙은 뒤, 유전물질을 박테리아 내부로 주입해 증식을 시작한다. 앨프리드 허시는 먼저 단백질 껍질에 황 동위원소(^{35}S)를 주입한 박테리오파지를 박테리아에 감염시킨 후 원심분리기로 처리했다ⓑ. 그러자 박테리아 내에서는 황이 검출되지 않았다. 또한 DNA에 인 동위원소(^{32}P)를 주입한 박테리오파지를 같은 방식으로 처리했을 때, 박테리아 내에서 인이 검출됐다. 이 결과는 박테리오파지가 박테리아에 전달하는 유전물질이 단백질이 아니라 DNA라는 사실을 보여 준다.

(출처: https://commons.wikimedia.org)

   DNA는 어떻게 나를 설계하는가?

인간 유전 질환의 실마리를 찾다

멘델이나 모건 등 당대의 과학자들은 주로 동식물과 미생물을 탐구했지만, 궁극적인 목표는 인간 유전 현상의 이해에 있었다. 그러나 인간을 대상으로 장기간에 걸쳐 교배 실험을 하면서 관찰하는 일은 현실적으로 불가능했다. 대신 간접적인 추론이 이뤄질 수 있는 유력한 단서들은 확보된 상황이었다.

가장 중요한 연구 주제는 유전 질환의 원인 규명이었다. 1950년대까지의 연구는 유전 질환들을 '멘델형'과 '비멘델형'으로 구분하고, 각각의 발병 원인을 추적하는 방향으로 진행되기 시작했다. 다만 당시에는 DNA의 세포 내 구조와 기능이 아직 밝혀지지 않은 상황이었기 때문에, 유전 질환에 대한 연구는 주로 염색체 수준에서 이뤄졌다.

너무나 예외적인 멘델의 '법칙'

사실 멘델의 발견 내용을 '법칙'이라고 부르기에는 무리가 있다. 과학 분야에서 법칙이라는 표현은 보편적으로 예외 없이 적용되는 원리나 이론을 가리킬 때 쓰기 때문이다. 히지만 멘델이 제시한 생물학적 특성과 통계적 수치는 상당히 제한적인 상황에서 의도적으로 선택돼 도출된 결과였다. 멘델 자신도 잘 알고 있었던 사실이다.

멘델은 완두에서 '표현형'이 확실하게 드러나는 특성만을 연구했다. 그는 논문의 서두에서 실험에 적합한 식물과 형질을 특별히 선택했다고 분명히 밝히면서 자신의 발견을 일반화하는 것을 경계했다. 멘델이 선택한 형질들은 완두의 생존에 필수적인 요소가 아니었다. 대신 명확히 규정되고, 관찰이 쉬우며, 분명히 전달되거나 전혀 전달되지 않는 형질들을 실험 대상으로 삼았다.

예를 들어 멘델은 하얀 꽃의 강낭콩과 붉은 꽃의 강낭콩을 교배하면 모두 붉은 꽃의 강낭콩이 나타나기는 하지만, 그 색깔은 초기의 붉은색보다 연하다는 점을 알고 있었다. 따라서 강낭콩은 우성과 열성이 뚜렷이 구분돼 드러나지 않으므로 멘델의 실험 재료로는 부적합했다. 또한 멘델은 완두 실험에서 처음에는 15가지 형질을 관찰했지만, 이후 7가지 형질로 그 수를 줄였다. 이들 형질에서만 일정한 규칙을 찾아낼 수 있었기 때문으로 추측된다.

멘델의 이 같은 선택은 향후 관찰 기술이 발달함에 따라 표현형이 얼마든지 달라질 수 있음을 예고한 것이기도 했다. 만일 둥근 완두콩들을 멘델처럼 맨눈이 아니라 현미경으로 보면, 약간 주름진 모습이 관찰된다. 자연에서 완벽하게 우성과 열성으로 구분되는 표현형을 발견하기 어렵다는 뜻이다.

우성과 열성의 모호한 구분은 분리의 법칙이나 독립의 법칙에서도 명확한 비율로 자손이 생기지 않을 가능성을 의미하기도 했다(앙드레 피쇼, 2010, 141~142). 예를 들어 완두에서 자주색 꽃-길쭉한 개체와 붉은 꽃-동그란 꽃가루 개체를 교배했을 때, 잡종 2세대에서는 네 가지 조합(자주-길쭉, 자주-동그란, 붉은-길쭉, 붉은-동그란)이 나올 것이다, 그런데 실제로 그 수치는 독립의 법칙에 따라 9:3:3:1이 아니라 583:26:24:179이었다. 자주색은 길쭉한 형질, 붉은색은 동그란 형질을 함께 물려받을 기회가 더 많다는 의미였다. 이는 앞서 살펴본 모건의 초파리 실험에서도 발견된 현상이었다.

정리하자면, 멘델의 업적이 '법칙'으로 적용되기 위해서는 몇 가지 전제조건이 필요하다. 첫째, 모든 상황에서 우성 대립유전자가 항상 표현형을 결정해야 한다(완전 우성). 둘째, 각 유전자는 오직 하나의 관찰 가능한 형질만을 결정해야 하며, 이 형질은 맨눈으로 뚜렷하게 구분될 수 있어야 한다. 셋째, 비교하는 유전자들은 서로 다른 염색체에 있거나, 같은 염색체에 있더라도 충분히 멀리 떨어져서 독립적으로 분리돼야 한다.

하지만 현대 유전학의 관점에서 이런 조건을 모두 만족하는 유전자는 매우 드물다. 그럼에도 학교에서는 멘델의 업적을 쉽게 설명하기 위해 인간에 대한 부정확한 사례를 드는 경우가 있다. 예를 들어 혀를 동그랗게 말 수 있는지 여부나 눈동자 색깔 등 실제로는 복합적인 형질을 단순히 우성과 열성으로만 구분해 제시하곤 한다.

우리가 멘델을 얘기할 때 항상 '법칙'이라는 말을 떠올리는 이유 역시 중고등학교 교과서에서 그렇게 배웠기 때문일 것이다. 그런데 이 용어는 '유전자'처럼 일본 과학계를 통해 한국에 정착된 것으로 추정된다(이일하, 2014). 사실 멘델은 스스로 '멘델 인자'라는 용어뿐 아니라 '법칙'이라는 말도 사용하지 않았다. 국내 교과서에 등장하는 멘델의 세 가지 '법칙'은 20세기 초 멘델의 업적이 재발견되던 시절 유전학자들이 명명한 것이며, 일제 강점기 생물학 교과서에 등장하면서 국내 학계에 정착한 것으로 보인다.

멘델의 법칙에서 멘델형 질환으로

인간의 생물학적 특성에서도 멘델의 '우열의 법칙'이 들어맞지 않는 경우가 많다. 예를 들어 아버지의 키가 180cm이고 어머니의 키가 150cm라고 해서, 자녀의 키가 어느 한쪽을 그대로 닮는 것은 아니다. 하지만 결과가 단순한 우열의 구도로 나타나지 않는다고 해서, 유전자가 부모로부터 대물림된다거나 유전형질이 대립유전자의 조합에 의해 결정된다는 사실이 무효화되는 것은 아니다. 다만 과학계에서는 '멘델의 법칙'보다는 덜 엄격한 표현으로 '멘델형 유전'이라는 용어를 사용하고 있다. 인간의 몇 가지 사례를 통해 멘델형 유전의 개념을 살펴보자.

먼저 공동 우성(co-dominance)의 사례로 인간의 ABO 혈액형을 들 수 있다. A형은 AA 또는 AO, B형은 BB 또는 BO의 유전형을 가질 수 있으며, 이때 A와 B는 O에 대해 각각 우성으로 작용한다. 그런데 A와 B가 함께 존재할 경우, 어느 한쪽 혈액형이 아니라 AB형이라는 고유의 표현형이 나타난다.

다른 예로 불완전 우성(incomplete dominance)이 있다. 대표적으로 곱슬머리가 그렇다. 곱슬머리는 직모에 대해 우성이지만, 부모가 각각 곱슬머리 유전자와 직모 유전자를 하나씩 가진 경우, 자녀는 곱슬도 직모도 아닌 중간 형태인 반곱슬머리를 가질 수 있다. 두 대립유전자가 모두 표현형에 영향을 미쳐 중간 형태가 나타나는 경우다.

이와 같은 예는 비교적 가볍게 얘기할 수 있는 생물학적 특성들이지만, 멘델형 유전의 진정한 의미는 여기에 그치지 않는다. 중요한 점은 이 개념을 통해 유전병이라 불리는 선천적 질환의 원인을 하나둘 밝혀내기 시작했다는 데 있다. '멘델형 질환(Mendelian disease)'이라는 용어 아래 인간 유전 질환에 대한 본격적인 탐색이 이뤄질 수 있었던 것이다(그림 6 참조).

인간의 질병을 유전자의 관점에서 원인을 규명하는 일은, 달리 말하면 표현형이 인간의 생물학적 특성에서 질병으로 바뀐다는 것을 의미한다. 그런데 질병의 개념을 명확하게 정의 내리기 어렵다는 문제가 생긴다. 상식적으로 생각할 때 질병이란 삶의 질이 크게 떨어지고 죽음의 가능성이 높아지는 등 인간의 생리 기능이 정상 범위를 확실히 벗어난 상태를 의미한다. 주관적인 판단이 어느 정도 개입되는 개념이기 때문에, 의학계에서도

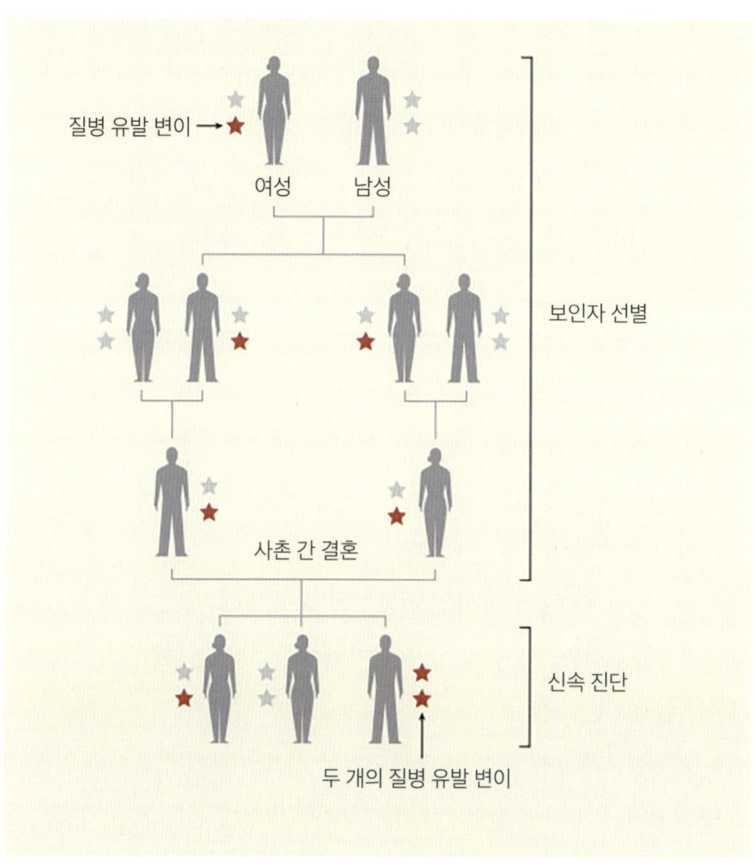

<그림 6> 멘델형 질환의 대물림 양상 사례

열성 멘델형 유전 질환이 가족 내에서 대물림되는 과정, 그리고 보인자 선별과 유전자 분석을 통해 질환을 진단하는 상황을 보여 주는 그림이다. 첫 번째 세대에서 여성은 질병을 일으키는 유전자 변이(빨간 별)를 하나 가지고 있고, 남성은 정상 유전자(회색 별)만을 가지고 있다. 이 부부 사이에서 태어난 자녀들 가운데 어머니의 변이 유전자 하나와 아버지의 정상 유전자 하나를 물려받아, 질병은 없지만 변이를 가진 '보인자'가 생긴다. 이들이 정상인과 결혼한다면 그 자녀들에서도 보인자가 발생한다. 만일 보인자인 사촌끼리 결혼한다면, 자녀 가운데 한 명은 부모 양쪽에서 모두 유전자 변이를 물려받아 실제로 병이 생긴다. 현대에는 보인자 선별을 통해 자녀들이 질병 유발 변이를 가지고 있는지 확인할 수 있고, 발병 위험성에 대해 신속한 진단이 가능하다.
(출처: Fowzan S. Alkuraya, 2021, 219)

질병별로 객관적 기준 요건을 모두 명확히 제시하기가 쉽지 않다. 그래서 초창기 의학계에서 멘델형 질환에 대한 탐구는, 비교적 뚜렷하게 병적 증상이 드러나고 그 원인이 유전자에서 명확하게 의심되는 경우에 한해 시작됐다. 상대적으로 일부 사람들에게만 나타나는 희귀성 질환들이었다.

멘델형 질환은 '단일유전질환(monogenic disorder)'이라고도 부른다. 학문적으로는 하나의 유전자에 이상이 생기고, 그 유전자가 우성과 열성으로 비교적 뚜렷하게 구분되는 방식으로 대물림되는 질환을 의미한다.

이러한 질환은 유전 양상이 비교적 단순해 보이지만, 실제로 환자를 발견하고 원인을 규명하는 과정은 결코 순탄하지 않았다. 인간의 유전 질환 중에는 멘델의 완두 실험에서처럼 표현형이 우열로 단순하게 구분되지 않고 복잡하게 드러나는 경우가 많았다. 또한 모건의 연구에서 확인됐듯이 성염색체에 연관된 유전자들도 존재했다. 그리고 무엇보다도 인간의 부모와 자식 간 유전 양상을 장기간에 걸쳐 체계적으로 추적하기가 어려웠다.

초창기에는 환자가 속한 가계와 건강한 가계의 유전적 특성을 직접 비교해 관찰하는 수밖에 없었다. 이를 위해 무려 수십 년의 연구 기간이 필요했다. 1970년대에 이르러서는 많은 가족을 대상으로 수 세대에 걸쳐 유전 질환의 양상을 추적하는 집단유전학이 본격적으로 정립되기 시작했다. 비록 유전자의 구조나 작동 방식 등 구체적인 메커니즘은 밝혀지지 않았지만, 질병이 대물림되며 발생한다는 사실은 점차 명확해져 갔다. 때로는 질병 유전자가 직접 확인되지 않더라도, 겉모습의 특징을 단서로 삼아 발병 위험이 높은 사람들을 가려내기도 했다. 예를 들어 어떤 질병이 녹색 눈을 가진 사람보다 파란 눈을 가진 사람에게 잘 나타나면, 연구자들은 질병 유전자가 파란 눈 유전자와 연관돼 있을 가능성을 추론했다.

매우 드물면서 예외적인 교과서 사례

교과서에 자주 소개되는 대표적인 멘델형 질환의 사례 몇 가지를 살펴보도록 하자. 먼저 헌팅턴병은 1872년 미국의 의사 조지 헌팅턴(George Huntington, 1850~1916)이 처음 보고한 질환이다. 환자는 신경계 이상으로 온몸이 떨리며 비틀리는 증상을 보였다. 부모 가운데 한 명이 병에 걸리면 자손 가운데 적어도 한 명은 병에 시달리는 불행한 대물림 질환이었다. 나중에 밝혀진 바에 따르면, 병의 원인은 4번 염색체에서 발생한 유전자 변이이며, 자손이 변이 대립유전자를 하나만 가져도 질병이 생기는 완전 우성의 경우에 해당한다. 헌팅턴병은 성인이 돼서야 증상이 나타나 사망에 이르며, 아무런 치료제가 없다는 점에서 '가장 잔인한 병'이라고도 불린다(스티븐 하이네, 2018, 106~107).

그런데 멘델형 질환 중에서 완전 우성 형태로 유전되는 경우는 상대적으로 드문 편이다. 실제로 대부분의 멘델형 질환은 그 대물림의 양상이 복잡하고 다양하다. 가령 변이 대립유전자가 열성인 경우에도, 이를 하나만 가진 자손이 특정 환경에서 질병 증상을 나타낼 수 있다. 겸상적혈구 빈혈(sickle cell anemia)이 대표적인 사례다.

'겸상'이라는 말의 '겸(鎌)'은 낫을 뜻한다. 정상적인 적혈구는 가운데가 오목한 원반 모양이지만, 이 질환에서는 적혈구가 낫처럼 휘어진 형태를 띤다. 적혈구를 구성하는 베타글로빈이라는 단백질은 11번 염색체에 있는 유전자에 의해 만들어진다. 정상 유전자와 변이 유전자를 각각 HBB와 HBS라 부르자. 먼저 HBS에서 만들어진 베타글로빈 자체는 정상에 비해 물과 친하지 않은 소수성을 조금 더 띠게 될 뿐, 전체 구조에는 큰 변화가 없다. 하지만 이들이 서로 결합해 길고 딱딱한 섬유를 형성하면 적혈구의 안정성과 유연성에 문제가 생긴다. 그 결과 적혈구의 수명은 120일에서 10~20일로 크게 줄어들어 심각한 빈혈을 유발할 수 있다. 또한 탈수나 감염 같은 스트레스 환경에서 단백질끼리의 결합이 강화돼 적혈구의 모습은 낫 모양으로 바뀌어 혈관을 막아 버릴 수 있다. 그래서 동형접합체(HBS/HBS)를 가진 사람은 일찍 사망할 가능성이 커진다.

이에 비해 이형접합체(HBB/HBS)를 가진 사람은 보통의 환경에서 별다른 문제 없이 지낼 수 있다. HBS에서 만들어진 낫 모양의 단백질이 있지만, 산소 운반의 효율이 약간 떨어질 뿐이고 정상 단백질도 만들어지기 때문에 전체적으로 산소 공급에는 지장이 없다. 그렇다면 HBB는 우성, HBS는 열성이다.

하지만 이형접합체 보유자라도 산소 농도가 낮은 고산 지대에 가거나 격렬한 운동을 하는 등 특정 환경에 처하면, 낫 모양의 적혈구가 많이 발생해 빈혈 증상이 나타날 수 있다. 이처럼 겸상적혈구빈혈은 기본적으로 열성 유전 질환이지만 특정 조건에서는 이형접합체에서도 발현되기 때문에, HBS는 '조건부 우성'(이성재·전상학, 2020, 233) 또는 '환경 의존적 불완전 우성'으로 작용하는 사례로 꼽힌다.

한편 성염색체에 연관된 유전자로 인해 발생하는 '반성유전(伴性遺傳, sex-linked inheritance)'도 있다. X염색체에 존재하는 적록색맹 유전자가 대표적인 사례다. 이 유전자는 X염색체를 통해서만 전달되기 때문에, 남성과 여성에서 발병 확률이 다르게 나타난다. 남성(XY)은 X염색체를 하나만 갖고 있기 때문에, 여기에 색맹 유전자가 존재하면 그대로 발병하게 된다. 반면 여성(XX)은 2개의 X염색체를 갖고 있으므로, 색맹 유전자를 하나만 가진 경우에는 발병하지 않고 보인자로 남는다. 하지만 양쪽 X염색체에 모두 색맹 유전자가 있을 경우에는 여성도 색맹이 된다. 혈우병(hemophilia) 역시 같은 원리를 따르는 X염색체 연관 유전 질환이다.

'유전되지 않는 유전병'도 있다

현대에 와서는 멘델형 질환 이외의 '유전병'을 통틀어 '비멘델형 질환
(Non-Mendelian disease)'이라고 부른다. 그런데 이 용어는 다소 혼동을 일으킬
수 있다. 유전병은 보통 선천적으로 부모로부터 대물림되는 질환을 의미
하고, 멘델형 질환은 그 대물림 방식이 멘델의 법칙에 비교적 잘 들어맞
는 경우를 뜻한다. 이에 반해 비멘델형 질환은 꼭 부모로부터 대물림되지
않을 수도 있는 질환이다. 그럼에도 비멘델형 질환을 유전병이라고 부르
는 이유는, 이 질환 역시 유전자의 이상으로 발생하기 때문이다.

이처럼 유전자라는 말에 이미 대물림의 의미가 포함돼 있지만 실제로
는 대물림되지 않는 유전병도 존재한다. 그 결과 '모든 유전병이 유전되
는 것은 아니다' 또는 '비유전성 유전병'이라는 식의 모순적인 표현이 생
길 수밖에 없었다. 이런 용어상의 혼란은 오늘날 유전자의 실체를 '단백
질을 만드는 DNA'로 정의하면서 더욱 분명해졌다. 이 문제는 다음 장에
서 살펴보도록 하자.

20세기 중반까지 과학자들이 특정 질환에 잘 걸리는 가족의 병력을 조
사하는 과정에서, 멘델형 유전 양식으로 설명되지 않는 사례들이 보고되
기 시작했다. 예를 들어 유방암의 경우, 어머니가 유방암에 걸렸다면 자녀
의 발병 위험이 다른 가계보다 약 10% 높다는 사실이 보고됐다. 그러나
이 수치는 전형적인 우성 유전(50%)이나 열성 유전(25%)에서 예상되는 발
병 확률보다 훨씬 낮았다.

이 같은 차이를 설명하는 한 가지 가설은, 유전적 요인 외에도 방사선,

유해 화학물질, 특정 병원체와 같은 환경 요인이 질병 발생에 영향을 준다는 것이었다. 즉 유방암 관련 유전자를 물려받았더라도 환경 요인에 노출되지 않으면 발병하지 않을 수 있고, 반대로 유전자를 물려받지 않았더라도 환경에 따라 발병할 수 있다는 의미다.

환경 요인이 유전자에 영향을 미쳐 질병을 유발할 수 있다는 사실은, 모건의 제자였던 미국의 허먼 조지프 멀러(Hermann Joseph Muller, 1890~1967)가 처음으로 실험을 통해 입증했다. 1927년 그는 초파리의 염색체에 X선을 쪼여 인공적인 돌연변이를 유도하는 데 성공했으며, 이 업적으로 1946년 노벨 생리·의학상을 수상했다. 모건에 이어 같은 연구 전통에서 또 한 명의 노벨상 수상자가 배출된 것이다(그림 7 참조).

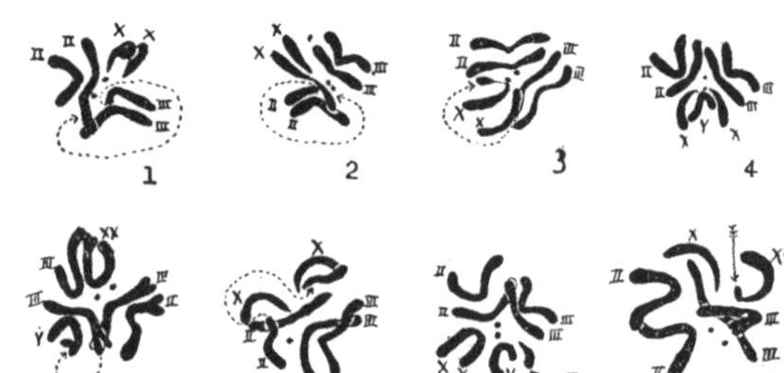

<그림 7> 멀러의 초파리 '인공' 돌연변이 실험

1920년대 허먼 조지프 멀러는 모건의 연구진에 소속되어 활동하면서 초파리의 돌연변이가 어떻게 발생하는지에 관심을 가졌다. 당시까지 대부분의 과학자는 돌연변이가 자연적으로 드물게 발생한다고 생각했다. 그러나 멀러는 환경 요인, 특히 방사선이 돌연변이를 유발할 수 있다는 가설을 세우고 이를 입증하고자 했다. 1927년 멀러는 초파리에서 관찰되는 유전적 돌연변이의 수가 X선 노출에 따라 급격히 증가한다는 사실을 발견했다. 특히 초파리의 4쌍 염색체 중 일부가 잘려나가 다른 염색체로 이동(translocation)하는 형태의 변이를 확인했고, 그 결과 일부 개체는 사망하거나 눈 색깔과 날개 모양이 다양하게 변화한다는 사실을 알아냈다. 멀러는 이 업적으로 1946년 노벨 생리·의학상을 수상했다.

(출처: https://www.nobelprize.org; Hermann Joseph Muller & Theophilus Shickel Painter, 1929, 194)

현재 비멘델형 질환의 원인은 환경 요인 외에도 다양한 관점에서 탐구되고 있다. 흔히 성인병이라 불리는 '복합 질환(complex disease)'이 그 대표적인 사례로, 하나의 유전자가 아니라 여러 유전자의 상호작용과 환경 요인이 함께 작용해 발생하는 경우가 많다.

비정상적인 염색체도 유전될까?

멘델형이나 비멘델형 어디에도 속하지 않으면서도 '유전병'이라 불리는 경우도 있다. 가령 부모의 체세포 유전자는 정상이지만 자식은 '선천적으로' 변이 유전자를 갖고 태어나는 상황이다. 즉 정자나 난자의 형성 과정이나 수정란의 초기 발달 과정에서 유전자에 이상이 생긴 경우다. 대표적으로 염색체 수의 이상이나 염색체의 비정상적인 교차 과정에서 비롯되는 질환들이 있다. 이런 유전병에서 유전이라는 표현은 부모와는 무관할 수 있으면서도 자식의 유전자가 포함된 염색체에 문제가 생겼다는 의미를 담고 있다. 비멘델형 유전 질환에서처럼 유전이라는 말의 모순적 동어반복이 이어지고 있음을 보여 준다.

염색체 수의 이상으로 발생하는 질환 몇 가지를 간단히 살펴보자. 일반인에게도 많이 알려진 사례의 하나는 다운증후군이다. 1866년 영국의 의사 존 랭던 다운(John Langdon Down, 1828~1896)이 안면이나 각종 장기에서 기형 증상이 나타난 환자를 처음 보고하면서 명명됐다. 다른 예로 터너증후군은 1938년 미국의 헨리 허버트 터너(Henry Hubert Turner, 1892~1970)가 발견한 질환이다. 여성에게서 작은 키, 목 부위의 피부 주름, 심혈관 이상 등의 증상이 관찰된다. 또한 클라인펠터증후군은 1942년 미국의 의사 해리 클라인펠터(Harry F. Klinefelter, 1912~1990)가 처음 보고했다. 남성에게서 작은 고환, 여성형 유방 등과 같은 증상이 나타난다.

이들 질환의 원인이 염색체 수의 이상이라는 사실은 1950년대를 지나면서 점차 규명되기 시작했다. 인간의 염색체 수는 1923년에 처음 학계에 보고됐지만, 당시에는 현미경 해상도의 한계로 실제보다 하나 많은 23쌍이 아닌 24쌍으로 잘못 계산되었다. 이후 1956년에야 정확히 23쌍이라는 사실이 밝혀졌다. 마침내 1959년 한 해에 다운증후군은 21번 염색체가 3개, 터너증후군은 X염색체 하나의 부족, 그리고 클라인펠터증후군은 X염색체 하나의 추가가 원인이라는 점이 잇따라 규명됐다. 염색체 수가 확인된 상태에서 좀 더 정밀한 염색 기법이 개발된 덕분이었다. 당시 생물학계에서는 1959년을 '기적의 해'라고 불렀다고 한다.

이들 질환은 부모의 염색체가 정상인 경우에도 자녀에게 발생할 수 있다. 반대로 부모가 질환을 가진 경우 자녀에게 발생하지 않을 수도 있다. 그 발생 가능성은 질환의 종류와 부모의 연령, 개인의 생식 능력 등 다양한 요인에 따라 달라진다.

여기서 한 가지 짚고 넘어갈 용어가 있다. '증후군(症候群, syndrome)'은 질병보다는 약하게 비정상적인 상태를 표현한다는 느낌을 준다. 사전적 의미로 증후군이란 증후의 무리이며, 증후는 질병과 연관돼 있으면서 의사가 인지하는 징후(sign)와 환자가 인지하는 증상(symptom)을 의미한다. 20세기 중반까지 원인을 알 수 없지만 특징적인 증후들이 함께 나타나는 경우 증후군이라 불렀다. 현재 의학계에서도 원인을 모르는 새로운 병적 상태가 발견될 때 일단 증후군이라 부른다는 우스갯소리가 있을 정도다. 하지만 염색체 수의 이상으로 발병한다는 점이 밝혀졌을 때 이들 증후군은 명확히 질환으로 인식됐다. 그럼에도 이전에 사용하던 용어가 관습적으로 현재까지 이어진 것이다. 증후군이라 불린다 해서 결코 질병보다 가볍게 여겨서는 안 된다는 뜻이다.

한편 모건이 발견한 염색체 교차 현상, 즉 생식 세포 형성 과정에서 염색체 일부가 서로 교환되는 현상은 다양한 생명체에서 보편적으로 일어나는 자연스러운 과정이다. 그러나 이 과정에서 염색체 일부가 결실되거나 중복되면 심각한 유전 질환으로 이어질 수 있다. 예를 들어 1963년에 처음 보고된 '고양이 울음 증후군(Cri-du-chat syndrome)'은 5번 염색체의 일부 결실로 발생하며, 신생아의 울음소리가 고양이 울음처럼 들리는 특징에서 그 이름이 유래했다.

이처럼 부모로부터 유전되지 않고 새로운 변이가 발생한 경우를 '드노보 변이(de novo variant)'라고 부른다. 드노보는 라틴어로 '새롭게'를 뜻하므로, 앞으로도 새롭게 밝혀질 유전병의 종류가 상당히 많을 가능성을 시사한다.

2장

분자

미시 세계로의 치열한 항해
유전자 = 단백질을 만드는 DNA 부위(1950~1990년대)

1953년 DNA의 이중나선 구조를 밝힌 논문이 발표되면서 생물학계는 일대 혁신을 맞이했다. 이를 계기로 DNA의 주요 역할이 자기복제와 단백질 생성이라는 사실이 규명됐고, DNA 작동을 조절하는 메커니즘이 점차 드러났으며, DNA 염기 3개로 이뤄진 암호문이 해독돼 단백질의 1차 구조가 파악됐다. 또한 인간 유전 질환의 원인을 염기 수준에서 세세히 규명할 수 있었다. 특히 1970년대에는 유전자의 원하는 부위를 자르고, 증폭하고, 분석하는 획기적인 기술이 잇따라 개발됐다. 마침내 1990년대에 과학계는 '인간게놈지도'의 작성이라는 야심 찬 목표를 설정하기에 이르렀다.

유전자의 개념은 분자 수준에서 '단백질을 만드는 DNA 부위'로 정립됐다. '부모의 생물학적 특성을 전달하는 인자'든 '자식의 새로운 생물학적 특성을 만들어내는 인자'든, 이제 연구의 초점은 전체 DNA에서 단백질 생성 부위로 맞춰졌다. 다만 이 부위가 엑손과 인트론으로 나뉜다는 사실이 밝혀지고 나머지 영역은 유사유전자나 정크 유전자 등으로 불리면서, 유전자의 개념은 혼돈스럽게 인식되기도 했다.

이중의 나선 모양인 DNA, 그리고 센트럴 도그마

1950년대 초반 유전자의 정체가 DNA라는 사실과 그 화학 구조까지 밝혀졌지만, 여전히 핵심적인 의문은 남아 있었다. 이렇게 단순한 물질이 어떻게 복잡한 생물학적 특성을 만들어 낼 수 있을까? 결국 DNA가 세포 내에서 어떤 형태로 존재하며, 기능은 어떻게 수행하는지를 규명하는 일이 중요한 과제였다.

1953년 영국의 과학 전문지 《네이처(Nature)》에 실린 짤막한 논문 한 편이 이 문제를 해결할 결정적 단서를 제시했다. 저자는 미국의 생물학자 제임스 듀이 왓슨(James Dewey Watson, 1928~2025)과 영국의 물리학자 프랜시스 해리 컴프턴 크릭(Francis Harry Compton Crick, 1916~2004)이었다(그림 1 참조).

핵산(DNA와 RNA)의 기본 단위인 뉴클레오티드(nucleotide)는 인산, 당, 염기로 구성돼 있다. 그리고 DNA의 염기는 아데닌(Adenine, A), 구아닌(Guanine, G), 시토신(Cytosine, C), 티민(Thymine, T) 등 네 가지에 불과하다. RNA는 T 대신

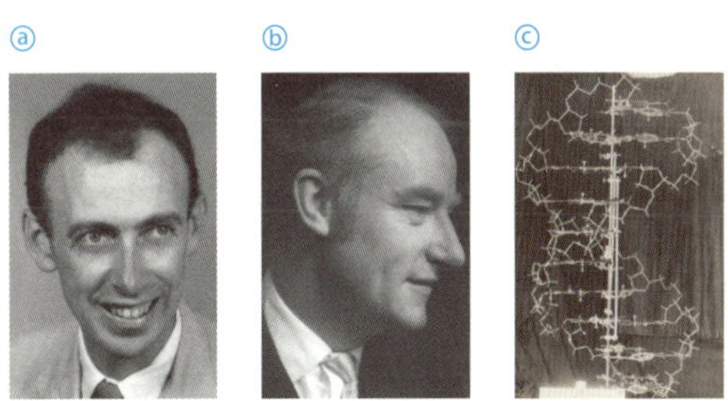

<그림 1> 왓슨과 크릭이 제작한 DNA 이중나선 모형

제임스 듀이 왓슨ⓐ과 프랜시스 해리 컴프턴 크릭ⓑ이 1953년 3월 연구실에서 만든 180cm 높이의 DNA 이중나선 모형ⓒ이다. 불과 한 달 뒤 이들은 DNA 구조를 밝힌 논문을 《네이처》에 발표했다.
(출처: https://www.nobelprize.org)

우라실(Uracil, U)이 있다는 점이 다를 뿐이다. 당연히 1950년대 과학자들은 우선 DNA의 입체적 구조에 특히 관심을 가졌다. 하지만 크기가 너무나 작아 현미경으로도 확인할 수 없었다.

여기서 잠시 DNA의 크기를 가늠해 보자. 평균적으로 인간 세포의 지름은 약 10μm(마이크로미터, 1μm=10⁻⁶m)이고 핵은 약 5μm라고 하자. 현미경으로나 관찰이 가능한 크기다. 핵 안에 있는 염색체 23쌍을 풀어서 DNA를 한 줄로 늘어놓으면 그 길이는 2m에 달한다. 이렇게 긴 DNA가 세포에서 핵보다 작은 형태로 존재한다는 것은 상상하기 어려울 정도로 촘촘히 응축돼 있음을 알려 준다. 비유하자면 염색체 하나는 5cm의 실을 눈에 보이지 않는 작은 먼지 입자 크기로 돌돌 감아 놓은 것이라고 볼 수 있다. 참고로 DNA를 구성하는 뉴클레오티드 하나의 크기는 0.34nm(나노미터, 1nm=10⁻⁹m)에 불과하다. 1nm가 얼마나 작은지 감을 잡으려면, 지구의 지름을 1m라고 할 때 축구공의 지름 정도라고 상상하면 된다.

단일나선? 삼중나선? 이중나선!

1951년 10월 왓슨과 크릭은 영국 케임브리지대 캐번디시연구소에서 처음 만났다. 두 사람은 전공은 달랐지만 관심사는 같았다. 바로 세포 내 DNA의 모습이었다.

흥미롭게도 두 사람이 DNA 연구에 몰입하게 된 공통의 계기는 한 권의 책이었다. 1933년 파동역학에 대한 연구 업적으로 노벨 물리학상을 수상한 에르빈 슈뢰딩거(Erwin Schrödinger, 1887~1961)의 명저『생명이란 무엇인가—물리학자의 관점에서 본 생명 현상(What Is Life?—The Physical Aspect of the Living Cell)』이었다. 슈뢰딩거는 유전을 담당하는 물질이 암호문 형태로 정보를 저장하고 있고, 일정한 골격 구조를 가지면서도 그 배열은 규칙적인 반복 없이 복잡하게 이어지는 '비주기적 결정체'일 것이라고 예견했다. 왓슨과 크릭은 이 내용에서 영감을 얻어 DNA의 구조 탐색에 몰두하기 시작했다.

물론 이미 당대의 유명한 과학자들이 DNA의 구조에 대한 몇 가지 가설을 제시한 상황이었다. 먼저 DNA가 하나의 나선으로 이뤄졌을 것이라는 주장은 1952년 노르웨이의 화학자 스벤 푸르베르그(Sven Furberg, 1920~1983)가 제기했다. 이어 1953년 미국의 화학자 라이너스 칼 폴링(Linus Carl Pauling, 1901~1994)은 삼중나선 모형을 제안했다. 당시 폴링은 단백질의 화학결합 구조를 밝힌 권위 있는 과학자였으며, 그 공로로 1954년 노벨 화학상을 수상했다.

왓슨과 크릭도 처음에는 삼중나선 모형 가능성을 염두에 두고 있었다. 당시 과학자들은 특정 생체 물질의 결정에 X선을 쪼인 후 그 회절의 양상을 통해 해당 물질의 입체 구조를 추론하는 방법을 사용하고 있었다. 하지만 순수한 DNA의 결정을 얻고 복잡한 회절 양상을 해석하는 일은 상당한 전문 지식과 경험이 필요한 작업이었다.

당시 이 분야의 전문가 가운데 한 명은 영국의 킹스 칼리지에서 연구하던 여성 과학자 로절린드 엘시 프랭클린(Rosalind Elsie Franklin, 1922~1958)이었다. 1952년 프랭클린은 DNA 결정에서 수많은 X선 회절 사진을 얻었다. 그 가운데에는 나선형이 아닌 사진과 이중나선임을 알려 주는 사진이 함께 포함되어 있었기에, 프랭클린은 이들을 통합하는 모델을 구상하고 있었다. 그러던 어느 날 왓슨과 크릭이 폴링의 삼중나선 모델 자료를 프랭클린에게 보여 줬는데, 프랭클린은 그 모델은 화학 구조상 전혀 맞지 않는다고 지적했다. 일설에 의하면, 당시 프랭클린과 사이가 나빴던 동료 과학자가 크릭에게 몰래 프랭클린의 X선 회절 사진을 전해 줬다고 한다. 구체적인 경위에 대해서는 지금까지도 논란이 남아 있지만, 어찌 되었든 왓슨과 크릭은 이 X선 회절 사진을 토대로 결정적으로 이중나선의 모습을 떠올릴 수 있었다.

남은 문제는 뉴클레오티드가 어떻게 배열돼 있는지를 알아내는 일이었다. 여기서 결정적 힌트는 당시 과학계에 알려진 '샤가프의 법칙(Chargaff's rules)'이었다. 핵산의 네 가지 염기는 다시 퓨린(A, G)과 피리미딘(C, T 또는 U)으로 구분된다. 퓨린 염기는 화학적으로 2개의 고리로, 피리미딘 염기는 하나의 고리로 구성된다. 1949년 미국의 어윈 샤가프(Erwin Chargaff, 1905~2002)는 여러 생명체의 DNA에서 퓨린과 피리미딘의 양이 항상 동일하다는 사실을 규명했다. 즉 A의 양은 T의 양과 같고, G의 양은 C와 같다는 것이다.

왓슨과 크릭의 이중나선 모형은 이 사실을 정확히 반영해 만들어졌다. 인산과 당을 뼈대로 삼는 2개의 나선 중간에 염기들끼리 결합된 모습이었다. 이때 염기들은 샤가프의 법칙을 반영해 A는 T와, G는 C와 항상 결합돼 있다고 본 것이다. 왓슨과 크릭은 DNA 연구에 획기적인 업적을 쌓은 공로로 1962년 노벨 생리·의학상을 수상했다.

하지만 이중나선 모델에 중요한 단서를 제공한 프랭클린은 상을 받지 못했다. 1958년 37세의 젊은 나이에 난소암으로 사망했기 때문이다. 1953년 왓슨과 크릭은 《네이처》에 발표한 논문에서 자신들의 발견 과정에 폴링의 삼중나선 모형과 푸르베르그의 단일나선 모형, 그리고 샤가프의 법칙이 중요한 역할을 했다고 밝혔다(그림 2 참조). 이에 비해 프랭클린의 기여에 대해서는 말미에 '감사 인사' 정도로 짤막하게 언급했을 뿐이다. 이런 처리 방식은 연구 윤리 면에서 지적을 받을 만한 문제로 지적되어 왔다.

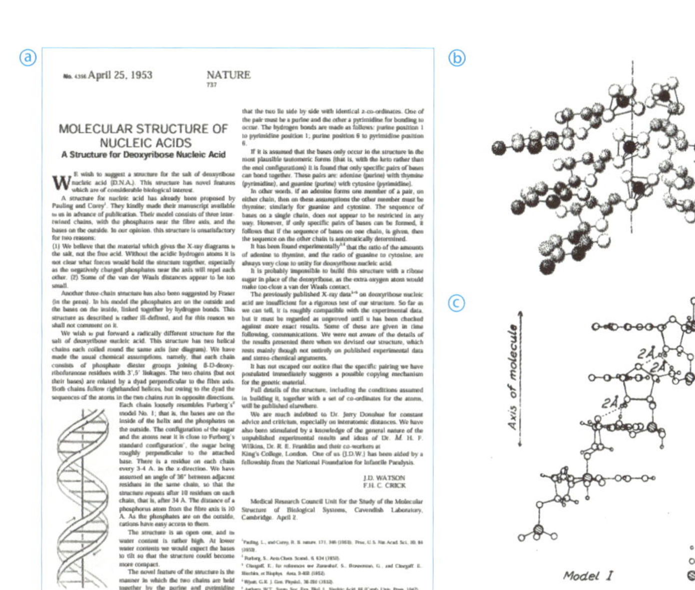

<그림 2> 경쟁하던 DNA 모델들: 단일나선, 삼중나선, 이중나선

1953년 《네이처》에 발표된 왓슨과 크릭의 논문은 불과 1쪽 분량이었지만 이후 유전학의 비약적 발전을 이끈 내용을 담고 있었다. 논문에 실린 DNA 이중나선 그림은 상당히 엉성하게 묘사돼 있는데, 왓슨의 부인이 논문 발표에 맞춰 서둘러 제작했다고 한다ⓐ. 당시 폴링이 제안한 삼중나선 모형에서는 인산기가 축의 가운데에 있고 그 바깥으로 당과 염기가 위치했다ⓑ. 논문에 언급돼 있듯이, 생체에서 인산기는 음의 전하를 띠고 있기 때문에 가운데 있으면 상호 반발력으로 구조가 불안정해진다. 이 대목은 왓슨과 크릭이 폴링의 논문을 보여 줬을 때 프랭클린이 곧바로 지적한 부분이었다. 폴링에 앞서 푸르베르그는 DNA가 지그재그 모양의 단일나선 형태이며, 인산은 바깥쪽, 염기는 안쪽에 위치한다고 생각했다ⓒ. 그는 뉴클레오티드 하나의 크기를 3.4Å(옹스트롬, 1Å=10⁻¹⁰m)으로 정확히 제시했으며, 이웃하는 두 염기의 각이 36도이므로 한 바퀴(360도)를 도는 데 10개의 염기가 배치돼 있다는 점을 알아냈다. 한편 프랭클린은 자신의 X선 사진 가운데 DNA가 이중나선임을 알려 주는 결과물을 얻었지만ⓓ 그 공로는 생전에 공식적으로 인정받지 못했다.

(출처: https://commons.wikimedia.org; Sven Furberg, 1952, 637; Linus Pauling & Robert B. Corey, 1953, 90; James D. Watson & Francis H.C. Crick, 1953, 737)

DNA 기능의 핵심 원리, '센트럴 도그마'

DNA가 이중나선 구조를 가진다면, 그 구조는 어떤 기능을 수행할까? 1953년 왓슨과 크릭이 《네이처》에 발표한 논문의 말미에는 "우리가 제안한 염기쌍 구조는 유전물질의 복제 방식에 대한 가능성을 곧바로 떠올리게 한다"는 문장이 담겨 있었다. 이는 곧 DNA의 자기복제 능력을 의미하는 대목이었다.

우리 몸의 수많은 세포는 끊임없이 분열하며 자신과 동일한 세포를 만들어 낸다. 1855년 독일의 루돌프 피르호(Rudolf Virchow, 1821~1902)가 "모든 세포는 기존의 세포에서 나온다"며 설파한 '세포설'은 오늘날까지 생물학의 기본 원리로 받아들여지고 있다. 이후 하나의 세포가 분열할 때 염색체가 2배로 복제된 뒤, 그 복제된 염색체가 절반씩 나뉘어 2개의 딸세포에 각각 전달된다는 사실도 밝혀졌다.

왓슨과 크릭은 염색체의 복제 과정을 DNA라는 분자 수준에서 설명할 수 있었다. 세포가 분열할 때 DNA 이중나선은 두 가닥으로 풀어지고, 각 가닥을 주형으로 삼아 새로운 DNA 가닥이 만들어진다. 이 과정에서 염기 A는 항상 T, C는 항상 G와 결합하는데, 이를 '상보적 결합(complementary pairing)'이라고 부른다. 한쪽 염기가 다른 쪽의 짝을 자연스럽게 결정해 주며, 두 가닥이 서로 맞물려 하나의 안정된 구조를 이룬다는 의미에서 붙은 이름이다.

한편 DNA의 주요 기능으로 밝혀진 또 하나의 사항은 바로 단백질의 생성이었다. 크릭은 진핵생물의 세포에서 DNA는 핵 안에 존재하는 데 비해 단백질은 핵 바깥의 세포질에서 만들어진다는 점에 주목했다. 그는 DNA에 담긴 유전 정보로부터 단백질이 생성되기 위해서는 두 분자 사이에서 가교 역할을 하는 또 다른 분자가 필요하며, 그것이 RNA일 것이라고 가설을 세웠다.

먼저 DNA에 담긴 유전 정보는 RNA로 '전사(transcription)'된다. 이 RNA는 유전 정보를 전달하는 메신저 역할을 하기 때문에 mRNA(messenger RNA)라고 부른다. 이어서 mRNA에 담긴 정보가 '번역(translation)'돼 아미노산들이 차례로 결합하고, 그 결과 특정 단백질이 만들어진다. 이 개념을 '센트럴 도그마(central dogma)'라 부르는데, DNA의 기능을 간결하면서도 명확하게 설명하는 핵심 원리라는 의미에서 붙은 이름이다(그림 3 참조).

사실 전사와 번역이라는 용어는, 한글이든 영어든 다소 어색하게 느껴질 수 있다. 두 단어 모두 어떤 정보를 옮기는 과정을 뜻하지만, 사전적으

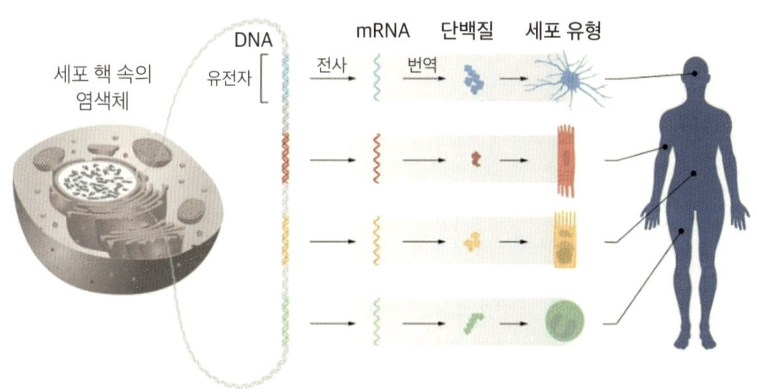

<그림 3> 센트럴 도그마의 개념

DNA의 기능을 알려 주는 핵심 원리(센트럴 도그마)의 개념을 보여 주는 그림이다. 인간 세포의 염색체 내 DNA에 존재하는 유전자들이 세포에서 특정 기능을 수행하는 단백질을 생성한다. 먼저 DNA의 유전 정보는 전사 과정을 통해 mRNA로 전달되고, 이어 번역 과정을 거쳐 단백질이 만들어진다. 단백질은 신경세포, 근육세포, 피부세포, 면역세포 등 다양한 유형의 세포 각각에서 고유의 생물학적 기능을 담당한다.

(출처: https://www.nobelprize.org)

로 전사(轉寫)는 '글이나 그림을 베껴 쓰는 일', 번역(飜譯)은 '하나의 언어를 다른 언어로 바꾸는 일'을 의미한다. DNA의 정보가 베껴져 RNA로 전달되는 과정을 전사, RNA 정보에 따라 아미노산들이 연결돼 전혀 다른 언어 격인 단백질이 만들어지는 과정을 번역이라 부르는 이유다. 다만 일반인에게는 이들 용어의 의미가 직관적으로 다가오지 않을 수 있다.

그런데 단백질 생성 과정에서 굳이 mRNA가 필요한 이유는 무엇일까? DNA는 염색체 안에 길게 연결된 형태로 존재하기 때문에, 필요한 순간마다 다양한 단백질을 직접 만들어 내기에는 비효율적이다. 생체 기능에 꼭 필요한 특정 단백질을 제때 대량으로 생산하려면, mRNA가 DNA에서 해당 유전 정보만을 선택적으로 전사해 전달하는 방식이 훨씬 효율적이다.

그렇다면 단 네 종류뿐인 DNA 염기로 어떻게 단백질의 기본 성분인 아미노산 20종을 만들 수 있을까? 이때부터 마치 긴 알파벳처럼 구성된 DNA의 염기서열은 그 의미를 해독해야 하는 '암호(code)'로 불리기 시작했다.

암호문 '코돈'을 해독하다

아미노산 20개를 만들기 위해 DNA 염기는 몇 개가 필요할까? 염기 1개가 아미노산 1개를 만든다면 4개의 아미노산만 생산된다. 2개를 조합해도 16개(4×4)라서 여전히 부족하다. 하지만 3개씩 묶으면 64개(4×4×4)의 조합이 가능해져, 아미노산 20개를 만들고도 남는다.

1960년대 마셜 워런 니런버그(Marshall Warren Nirenberg, 1927~2010)와 하르 고빈드 코라나(Har Gobind Khorana, 1922~2011)는 이 가설을 실험으로 검증했다.

이들은 염기 3개씩으로 구성된 RNA를 합성해, 64가지 염기의 조합 각각이 어떤 아미노산을 만들어 내는지 차례로 밝혀냈다. 그 결과 어떤 조합은 단백질 합성의 시작과 끝을 알리는 신호 역할을 하며, 같은 아미노산을 여러 조합이 지정하기도 한다는 사실이 드러났다. 이렇게 RNA 염기를 3개씩 묶은 단위를 '코돈(codon)'이라고 부른다. 니런버그와 코라나는 코돈의 종류와 역할을 규명한 공로로 1968년 노벨 생리·의학상을 수상했다(그림 4 참조).

여기서 한 가지 궁금증이 생길 수 있다. DNA와 RNA의 네 가지 염기는 모두 같지 않고 하나가 다르다. 즉 DNA의 염기는 A, G, C, T인데, RNA는 T 대신 U를 가진다. 전사 과정에서 mRNA의 염기는 DNA 한 가닥의 염기에 상보적으로 결합한다. 예를 들어 DNA 염기가 ACT라면 mRNA는 TGA가 아니라 UGA가 된다. 그렇다면 RNA도 굳이 U가 아니라 DNA와 동일하게 T를 가져도 되지 않을까?

DNA와 RNA가 각각 T와 U를 가지는 이유는 주로 화학적 안정성과

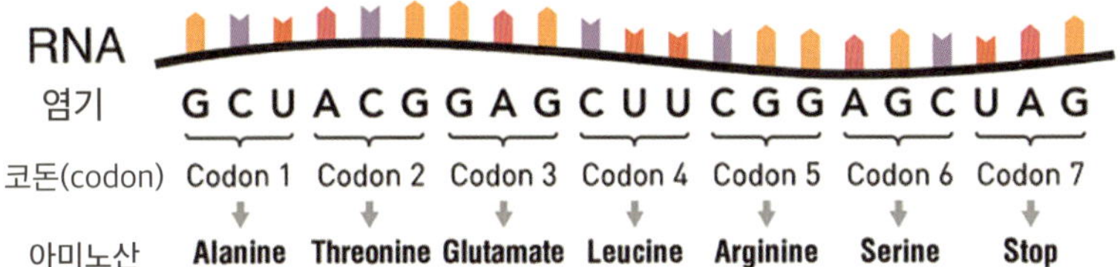

<그림 4> 단백질을 만드는 RNA 암호문, 코돈
DNA로부터 정보를 전달받은 단일나선의 RNA에서 염기 3개가 하나의 아미노산을 생성하는 과정을 도식화한 그림이다. 여기서 특정 염기 3개를 코돈이라 부른다. 수많은 단백질은 20개 아미노산이 제각기의 조합을 거치면서 만들어진다. 오른쪽 끝의 염기 3개(UAG, codon 7)는 단백질 합성의 종료를 알리는 코돈이다.
(출처: https://commons.wikimedia.org)

진화적 적응의 측면에서 설명된다. T는 U에 메틸기(-CH₃)가 추가된 형태다(1장 그림 2 참조). 이 메틸기는 DNA의 내구성을 높여 열이나 화학적 손상 등에 잘 견디게 돕는 역할을 한다. 이에 비해 RNA는 일시적으로 정보를 전달하기 때문에, 상대적으로 불안정한 U를 사용해도 큰 문제가 없다. 결국 생명체가 유전 정보의 안정적 저장을 위해 DNA를, 신속한 정보 전달을 위해 RNA를 각각 특화시킨 진화의 결과로 볼 수 있다.

1961년 니런버그 연구진이 국제 학회에서 처음으로 코돈의 의미를 발표했을 때, 현장은 열광과 경이로움이 뒤섞인 분위기였다. DNA의 네 가지 염기가 3개씩 짝지어 20종의 아미노산을 지정한다는 사실은, 마치 생명의 암호문이 완전히 해독된 듯한 충격을 안겨 주었다. 발표가 끝나자 과학자들은 기립박수로 환호했고, 니런버그는 '과학계의 록스타'처럼 추앙받았다. 언론도 "생물학의 신대륙이 열렸다", "생명의 로제타 스톤이 풀렸다"와 같은 제목으로 이 성과를 대서특필했다.

니런버그와 코라나가 정립한 코돈 체계 덕분에, DNA 염기서열에서 단백질이 만들어지는 구체적인 메커니즘도 점차 밝혀지기 시작했다. 세포질에서 단백질이 실제로 합성되는 장소는 리보솜(ribosome)이라 불리는 작은 기관이다. 여기에서 mRNA가 전달한 유전 정보를 바탕으로 아미노산이 차례차례 연결되며 단백질이 만들어진다. 이 과정에는 또 하나의 RNA가 등장하는데, 바로 tRNA(transfer RNA)다. tRNA는 mRNA의 정보에 맞춰 필요한 아미노산을 운반해 리보솜에 전달하는 역할을 한다. 한편 리보솜 자체는 단백질과 RNA로 구성되며, 이 RNA를 rRNA(ribosomal RNA)라고 부른다(그림 5 참조). 세포 내에는 이렇게 세 종류의 RNA가 있다.

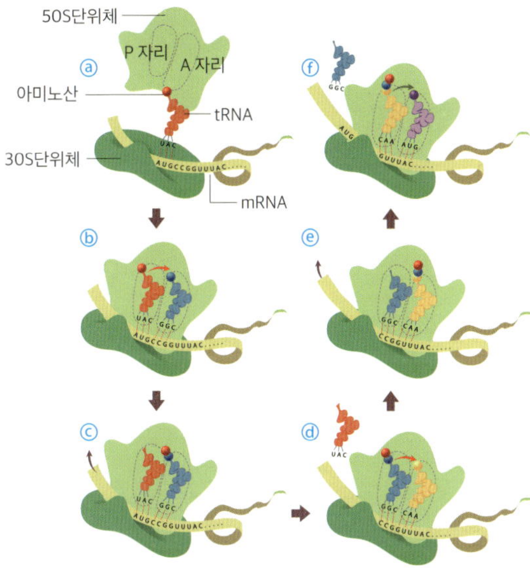

<그림 5> 리보솜에서 단백질이 만들어지는 과정

리보솜은 세포가 있는 모든 생명체에 존재하며, 구조가 상대적으로 단순한 박테리아 리보솜이 먼저 집중적으로 연구됐다. 박테리아 리보솜은 30S단위체와 50S단위체로 구성된다. 여기서 S는 리보솜을 원심분리기로 처리할 때 가라앉는 정도를 의미하는 침강계수로, 이 값이 클수록 아래층에 놓인다. 30S단위체에 mRNA가 결합한 뒤, tRNA가 50S단위체의 A 자리에 들어오면 단백질 합성이 시작된다ⓐ. mRNA 앞 부위의 염기 3개(AUG)는 핵 안 DNA의 염기 3개(TAC)와 상보적인 관계이며, 이와 결합하는 tRNA의 염기 3개(UAC)는 DNA 염기(TAC)에서 T 대신 U만 바뀐 형태. 이후 tRNA는 A 자리에서 P 자리로 이동하면서 아미노산을 A 자리에 새로 도착한 tRNA로 넘겨주고 ⓑ, ⓒ 떨어져 나간다ⓓ. 이 과정이 이어지면서 리보솜에서는 아미노산 사슬이 점차 길어져 특정 단백질이 생성된다ⓔ, ⓕ.
(출처: 최재천 외, 2013, 101)

원하는 부위만 골라 읽는 기술

DNA의 주요 기능이 단백질 생성임이 밝혀지던 시기, 과학자들은 한편으로 원하는 DNA 염기서열을 골라 읽을 수 있는 혁신적인 기술들을 개발하기 시작했다. 대표적으로 DNA를 조각내 자르는 기술, 잘린 부위를 대량으로 증폭하는 기술, 그리고 해당 DNA의 염기서열을 알아내는 기술 등이 등장했다. 이들은 현재까지 생명공학 분야에서 중요하게 활용되고 있다.

먼저 DNA의 긴 가닥을 한 번에 분석할 수 없었기 때문에, 과학자들은 원하는 부분만 정확히 자를 수 있는 방법이 필요했다. 1970년대 초반 미

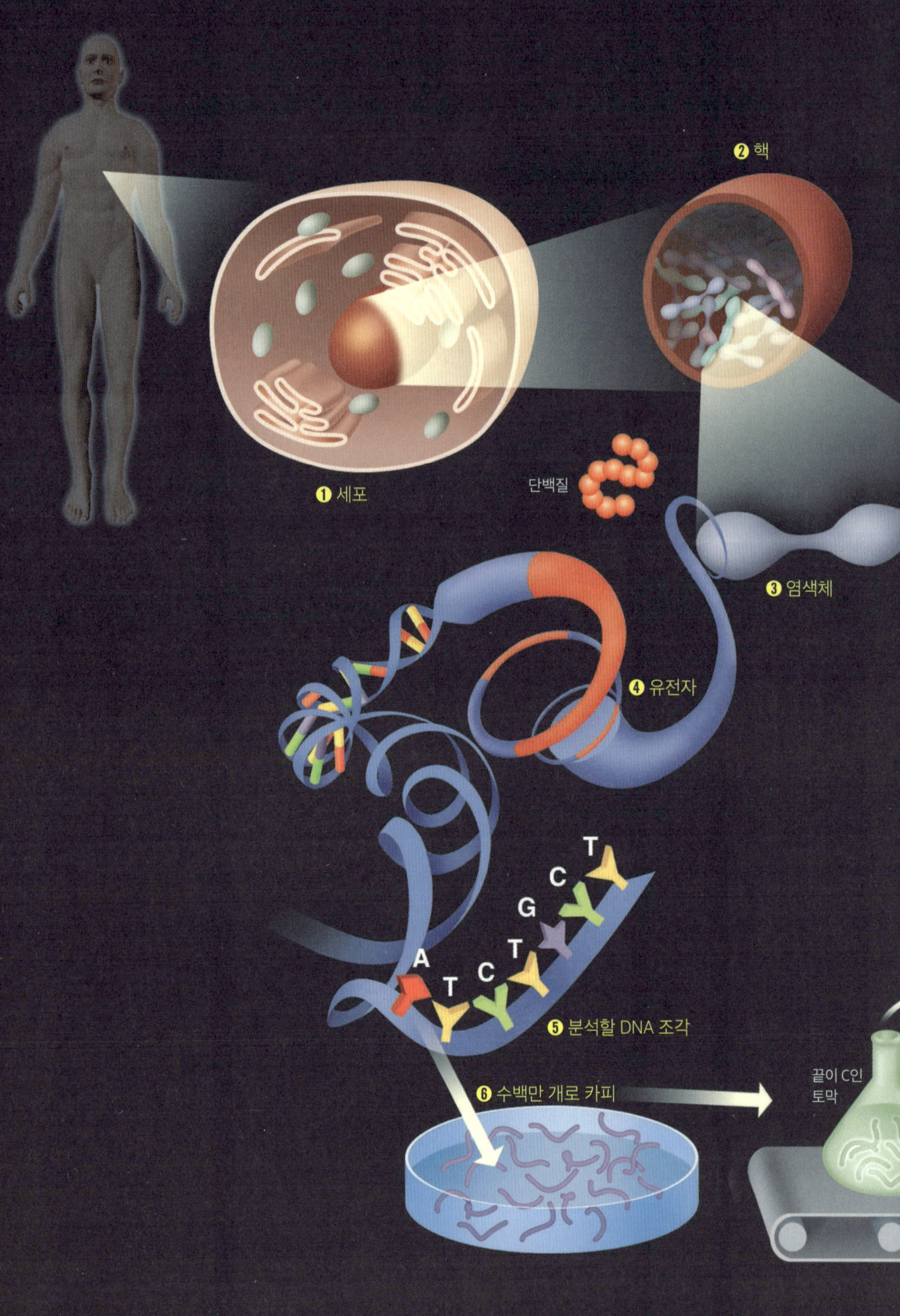
❷ 핵
❶ 세포
단백질
❸ 염색체
❹ 유전자
❺ 분석할 DNA 조각
T
C
T
G
T
C
T
A
❻ 수백만 개로 카피
끝이 C인
토막
❷ 핵

<그림 6> DNA 염기서열을 분석하는 방법

인간 세포의 핵 내 염색체에서 DNA가 이중나선 형태로 복잡하게 꼬여 있다 (①~④). 이 가운데 원하는 DNA 조각(⑤)의 염기서열을 밝히기 위해서, PCR 기술을 이용해 이 조각을 수백만 개로 복사한다(⑥). 이 과정에서 그림처럼 ATCTGCT 조각은 A부터 시작하는 다양한 토막을 형성한다(예를 들어 AT, ATC, ATCTG 등). 다음으로 이들을 염기서열 분석기에 올려놓으면(⑦), 다른 쪽 끝 부위가 어떤 염기냐에 따라 4종류로 구분된다(예를 들어 T로 끝나는 경우 AT, ATCT, ATCTGCT). 이들을 전기영동기에 넣으면 토막들의 크기에 따라 작은 것 들은 먼 곳에, 큰 것들은 가까운 곳에 자리를 잡는다(⑧). 즉 A, AT, ATC, ATCT, ATCTG, ATCTGC, ATCTGCT 등 일곱 가지의 토막들이 순서대로 배열된다. 이 들에 레이저를 쏴 각 토막 맨 끝의 염기가 무엇인지 알아내면, 처음 DNA 조각 의 염기서열이 ATCTGCT임을 밝힐 수 있다.
(출처: 최재천 외, 2013, 44~45)

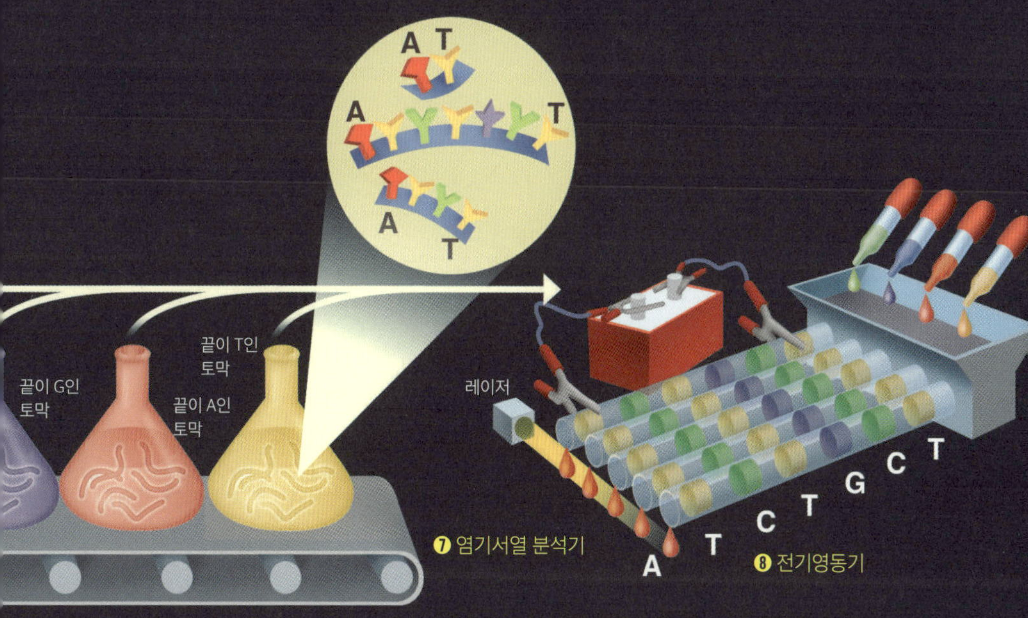

국의 과학자들은 박테리아에서 특정 DNA 부분을 자르는 단백질인 '제한효소(restriction enzyme)'를 발견했다. 바이러스가 박테리아를 감염시켰을 때, 박테리아가 방어를 위해 바이러스의 DNA 염기서열을 인식해 분해하는 효소였다. 여기서 '제한'이라는 이름은 효소가 DNA에서 특정 염기서열만을 인식한다는 의미에서 유래했다. 이후 제한효소는 과학자들이 원하는 DNA를 정확하게 자르고 변형하는 데 필수적인 도구로 활용되기 시작했다.

한편 영국의 프레더릭 생어(Frederick Sanger, 1918~2013)는 전기영동법을 이용해 DNA 염기서열을 규명할 수 있는 방법을 개발했으며, 그 공로로 1980년 노벨 화학상을 수상했다. 그는 1958년 소의 췌장에서 분비되는 호르몬인 인슐린의 51개 아미노산 서열을 밝힌 업적으로 이미 노벨 화학상을 한 차례 받은 인물이기도 하다. 생어가 개발한 염기서열 분석법은 일명 '생어 시퀀싱법(Sanger sequencing method)'으로 불린다(그림 6 참조).

이어 1980년대에는 원하는 DNA 조각을 동일하게 복제해서 대량으로 얻는 중합효소연쇄반응(Polymerase Chain Reaction, PCR) 기술이 개발됐다. PCR은 '분자 복사기'라고 불릴 만큼 매우 적은 양의 DNA에서 연구자가 원하는 특정 부분을 수백만 배 이상 증폭할 수 있는 획기적인 기술이다. PCR을 개발한 캐리 뱅크스 멀리스(Kary Banks Mullis, 1944~2019)는 이 업적으로 1993년 노벨 화학상을 수상했다.

세포질에도 0.1% 있다

지금까지의 설명은 세포 핵 내의 염색체에 존재하는 DNA에 관한 것이었다. 그러나 DNA는 핵 안에만 있는 것이 아니다. 세포질에 다수 존재하는 미토콘드리아에도 있었다.

미토콘드리아는 세포의 활동에 필요한 에너지를 생산하는 장소다. 19세기 말 그 존재가 처음 알려진 이후 1960년대에 이르러서는 내부에 DNA가 있다는 사실이 밝혀졌다. 미토콘드리아의 크기는 수 μm 수준이며, 세포별로 수백여 개가 분포한다. 하지만 에너지가 많이 필요한 근육세포나 심장세포는 그 수가 수만 개에 달하며, 특히 난자 하나에는 10만 개 이상이나 존재한다(그림 7 참조).

인간 세포 하나에서 미토콘드리아 DNA 총량은 전체 DNA의 0.1% 내외로 매우 적다. 나머지 99.9% DNA는 핵에 존재한다. 이처럼 미량임에도 불구하고 미토콘드리아 DNA는 진화생물학에서 매우 흥미로운 연구 대

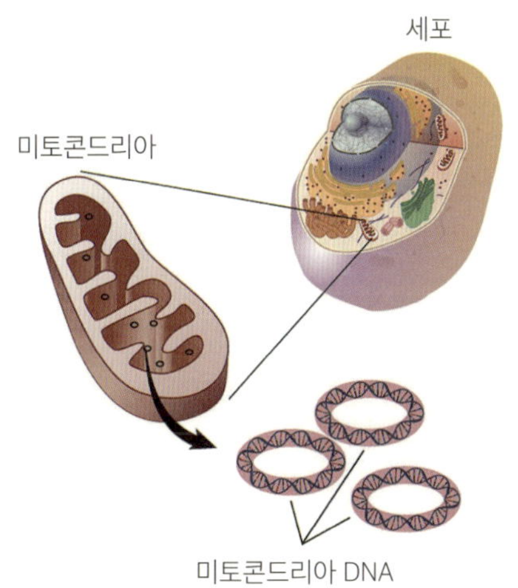

<그림 7> 미토콘드리아 내부의 DNA
미토콘드리아는 세포질에 분포하면서 세포의 활동에 필요한 에너지를 생산하는 소기관이다. 인간의 미토콘드리아 DNA는 1만 6,500여 개의 염기쌍으로 이루어진 원형 구조이며, 에너지 생산에 필요한 단백질, rRNA, tRNA 등을 자체적으로 만들어 낸다.
(출처: https://commons.wikimedia.org)

상이다. 미토콘드리아는 자체 유전자를 가진 원형 DNA와 리보솜, 그리고 이중의 막 구조를 지니고 있다는 점에서 박테리아와 유사하다. 이 때문에 과학계에서는 약 20억 년 전 산소를 사용하는 호기성 원핵생물(박테리아)이 산소를 사용하지 않는 원시 진핵세포 안으로 들어가 오늘날의 미토콘드리아가 탄생했다는 '내부 공생설'이 널리 받아들여지고 있다. 호기성 박테리아는 진핵세포에 에너지를 공급하고, 진핵세포는 박테리아를 보호하며 영양분을 제공하는 상호 이익의 공생관계가 형성됐다는 설명이다. 참고로 식물의 광합성을 담당하는 엽록체 또한 핵과 별개의 유전 정보를 지니고 있어, 그 기원이 내부 공생설로 설명되고 있다.

1970년대에는 미토콘드리아 DNA에서도 독립적으로 전사와 번역이 일어난다는 사실이 밝혀졌고, 1981년에는 생어 연구진이 인간 미토콘드리아 DNA의 전체 염기서열을 규명했다. 이로 인해 인간의 유전자는 부모로부터 각각 절반씩 전달된다는 기존의 상식에 중요한 예외가 있음을 알게 됐다. 자식은 아버지와 어머니로부터 각각 23개의 염색체를 물려받지만, 여기에 더해 어머니의 난자에 포함된 0.1% 내외의 미토콘드리아 DNA도 전달받기 때문이다.

정자에도 수백 개의 미토콘드리아가 존재하지만, 수정 직후 난자 내에서 대부분 분해되면서 사라진다. 따라서 미토콘드리아 유전자는 오로지 모계를 통해서만 자손에게 전달된다. 이전까지 부모의 한쪽 성으로만 유전자가 전달되는 현상은 주로 Y염색체를 통한 '부계 유전'에서 알려졌으나, 미토콘드리아 DNA의 발견을 계기로 '모계 유전'이라는 새로운 대물림 방식의 개념이 확립됐다.

분자 수준에서 유전자 개념의 정립

DNA의 이중나선 구조와 기능이 밝혀지면서 과학자들은 세상의 모든 생명체를 분자 수준에서 물리화학적 현상으로 설명하려는 '야심'을 갖기 시작했다. 이 외에 상대적으로 거시적 생명 현상을 다루는 분류학이나 해부학 등의 생물학 분야들은 주류에서 밀려나는 경향이 생겼다. 한편에서는 "분자유전학의 제국주의적 성격"(앙드레 피쇼, 2010, 236)이라 비판적으로 불릴 만한 학문 풍토가 형성되기 시작한 것이다.

과학자들은 DNA 내에서 단백질을 생성하는 정확한 부위를 밝히는 데 주목하기 시작했다. 이 과정에서 유전자의 개념 역시 점차 세밀해졌고, 단순히 '유전자=DNA'라는 인식은 더 이상 정확하지 않은, 상당히 '거친' 생각임이 드러났다. 초기 연구는 구조가 비교적 단순한 곰팡이나 박테리아에서 출발했으며, 이후 인간을 포함한 고등 생명체의 복잡한 유전 메커니즘이 밝혀지기 시작했다.

유전자 = 코딩 DNA의 염기서열

당시 형성된 유전자의 개념은 'DNA에서 단백질을 생산하는 특정 부위'였다. 이 부위는 과학계에서 여러 용어로 불리지만, 이 책에서는 '코딩(coding) DNA'라고 부르기로 한다. 여기서 '코딩'은 단백질을 구성하는 아미노산 정보를 '암호화해' 담고 있다는 뜻에서 흔히 사용하는 용어다. 반면 단백질 생산과 직접적으로 관련이 없는, 또는 없어 보이는 나머지 DNA 영역은 '논코딩(non-coding) DNA'로 구분한다.

이처럼 유전자의 개념이 새롭게 정립되면서 유전형과 표현형의 의미도 변화했다. 기존에는 표현형을 육안으로 관찰할 수 있는 생물학적 특성으로 여겼지만, 이제는 단백질의 구조와 기능에 초점을 맞추게 됐다. 단백질을 구성하는 아미노산들이 어떤 순서로 연결돼 있는지, 즉 단백질의 1차 구조가 무엇인지가 표현형 연구의 중요한 과제가 된 것이다. 실제로 단백질은 생체 내에서 복잡한 입체 구조를 이루며 다양한 기능을 수행하지만, 그 바탕이 되는 것은 바로 1차 구조다. 그리고 유전형은 단백질의 1차 구조를 결정하는 코딩 DNA의 염기서열을 가리키는 의미로 자리 잡았다.

이제 자연스럽게 인체 유전자의 개수 역시 추정될 수 있었다. 1950년대에는 인체에 존재하는 단백질의 종류가 10만 개 이상이라고 알려져 있었고, 단백질 하나는 유전자 하나가 생산한다는 '1유전자 1단백질설'이 널리 받아들여지고 있었다. 이 가설은 1940년대 조지 웰스 비들(George Wells Beadle, 1903~1989)과 에드워드 테이텀(Edward Tatum, 1909~1975)이 제창한 '1유전자 1효소설'에서 발전한 것이다. 두 과학자는 붉은빵곰팡이에 X선을 쪼였을 때 특정 아미노산을 합성하지 못하는 개체를 발견한 후, 유전자 하나에 변이가 생기면 특정 아미노산의 생성에 관여하는 효소 하나가 만들어지지 않는다는 사실을 밝혀냈다. 1958년 이들은 유전자와 효소의 연관성을 규명한 공로로 노벨 생리·의학상을 수상했다. 이후 단백질이 효소뿐 아니라 매우 다양한 형태로 존재한다는 사실이 밝혀지면서 '1유전자 1효소설'은 '1유전자 1단백질설'로 확장됐다. 그래서 인체의 유전자 개수는 단백질 종류에 맞춰 약 10만 개로 추정할 수 있었다.

당연히 과학계의 연구는 DNA의 코딩 영역에 집중됐다. 내부에 핵의 형태가 없는 박테리아 같은 원핵생물은 코딩 DNA의 염기서열 전체가 그대로 mRNA에 전달됐다. 그러나 인간을 포함한 진핵생물에서는 그 양상이 크게 달랐다. 코딩 DNA의 염기서열 가운데 일부가 mRNA에 정보를 전

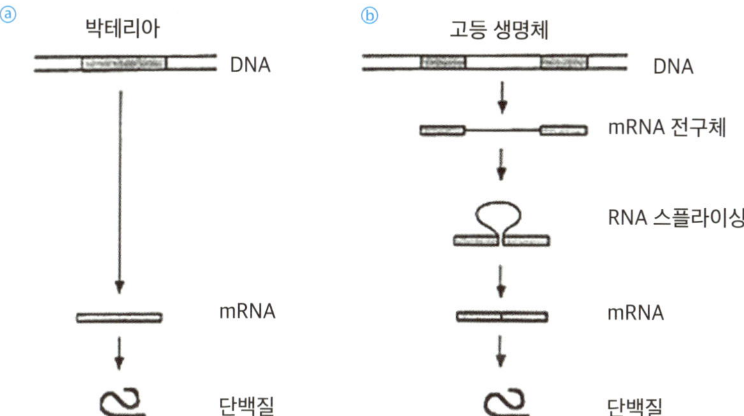

<그림 8> 박테리아와 고등 생명체에서 코딩 DNA의 구조 변화

박테리아의 경우ⓐ 코딩 DNA(진한 색)의 염기서열 전체는 mRNA에 모두 전달돼 단백질이 만들어진다. 이에 비해 고등 생명체에서는ⓑ 코딩 DNA(진한 색) 사이에 논코딩 DNA(하얀색)가 존재한다. 처음에 mRNA는 이들 모두의 정보를 전달받았다가(mRNA 전구체), 이후 코딩 DNA 영역끼리는 이어지고 논코딩 DNA 영역은 사라지는 과정을 거친다(RNA 스플라이싱).
(출처: https://www.nobelprize.org)

달하는 과정에서 사라지는 것이었다.

이처럼 전사 과정 중에 사라지는 염기서열을 '인트론(intron)', 사라지지 않고 단백질을 만드는 염기서열을 '엑손(exon)'이라 부른다. 1993년 노벨 생리·의학상을 수상한 리처드 존 로버츠(Richard John Roberts, 1943~)와 필립 앨런 샤프(Phillip Allen Sharp, 1944~)가 규명한 업적이었다(그림 8 참조).

코딩 DNA가 엑손과 인트론으로 구성된다는 사실이 밝혀지면서 유전자의 개념은 과학자마다 조금씩 다르게 받아들여지기 시작했다. 단백질을 만드는 '진정한' 염기서열인 엑손만을 유전자라 부르기도 했고, 엑손과 인트론을 합쳐서 유전자라 칭하기도 했다. 3장에서 다시 다루겠지만, 과학계에서 인간의 유전자 개수가 일치하지 않게 보고되는 이유의 하나는 바로 DNA에서 어느 영역까지 유전자로 규정하느냐의 관점 차이에서 비롯된 것이기도 하다.

유전자의 '조절' 작용 규명한 오페론설

이제 다음 과제는 인간의 유전자가 작동하는 메커니즘을 밝히는 일이었다. 질문의 출발점은 세포별 기능의 차이에 있었다. 모든 인간 세포는 동일한 DNA 염기서열을 가진 염색체를 갖고 있다. 가령 근육세포와 신경세포의 DNA 염기서열은 동일하다. 하지만 이들 세포 각각은 고유한 기능을 수행하도록 분화돼 있다. 이 현상은 어떻게 설명할 수 있을까?

세포별로 코딩 DNA가 단백질을 만드는 과정에서 제각기의 '조절(regulation)' 장치가 작동하는 것이라고 자연스럽게 추정할 수 있다. 예를 들어 근육세포에서는 근육 생성에 필요한 유전자만이 활성화돼 해당 단백질이 만들어지고, 신경세포 기능을 담당하는 유전자는 작동하지 않도록 조절되는 식이다.

그렇다면 유전자 기능을 조절하는 요소는 무엇일까? 1960년대에는 주로 단백질의 역할에 초점을 맞춘 연구가 활발히 이루어졌다. 특히 DNA의 정보가 mRNA로 전달되는 과정에 영향을 미치는 '전사인자(transcription factor)'에 대한 관심이 높았다. 연구 결과, 전사인자로 기능하는 어떤 단백질이 DNA의 특정 영역에 결합함으로써 mRNA의 생성 여부를 결정하고, 이를 통해 유전 정보의 흐름을 정교하게 제어할 수 있다는 사실이 밝혀졌다.

이 같은 유전자의 조절 메커니즘을 처음 체계적으로 설명한 인물은 프랑스의 자크 뤼시앵 모노(Jacques Lucien Monod, 1910~1976)와 프랑수아 자코브(François Jacob, 1920~2013)였다. 1961년 두 과학자는 박테리아(대장균) 연구를 바탕으로 '오페론설(operon theory)'을 제시했다. 특정 단백질이 DNA의 조절 부위에 결합해 유전자의 작동 스위치를 켜거나 끄는 현상을 실험적으로 입증한 결과였다. 이 업적으로 두 사람은 1965년 노벨 생리·의학상을 수상했다.

대장균은 단당류인 포도당이 있을 때, 기존에 갖고 있는 효소를 이용해 에너지원(ATP)을 만들어 살아간다. 하지만 포도당 대신 이당류인 젖당만 있는 상황에서는, 젖당을 포도당으로 분해하는 새로운 효소를 만들어야 살 수 있다. 즉 대장균의 유전자는 환경 변화에 맞춰 생존에 필요한 효소를 선택적으로 만들어 낸다.

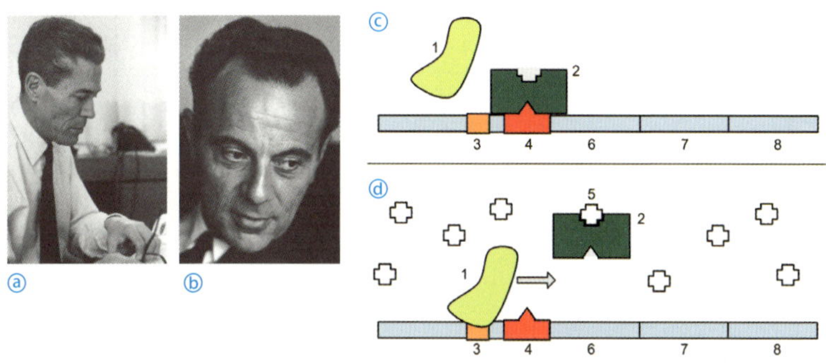

<그림 9> 대장균의 유전자 조절 메커니즘, 오페론설

모노ⓐ와 자코브ⓑ는 대장균 연구에서 여러 효소가 유전자의 작동을 조절하는 메커니즘을 규명했다. 대장균이 환경 변화에 맞춰 생존하기 위해, 자체적으로 특정 유전자를 활성화하거나 억제하는 복잡한 과정을 오페론설로 간략히 제시했다. 오른쪽 그림은 포도당이 있을 때와 젖당이 있을 때 대장균에서 젖당 분해 효소를 만드는 유전자가 작동하는 양상을 보여 준다. 포도당이 있을 때ⓒ, 대장균 DNA의 젖당 분해 효소 유전자들(6, 7, 8)은 작동하지 않는다. 단백질의 일종인 억제 인자(repressor, 2)가 DNA의 조절인자(operator, 4)에 결합해 젖당 분해 효소 유전자들로부터 mRNA가 만들어지지 못하게 한다. 이와 달리 포도당이 없고 젖당(5)이 있을 때ⓓ, 억제 인자는 젖당과 결합하면서 조절인자로부터 분리된다. 동시에 RNA 중합효소(RNA polymerase, 1)가 프로모터(promoter, 3)에 달라붙으면서 젖당 분해 효소 유전자들로부터 mRNA가 만들어진다. RNA 중합효소는 mRNA를 생성하는 기능을 수행하는 단백질이다. 결국 대장균은 생성된 젖당 분해 효소를 이용해 살아갈 수 있게 된다.
(출처: https://www.nobelprize.org, https://commons.wikimedia.org)

오페론(operon)은 대장균에서 하나의 기능을 수행하기 위해 여러 유전자가 한 단위로 묶여 있는 구조를 가리키는 말이다. 오페론설의 핵심은, 오페론 앞에 위치한 조절인자가 특정 단백질을 만들어 필요에 따라 오페론의 작동을 좌우한다는 점이다(그림 9 참조).

이후 약 30년 동안, 단백질 성분의 전사인자는 코딩 DNA의 발현 조절을 설명하는 거의 유일한 존재로 받아들여졌다. 물론 진핵생물에서는 오페론보다 훨씬 다양한 요소가 복잡한 네트워크를 형성하면서 조절 과정에 관여한다. 실제로 인간에서 확인된 전사인자는 수천 종에 이른다. 그럼에도 대체로 과학계에서는 유전자 조절의 주요 원리가 오페론설의 기본 틀로 충분히 설명될 수 있다고 여겨졌다. 코딩 DNA의 발현을 촉진하거나 억제하는 조절이 단백질 전사인자에 의해 전반적으로 통제된다고 생각한 것이다.

'유전자' 용어의 혼돈 확대

유전자의 조절 메커니즘이 점차 밝혀지면서, 한편에서는 유전자라는 용어가 더욱 혼돈스럽게 사용되기도 했다. 예를 들어 오페론설에서 조절인자를 '조절 유전자'로 칭하기도 하고, 젖당 분해 효소 코딩 DNA만을 가리켜 '구조 유전자'라 부르기도 했다. 이런 혼동을 피하기 위해 한국어로 조절인자를 영어 발음대로 오퍼레이터(operator)로 표기하기도 한다.

한편 단백질 형성에 직접 관여하지 않는다고 여겨지던 논코딩 DNA에 대한 관심은 상대적으로 적었다. 코딩 DNA를 제외한 이 부위는 '부차적'으로 간주됐고, 이를 어떻게 명명할지도 마땅치 않았다. 예를 들어 코딩 DNA와 전체 구조는 비슷하지만 단백질을 생산하지 못하는 영역은 '유

사유전자(pseudogene)'라 불렀다. 코딩 영역을 제외한 DNA 염기서열은 쓸
모없는 쓰레기라는 의미에서 '정크(junk) 유전자'라 통칭하기도 했다. 엄밀
하게 따지면 단백질을 만들지 못하는 경우 유전자라 부르지 않는 것이
맞겠지만, 실제로는 별도의 수식어가 붙은 다양한 이름의 '유전자'가 계
속 등장했다.

RNA는 어떨까? 원래 유전자는 DNA에만 존재한다고 여겨졌지만, 유
전자가 DNA가 아닌 RNA로 이루어진 바이러스의 존재가 알려지면서
'RNA도 유전자의 역할을 할 수 있다'는 인식이 퍼지게 됐다. 실제로 최근
전 세계적으로 확산된 코로나 바이러스(SARS-CoV-2)나 계절마다 반복적으
로 유행하는 인플루엔자 바이러스 등이 대표적인 RNA 바이러스다. 이들
은 RNA만으로 유전 정보를 전달하고 복제하며 생명 현상을 유지한다
는 점에서 기존 유전자 개념에 새로운 시각을 제시했다.

질병의 미시적 탐색과 인간게놈지도를 작성할 결심

유전자의 개념이 분자 수준의 코딩 DNA에 초점이 맞춰지면서 인간 질병에 대한 해석도 더욱 세밀하게 이뤄지기 시작했다. 이전까지는 유전 질환의 원인을 주로 염색체 수준에서 알아냈다면, 이제는 해당 염색체 내 구체적인 DNA 염기서열에서 규명할 수 있게 됐다. 그 결과 유전형은 코딩 DNA의 염기서열 변화, 표현형은 유전병을 일으키는 단백질의 이상을 의미하는 개념으로 인식됐다. 하지만 논코딩 DNA에서도 정상인에 비해 다른 형태의 염기서열이 질환의 유전형이라는 사실이 서서히 드러나기 시작했다.

분자 수준에서 새로 해석된 우열의 개념

먼저 멘델이 제시한 우열의 개념은 기존의 생리적 수준에서 관찰되던 것보다 분자 수준에서 훨씬 구체적이고 새로운 양상으로 이해될 수 있었다. 여기서는 1장에서 소개한 대표적인 멘델형 질환의 사례를 중심으로 살펴보자.

헌팅턴병은 과거에는 4번 염색체의 이상으로 발생한다고 알려져 있었다. 이후 환자의 DNA 염기서열을 확인해 보니, 코딩 DNA에서 세 염기(CAG)가 반복되는 횟수가 특이하다는 사실이 밝혀졌다. 가령 정상인의 경우 이들 염기가 28회 이하로 반복되는 데 비해, 환자에서는 40회 이상 반복돼 나타났다.

이에 비해 겸상적혈구빈혈은 분자 수준에서 우열의 개념이 질병 수준에서와는 다르게 해석될 수 있음을 보여 준 사례였다. 우선 이 질환은 염기 하나의 변화로 아미노산 하나가 다르게 형성된, 아주 드문 원인으로 발생한다는 사실이 밝혀졌다. 정상적인 베타글로빈의 6번째 아미노산은 글루탐산인데, 코딩 DNA 영역에서 세 염기 가운데 하나가 다른 염기로 바뀌면 글루탐산 대신 발린이 생성되는 것이다(그림 10 참조).

1장에서 살펴봤듯이 질병 발현의 관점에서는 베타글로빈 변이 유전자 HBS가 정상 유전자 HBB에 대해 기본적으로 열성이다. 그래서 특정 환경 요인이 없다면 이형접합자(HBB/HBS) 보유자가 일상을 살아가는 데 지장이 없다고 했다. 하지만 분자 수준에서는 상황이 달라진다. HBS에서 낫 모양의 단백질이 만들어지는 것은 사실이다. 그렇다면 두 대립유전자가 모

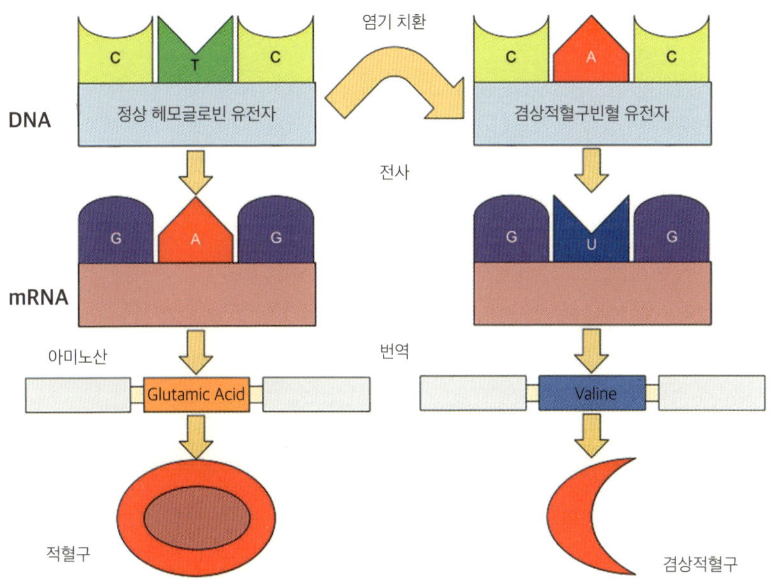

<그림 10> 겸상적혈구빈혈 발생의 분자 수준에서의 원인

왼쪽은 적혈구의 헤모글로빈을 구성하는 베타글로빈이 정상적으로 만들어지는 과정을 나타낸다. 코딩 DNA에서 세 염기(CTC)는 mRNA에 상보적으로 전달되고 최종적으로 글루탐산(Glutamic acid)이 베타글로빈을 구성한다. 이에 비해 오른쪽은 DNA 염기가 T에서 A로 치환됨에 따라 아미노산이 발린(Valine)으로 바뀌고, 그 결과 낫 모양의 적혈구가 형성된 모습을 보여 준다. (출처: https://commons.wikimedia.org)

두 발현된다는 점에서 HBB와 HBS는 공동 우성으로 해석될 수 있다(윤혜
섭·박돈하·장수철, 2022, 151~152).

겸상적혈구빈혈과 유사한 사례로, 주로 백인에서 나타나는 희귀질환
인 낭포성섬유증(Cystic Fibrosis)을 들 수 있다. 끈적끈적한 점액이 체내 장기
에 두껍게 쌓여 장기의 기능을 손상시키는 질환으로, 췌장에 작은 주머
니(낭포)와 섬유조직이 형성되기도 해서 이런 이름이 붙었다. 세포에서 염소
이온의 이동을 조절하는 단백질 생성 유전자(CFTR)는 7번 염색체에 위치
하는데, 이 유전자를 구성하는 염기 가운데 1,000개 이상에서 변이가 발
생하면 세포 내에서 염소 이온이 축적돼 병이 생길 수 있다.

그런데 정상 유전자와 변이 유전자를 하나씩 가진 이형접합체의 경우,
각 유전자에서 정상 단백질과 변이 단백질은 절반씩 만들어진다. 따라서
분자 수준에서의 표현형을 생각하면 두 유전자는 공동 우성으로 작용한
다고 볼 수 있다. 하지만 정상 단백질만으로도 염소 이동이 충분히 이뤄
지기 때문에 실제 질병으로는 진행되지 않는다. 따라서 생리적 수준에서
바라보면 변이 유전자는 열성에 해당한다(이성재·전상학, 2020, 234).

이상과 같은 사례들은 코딩 DNA에서 염기서열의 길이와 상관없이 하
나의 유전자에서 변이가 발생한 단일유전질환에 속한다. 그리고 이 질환
에서 발견되는 변이의 유형과 개수는 연구가 진전되면서 꾸준히 늘고 있
다. 단지 염기 몇 개의 변이만으로 발생하는 질환은 상대적으로 일부에
해당한다.

염기 하나의 변이, 그리고 인간게놈프로젝트의 출범

한편 1980년대에는 질병 유무와 관계없이 사람마다 특정 위치의 단일

염기가 서로 다르게 나타나는 변이에 대한 연구가 시작됐다. 이 변이는 오늘날 '단일염기변이(Single Nucleotide Variant, SNV)'라고 부른다(그림 11 참조).

SNV 연구가 진전됨에 따라 분자 수준에서 유전 질환의 원인을 규명하는 일은 더욱 복잡해졌다. 수많은 SNV 가운데 질병과 직접 관련된 변이를 가려내는 일이 쉽지 않기 때문이다. 특히 SNV는 코딩 DNA가 아닌 곳에서도 많이 발견됐다. 그렇다면 '정크 유전자'의 역할은 정말 쓸모없는 것인지에 대해 강한 의문을 제기할 수밖에 없었다. 더욱이 여러 유전자가 함께 작용해 발생하는 복합 질환에 대한 원인 규명은 단일유전질환에 비해 훨씬 어려운 작업이었다.

과학계에서 마련한 하나의 방안은 아예 인간의 DNA 전체의 염기서열

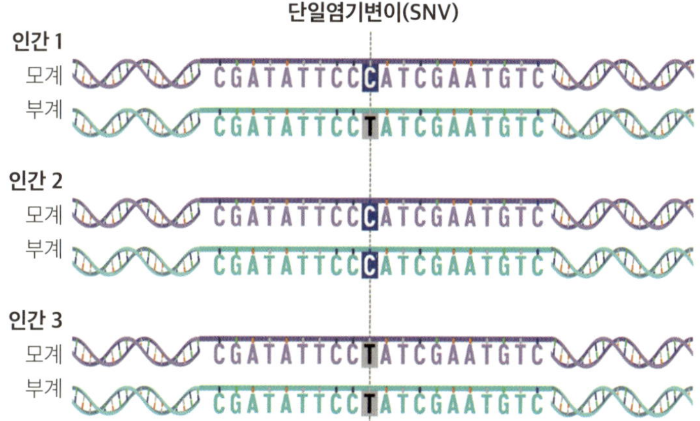

<그림 11> 개인별로 나타나는 단일염기변이

유전자의 특정 위치에서 1개의 염기가 다르게 나타나는 현상인 단일염기변이(SNV)의 개념을 보여 주는 그림이다. 한 사람의 염색체 쌍(모계, 부계)에서 어떤 위치의 염기는 각각 다를 수도 있고 (인간 1의 C/T), 동일할 수도 있다(인간 2의 C/C, 인간 3의 T/T). 사람마다 제각기 다른 양상으로 나타나는 SNV로 인해 개인 간 생물학적 특성의 차이가 발생할 수 있다.
(출처: https://www.genome.gov)

을 알아내고 그 가운데에 질병이나 개인의 특성을 나타내는 유전자의 위치와 해당 염기서열을 모두 확인하는 것이었다. 1990년대 시작된 '인간게놈프로젝트(Human Genome Project)'의 계기였다. 한마디로 인간 유전자의 상세한 '지도'를 제작하려는 시도였다.

'게놈'은 유전자(gene)와 염색체(chromosome)의 합성어로, 한국어로는 보통 '유전체'라고 번역한다. 유전체는 단백질을 생산하는 코딩 DNA 영역인 유전자만의 합을 의미하는 것이 아니라, 이들을 포함해 약 30억 개의 DNA 염기서열 전체를 의미한다. 국내에서는 영어식 발음으로 '지놈'이라고 부르기도 하지만, 이 용어가 처음 만들어졌을 당시의 독일어 발음을 반영해 '게놈'으로 표기하는 경우가 많다. 이 책에서는 문맥에 따라 게놈과 유전체라는 표현을 병행해 사용한다.

사실 게놈지도의 개념은 20세기 초 유전물질의 존재를 확인한 모건에 의해 처음 제시됐다. 모건은 초파리를 대상으로 수많은 돌연변이 실험을 거치며 연관과 교차 현상을 관찰한 후, 각 유전자가 염색체 내에서 상대적으로 얼마나 떨어져 있는지를 알아냈다. 그리고 이를 바탕으로 유전자별 위치를 표시한 지도를 제작했다. 한 염색체에서 유전자들이 가까이 있을수록 연관은 강하고 교차는 잘 일어나지 않을 것이며, 멀리 떨어져 있을수록 반대 현상이 생길 것이라는 전제에 기초한 것이었다. 이 지도를 계기로 각 유전자는 염색체 내 한 지점으로 인식될 수 있었다.

1980년대에 들어서면서 과학계는 인간의 전체 유전 정보를 구체적으로 밝히기 위해 두 가지 방향에서 게놈지도를 작성하기 시작했다. 하나는 미국 에너지부의 주도로 30억 개 염기서열을 알아내려는 흐름이었다. 인간의 염색체를 동일한 길이의 조각으로 자르고 각 조각의 염기서열을 확인한 후 이들을 종합하려는 시도였다. 다른 하나는 미국 국립보건원을 중심으로 특정 유전자들이 염색체 전반에서 어디에 위치하는지를 규명하려는 흐름이었다. 이 두 가지를 통합한 연구 사업이 바로 인간게놈프로젝트였다.

그런데 인간의 유전 정보를 염기 하나하나까지 정밀하게 밝혀내려는 작업은, 그 방대한 규모를 이해하는 것부터가 쉬운 일이 아니었다. 인간 DNA의 정보 규모를 대략 가늠하기 위해 도서관 서가에 배열된 책에 비유해 보자. 책 한 권의 분량을 500페이지, 한 페이지에 들어가는 알파벳의 수를 3,000개라 가정하자. 염기 30억 개는 무려 2,000권의 책에 해당하는 분량이다. 인간게놈프로젝트는 염색체 수에 해당하는 23개의 대형 서가에 2,000권의 책이 어떻게 나뉘어 있고, 각 책의 알파벳이 어떤 순서로 배열돼 있는지 알아냄으로써 유전자의 위치와 염기서열을 파악하려는 사업이었다.

반론 뚫고 출범한 '생물학계의 아폴로 프로젝트'

인간게놈프로젝트가 출범할 당시 대략적인 계획과 기대감이 무엇이었는지에 대해서는 미국 국립보건원 산하 연구 기관 국립인간게놈연구소 (National Human Genome Research Institute, NHGRI)의 홈페이지(https://www.genome.gov)에 소개돼 있다. 1990년 공식적으로 출범한 이 프로젝트는 아폴로 프로그램 이후 가장 대규모의 과학 연구로 꼽힌다. 아폴로 프로그램은 1960년대 인류의 달 착륙을 목표로 미국이 추진한 우주탐사 계획으로, 역사상 유례없는 막대한 자원과 노력이 투입된 사업이었다. 결국 1969년 7월 20일 인간을 태운 아폴로 11호가 달에 착륙하는 성과를 거뒀으며, 여기에 소요된 총예산은 약 250억 달러로 현재 가치로 환산하면 약 1,500억 달러(약 208조 6,500억 원)에 달한다.

인간게놈프로젝트의 규모 역시 상당한 수준이었다. 초창기에 총예산은 약 30억 달러로 추정됐는데, 현재 가치로는 약 50억 달러(약 7조 원)에 해당한다. 염기 하나를 해독하는 데 대략 1달러가 든다는 계산에서 나온 추정치였다. 이 계산에는 실험 비용 외에도 장비 구입비, 데이터 처리 시스템 구축비, 연구 인력 인건비, 국제 협력 네트워크 운영비 등이 반영돼 있었다. 종료까지의 기간은 15년으로 계획됐다.

미국 국립보건원과 에너지부는 자금을 지원하고 연구 방향을 총괄했으며, 미국, 영국, 프랑스, 독일, 일본, 중국 등 6개국의 20여 개 대학과 연구소가 프로젝트에 참여했다. 이들은 국제인간게놈서열컨소시엄(International Human Genome Sequencing Consortium, 이하 국제컨소시엄)이라는 이름으로 협력 체계를 구성했다. 각국은 유전자 염기서열 해독, 데이터 분석, 기술 개발 등에서 분야별 전문성을 분담했으며, 이 과정에는 분자생물학, 유전학, 컴퓨터과학 등 다양한 분야의 전문가들이 동원됐다.

국제컨소시엄은 이 사업이 인류에 가져다줄 획기적인 비전을 제시했다. 무엇보다 암이나 치매 같은 난치병의 원인을 규명하고 새로운 치료법을 개발할 수 있다는 기대감이 높았다. 프로젝트가 성공적으로 완료되면 생명과학을 기반으로 한 산업에서 우위를 점할 수 있다는 경제적 동기도 강조됐다. 한편에서는 인간의 기원과 진화를 근본적으로 이해하려는 지적 호기심이 주요한 추진 동력으로 작용했다.

하지만 초창기 과학계에서는 프로젝트에 반대하는 입장이 더 우세했다. 1984년 인간게놈의 염기서열을 알면 암의 발생 원인을 이해하는 데 도움이 될 것이라는 논문이 제출돼 주목을 끌었다. 그러자 이듬해 미국 캘리포니아대 산타크루즈(UCSC) 총장은 열두 명의 전문가를 모아 인간게놈프로젝트의 타당성에 대한 의견을 청취했다. 찬성과 반대는 6:6으로 팽팽했는데, 특히 반대 입장이 매우 강경했다. 인간게놈의 염기서열 대부분은 가치가 없는 쓰레기라는 주장, 단조로운 작업으로 장기간 이어지는 '빅 사이언스(big science)'는 진정한 과학 연구의 예산을 빼앗는 '나쁜 과학(bad science)'이라는 주장 등이 제기됐다. 1980년대 후반까지 생물학자의 약 80%가 프로젝트에 반대할 정도였다.

30억 달러라는 막대한 예산도 문제였다. 이보다는 다른 시급한 사회적 문제들, 예를 들어 빈곤, 의료, 교육 등에 투자하는 것이 훨씬 가치 있는 일이라는 여론도 형성됐다. 또한 과학기술의 개발이 인간 사회의 문제를 직접 해결하는 데 얼마나 기여할지 불확실하다는 문제가 있었다. 유전자 해독이 인간의 본질을 이해하는 데 얼마나 중요한지, 그 지식이 의학이나 생물학에 어떻게 활용될 수 있을지에 대한 회의적인 입장이었다.

다른 한편으로 프로젝트의 진행 과정과 결과로부터 발생할 윤리적 우려도 심각하게 제기됐다. 개인 유전 정보를 대규모로 수집하고 해석함으로써 유전자에 대한 사회적 오용이나 차별을 초래할 수 있고, 유전자와 질병의 관계를 규명하는 과정에서 예상치 못한 문제들이 발생할 가능성도 있었다. 이 내용은 6장에서 본격적으로 살펴보도록 하자.

이런 반대 분위기에서 프로젝트의 추진에 핵심적인 역할을 담당한 주체는 미국 의회였다. 의회는 의학과 생물학 분야에서 경쟁력의 확보, 산업적 파생 효과로 인한 경제적 이익, 그리고 질병에 대한 효과적인 접근 가능성 등을 주요 근거로 내세우며 예산안을 통과시켰다.

프로젝트의 성공을 위해서는 강력한 리더십이 필요했다. 첫 수장은 DNA의 이중나선 구조를 밝힌 왓슨이었다. 그는 프로젝트의 비전과 목표를 명확히 제시하며 뛰어난 리더십을 발휘한 인물로 평가받고 있다. 프로젝트의 초기 어려움을 극복하면서 수많은 전문가의 협력을 성공적으로 이끌어 내는 한편, 연구로 인해 파생될 윤리적 문제의 대책을 마련하면서 사회적 논란에 적극 대응하는 자세를 보였다.

자원 기증자 20명으로 구성한 참조 유전체

그렇다면 인간게놈프로젝트에서 분석된 유전체는 누구의 것이었을까? 1997년 초 미국 뉴욕주 버펄로의 한 일간지에는 이색적인 광고가 실렸다. 인간게놈프로젝트를 위해 혈액과 DNA 샘플을 제공할 사람을 모집한다는 내용이었다(그림 12 참조). 모집 인원은 20명이었고, 개인 정보 보호를 위해 지원자는 익명으로 처리된다고 안내돼 있었다.

<그림 12> 인간게놈프로젝트 지원자 모집 광고

20명의 자원봉사자 모집
인간게놈프로젝트에 참여할 기회를 드립니다
– 국제적으로 대규모로 진행되는 과학 연구 프로젝트

이 프로젝트의 목표는 인간의 유전 정보(인간 청사진)를 해독하는 것입니다. 이는 부모로부터 물려받은 모든 개별 형질을 결정하는 정보입니다. 프로젝트의 결과는 의학의 발전에 큰 영향을 미칠 것이며, 유전 질환의 진단과 치료를 개선하는 데 기여할 것입니다.
지원자들은 로즈웰 파크의 임상유전학서비스로부터 프로젝트에 대한 정보를 받고, 참여 전에 동의서를 작성해야 합니다.

개인 정보는 보관되거나 전달되지 않습니다.

지원자들은 소량의 혈액 샘플을 한 번 제공하면 됩니다. 이에 대한 시간과 노력을 보상하기 위해 소정의 비용을 제공합니다.

자원자는 18세 이상이어야 합니다.
항암 치료를 받은 적이 있는 분은 참여할 수 없습니다.

추가 정보는 다음으로 문의하시기 바랍니다.

임상유전학서비스
전화번호: 845-5720 (오전 9시~오후 3시)
1997년 3월 24~26일
(출처: https://www.genome.gov)

실제로 인간게놈프로젝트는 이들 20명의 샘플을 이용해 진행됐다. 그 결과 작성된 게놈지도는 1명으로부터 얻은 70%의 데이터와 19명에서 얻은 30%의 데이터를 합친 것이었다(그림 13 참조). 이 정보를 가리켜 '참조 염기서열(reference sequence)' 또는 '참조 유전체(reference genome)'라고 부르는데, 여기서 '참조'는 향후 연구에서 새롭게 발견되는 DNA 염기서열과 비교하기 위한 기준으로 사용한다는 의미다.

가끔 국내에서 '참조'를 '표준'이라고 옮기는 경우가 있는데, 이는 잘못된 표현이다. 참조 염기서열은 20명의 데이터가 합쳐진 '가상인간'의 염기서열이다. 그렇다면 누구의 유전체를 선택하느냐에 따라 참조 염기서열은 달라질 수 있을 것이다. 이에 비해 표준(standard)이라는 말은 절대적인 기준으로 정상적인 염기서열을 추려냈다는 식의 오해를 낳을 수 있다.

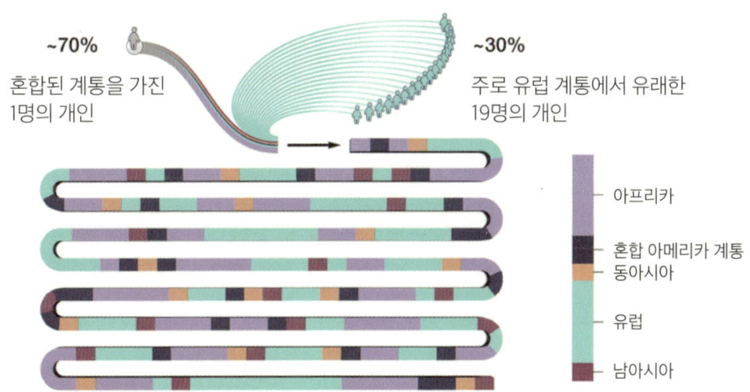

<그림 13> 인간게놈프로젝트에서 만들어진 참조 염기서열

인간게놈프로젝트의 참조 염기서열 작성에 참여한 자원자들의 인종적·지역적 분포를 보여 주는 그림이다. 조상이 혼합된 계통인 1명으로부터 70%, 유럽 계통의 19명으로부터 30%의 정보가 제공됐다. 전체적으로 유럽과 아프리카 계통의 정보가 많다는 것을 알 수 있다.
(출처: https://www.genome.gov)

3장

해독

거의 손에 잡힐 듯 다가온 생명의 설계도
인간게놈지도의 초안 작성(1990~2003년)

2000년대 초 인간게놈프로젝트 완성으로 인류는 생명의 설계도를 거머쥔 듯한 기대에 부풀었다. 인간 유전자의 수가 구체적으로 추정됐고, 다른 생물과의 공통점과 차이점도 유전자 수준에서 밝혀지기 시작했다. 특히 염기 단위의 해독은 인간 개인별로 질환과 웰니스 특성이 어떻게 발생할 수 있는지 탐색할 수 있는 강력한 단서를 제공했다. 당시 과학계는 곧 무병장수의 시대가 올 것이라며 장밋빛 미래를 예고했다.

동시에 유전자 개념은 더욱 복잡해졌다. 전체 DNA에서 코딩 영역에 대한 연구가 심화될수록 유전자는 단백질을 '생산하는 부위'에서 '생산과 관련된 부위'로 그 의미가 확장됐다. 게다가 하나의 유전자에서 여러 종류의 단백질이 만들어지는 '대체 스플라이싱' 현상도 발견됐다. 그렇다면 유전자는 단순히 '고정된 염기 서열'이 아니라, 세포에서 특정 조절에 따라 다양한 단백질을 만들어 내는 '기능적 단위'로 이해될 수 있었다. 이런 상황에서 DNA 기능의 상당 부분은 여전히 미지수인 채로 남아 있었다. 과학계에서는 이를 보완할 다음 단계 프로젝트들의 필요성이 활발히 제기되기 시작했다.

두 연구진의 경쟁적 발표

당초 계획대로라면 인간게놈프로젝트는 2005년에 마칠 예정이었다. 그런데 예상보다 4년이나 앞선 2001년 2월에 연구 결과가 발표됐다. 연구가 생각보다 순조롭게 진행됐기 때문일까? 그런 면도 있었겠지만 어떤 다른 이유로 서두른 측면도 있어 보인다. 발표 논문이 완성본이 아닌 '초안(draft)'이었다는 점에서 그렇다. 그리고 연구 결과 발표장에는 1990년 인간게놈프로젝트를 시작한 국제컨소시엄 외에도 미국의 생명공학 벤처회사 셀레라 제노믹스(Celera Genomics)의 대표인 존 크레이그 벤터(John Craig Venter, 1946~)도 등장했다. 발표를 서두른 주요 이유는 이들 간에 벌어진 우선권 경쟁에 있었다.

갈등에서 촉발된 속도전

벤터는 인간게놈프로젝트를 주도한 미국 국립보건원의 연구원이었다. 그런데 당시 프로젝트의 수장이던 왓슨과 특허 문제로 심한 마찰을 겪었다. 왓슨은 프로젝트의 결과물이 인류의 공공 자산이므로 조건 없이 공개돼야 한다고 생각했다. 이에 비해 벤터는 프로젝트에서 발굴된 주요 유전 정보에 대해 특허를 출원하겠다는 입장이었다. 이들 간 의견 대립이 심해진 탓에 왓슨은 자리에서 물러났고, 이후 미국 미시간대 프랜시스 셀러스 콜린스(Francis Sellers Collins, 1950~)가 새로운 책임자로 선정됐다. 유전자 특허를 둘러싼 논란에 대해서는 6장에서 다시 살펴보도록 한다.

벤터는 국립보건원을 떠나 독자적인 연구를 수행했는데, 1998년 셀레라를 설립하면서 인간게놈프로젝트를 2001년에 끝내겠다고 호언장담했다.

국제컨소시엄보다 8년 늦게 시작했지만 4년이나 빨리 마치겠다는 그의 발언은 국제컨소시엄이 결과 발표 시기를 앞당길 수밖에 없게 만들었다. 벤터는 9장에서 소개할 합성생물학 분야의 세계적인 권위자이기도 하다.

2001년 2월 12일 국제컨소시엄과 셀레라는 워싱턴과 런던, 파리 등에서 일제히 공동 기자회견을 갖고 인간게놈프로젝트의 초안이 작성됐다고 세상에 알렸다. 그리고 이들의 연구 결과는 각각 다른 학술지에 게재됐다. 국제컨소시엄은 영국의 《네이처》 15일 자, 셀레라는 미국의 《사이언스(Science)》 16일 자에 논문을 발표했다(그림 1 참조).

사실 동일한 주제에 대한 연구 결과가 같은 시기에 다른 학술지에 발표되는 일은 매우 이례적이었다. 당시 발표를 지켜본 많은 과학자들은 인간게놈에 대한 후속 연구를 수행할 때 과연 어떤 논문을 표준으로 삼아야 할지를 놓고 새로운 고민에 빠지기도 했다. 《네이처》와 《사이언스》는 세계적으로 권위를 인정받는 과학 전문지의 양대 산맥이기 때문에 어느 하나를 무시할 수 없었다.

<그림 1> 2001년 두 연구진의 대표와 각 논문이 실린 학술지 표지

국제컨소시엄을 이끈 콜린스(오른쪽)와 셀레라 대표 벤터(왼쪽)의 얼굴이 실린 미국 시사 주간지 《타임》의 표지, 그리고 두 연구진이 인간게놈프로젝트 초안 논문을 게재한 학술지 《사이언스》와 《네이처》 표지다.
(출처: 《타임》, 《사이언스》, 《네이처》)

   DNA는 어떻게 나를 설계하는가?

과학계의 관심사는 연구 방법의 차이로 옮겨 갔다. 국제컨소시엄보다 소규모 연구진으로 뒤늦게 프로젝트에 착수한 셀레라가 어떻게 국제컨소시엄과 거의 동등한 성과를 낼 수 있었을까? 그 해답은 셀레라의 독창적인 연구 방법에 있었다.

두 연구진의 염기서열 분석 방법을 간단히 비교하기 위해 DNA의 30억 개 염기서열이 한 권의 '생명의 책'에 담겨 있다고 가정해 보자. 23쌍의 염색체에 맞춰 책은 총 23장으로 구성돼 있고 페이지별로 유전자들이 분산돼 있다.

국제컨소시엄의 전략은 '유전자 위치 우선, 염기서열 나중'이었다. 유전자가 염색체의 어디에 있는지 위치를 먼저 판별한 후, 그 안의 염기서열을 분석한다는 계획이었다. 각 페이지가 어떤 장에 있는지는 선행 연구에서 어느 정도 파악돼 있었다. 예를 들어 이 방식으로 1999년과 2000년 인간의 22번과 21번 염색체의 염기서열이 밝혀져《네이처》에 소개된 바 있다.

이에 비해 셀레라는 유전자의 위치를 모르는 상태에서 염기서열을 알아내는 일명 '샷건(shotgun) 방식'을 적용해 분석 기간을 대폭 줄일 수 있었다. 가령 생명의 책 10권을 준비하고 이들을 무작위로 1,000글자 내외의 쪽지로 찢은 후 서로 겹치는 부분을 찾아내서 연결하는 방법이다. 샷건은 우리말로 산탄총을 의미한다. 샷건 방식이라는 용어는 염기서열을 무작위로 분석하는 과정을 산탄총에서 탄환이 흩어지듯 발사되는 모습에 비유한 표현이다(그림 2 참조).

치열한 경쟁 관계에 있던 두 연구진은 결국 미국 정부의 중재로 서로의 업적을 인정하며 제각기 초안을 발표하기에 이르렀다(최재천 외, 2013, 49~51). 2000년 6월 26일 국제컨소시엄의 콜린스와 셀레라의 벤터는 미국 에너지부 주최로 백악관에 모여, 라이벌 간의 어색한 감정을 감추고 사이좋게

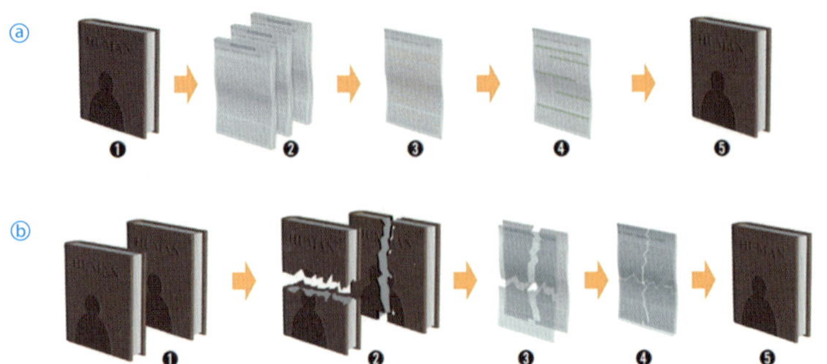

<그림 2> 국제컨소시엄과 셀레라의 염기서열 분석 방법 비교

국제컨소시엄ⓐ은 생명의 책에서(❶) 각 장을 분리한 뒤(❷), 그중 한 페이지만을 선택해(❸) 문장을 읽는 방법(❹)을 사용했다. 위치에 맞게 모든 페이지를 읽으면 생명의 책 전체 내용을 알 수 있다(❺). 이에 비해 셀레라ⓑ는 생명의 책의 복사본을 여러 권 만든 뒤(❶), 이 책들을 무작위로 자른 다음(❷) 조각들을 맞추는 방법(❸)을 사용했다. 문장을 서로 비교해 일치하는 부분을 찾고 페이지를 읽어(❹) 생명의 책 전체 내용을 알아내는 방법이다(❺).
(출처: 최재천 외, 2013, 48)

악수를 나누는 모습을 보였다.

학문적으로 앙숙이던 이들이 어떻게 화해할 수 있었을까? 당시 미국 클린턴 대통령이 자신의 임기 내에 인간게놈프로젝트를 끝냈다는 평가를 받고 싶어 셀레라 측을 설득했다는 이야기가 전해진다. 클린턴은 그해 2월 "앞으로 두 달 이내에 내 인생에서 가장 영광스러운 발표를 하게 될 것"이라고 예고했다. 대외적으로 미국과 민주당의 이미지를 고양하려는 목적에서 볼 때 프로젝트의 완료 주체가 국제컨소시엄이든 벤처회사든 크게 중요하지 않았다.

백악관 모임에서 국제컨소시엄의 첫 수장이던 왓슨은 자신이 DNA 이중나선 구조를 밝힌 지 50여 년 만에 인간게놈지도가 작성된 일에 감격해하며 "이 방대한 자료가 인류 역사를 바꿀 것"이라고 평가했다. 단백질의 화학 구조를 밝히고 염기서열 분석법을 개발해 노벨 화학상을 두 차례 수상한 생어는 "이렇게 빨리 완성될 줄은 생각지도 못했다"며 놀라워했다.

이어 논문이 발표된 2001년 2월 콜린스는 "창조주만이 이해하는 언어로 쓰인 인간 유전자가 이 생명의 책에 해독돼 있다"며 감격을 표했다. 벤터 역시 "앞으로 인간의 난치병을 치료할 수 있는 방법을 찾는 일만 남았다"면서 기뻐했다.

한편에서는 셀레라에 대한 좋지 않은 소문이 돌기도 했다. 염기서열 연구의 진행 상황을 공개한 국제컨소시엄과는 다르게 셀레라는 연구 결과를 끝까지 비밀로 하다가 최종 결과만 공개했다. 그래서 셀레라가 적은 비용으로 더 빨리 염기서열 분석을 끝낼 수 있었던 이유가 국제컨소시엄의 공개 자료를 참고했기 때문이라는 뒷말이 나왔다. 그럼에도 벤터의 새로운 연구 방법과 추진력을 생각해 보면 인간게놈에 대한 그의 도전 정신과 실력은 인정할 수밖에 없는 사실이었다.

초안의 완성도, 99% vs 92%

2001년 2월 세계 언론 매체는 인간게놈프로젝트의 완성을 대대적으로 알렸다. 특히 인간게놈지도의 99%가 작성됐다는 표현이 널리 인용됐다. 30억 개 염기 가운데 서열이 밝혀진 비율을 의미하는 수치였다. 비록 '초안' 단계였음에도, 그 정도면 거의 프로젝트가 마무리된 것처럼 받아들여질 정도였다. 창조주가 작성한 생명의 설계도가 마침내 인류의 손에 들어온 듯한 분위기였다. 하지만 이 숫자는 언론 매체가 다소 과장되게 보도한 것이었다. 실제로 2001년 《네이처》 논문에서는 94%, 《사이언스》 논문에서는 96%가 제시돼 있었다.

인간게놈프로젝트의 '공식' 완료는 2003년 4월 14일 국제컨소시엄의 콜린스가 선언했다. 그는 이날 기자회견장에서 "미국인을 대상으로 마침내 인체 설계도를 작성했다"고 밝혔다. 이미 2년 전 두 논문의 발표로 사회적 관심은 많이 줄어들어 있었지만, 공식적으로 예정된 기간보다 2년 일찍 종료됐다는 사실은 과학계에서 여전히 기념할 만한 일이었다. 그런데 당시 발표된 인간게놈지도의 완성도는 92%였다. 2001년에 비해 분석의 정확도가 높아져 완성도가 약간 줄었다.

그렇다면 나머지 8%는 무슨 의미일까? 30억 개의 8%면 무려 2억 4,000만 개 염기의 서열이 밝혀지지 않은 상황인데, 완료됐다는 표현이 반복해서 사용된 이유는 무엇일까? 이를 이해하기 위해서는 염색체의 구조를 좀 더 자세히 살펴볼 필요가 있다.

19세기에 염색체가 실처럼 긴 물질로 이어져 있는 모습이 처음 관찰됐는데, 이를 염색질(chromatin)이라 부른다. 이후 염색질의 기본 단위는 히스톤(histone) 단백질 8개에 DNA가 단단히 감겨 있는 형태(뉴클레오솜, nucleosome)라는 사실이 알려졌다. 그런데 염색체를 광학현미경으로 관찰하면 상대적으로 명암 차이가 나는 띠가 반복돼 나타난다. 밝은 띠 부분에서는 뉴클레오솜들이 비교적 느슨하게 떨어져 있었기에, 여기서는 DNA로부터 전사와 번역이 원활하

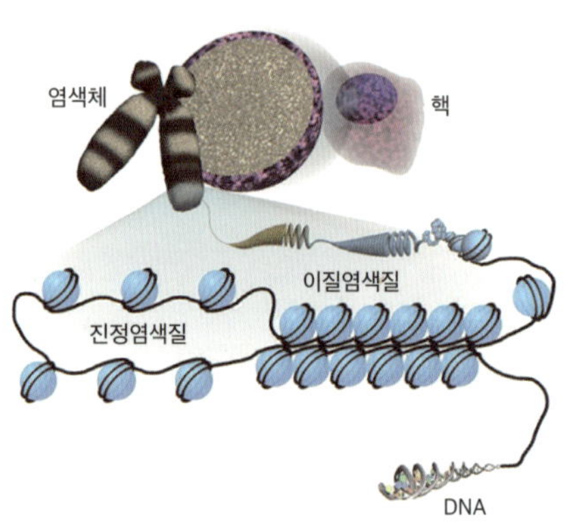

<그림 3> 염색체 내 진정염색질과 이질염색질
진핵세포의 염색체를 관찰하면 밝은 부위와 어두운 부위가 반복해 드러난다. 밝은 부위에서는 둥근 히스톤에 DNA가 감겨 있는 뉴클레오솜들이 서로 느슨하게 떨어져 있다. 이 부위를 진정염색질이라 부른다. 이에 비해 뉴클레오솜들이 서로 촘촘히 붙어 있는 어두운 부위를 이질염색질이라 한다.
(출처: https://commons.wikimedia.org)

게 진행될 수 있을 것으로 판단됐다. 실제로 대부분의 코딩 DNA가 이 부위에 위치하기 때문에, 밝은 띠 부위를 '진정한'이란 의미를 담아 '진정염색질(euchromatin)'이라 부른다. 이에 비해 어두운 띠 부분에서는 뉴클레오솜들이 촘촘히 붙어 있어 전사와 번역이 진행되기 어렵다. 이 부위를 '이질염색질(heterochromatin)'이라 칭하는데, 주로 일정한 염기서열이 대거 반복돼 나타나고 구조적으로도 상당히 복잡하다(그림 3 참조).

2003년 서열이 규명된 92%의 염기는 바로 진정염색질 부위의 염기를 의미했다. 이질염색질 부위의 염기서열은 당시 분석 기술의 한계로 알아내기 어려웠던 것이다. 이후 2021년에 이르러서야 이질염색질의 거의 모든 염기서열이 규명되고 있다는 보고가 나왔다(그림 4 참조). 다만 왜 이 부위에 반복서열이 집중되어 있는지는 앞으로 풀어야 할 과제로 남아 있다.

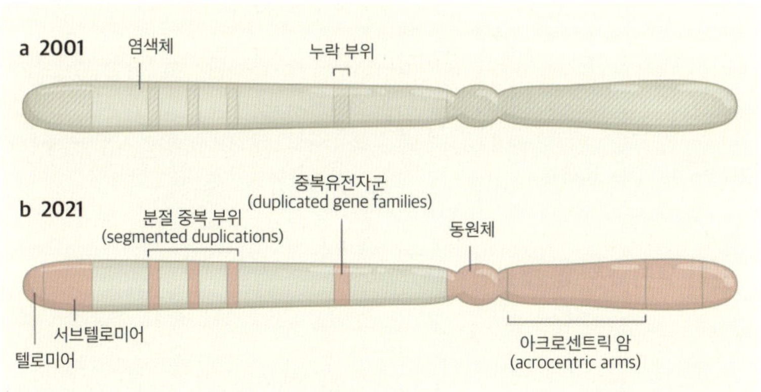

<그림 4> 인간게놈에서 누락된 염기서열 채우기

2021년 인간 DNA의 염기서열이 새롭게 밝혀진 부분을 나타낸 그림이다. 2001년 발표된 두 논문에서는 염기서열의 누락 부위(빗금 친 부분)가 염색체 곳곳에 있었다. 2021년에는 그동안의 분석 기술에 힘입어 이들 부위의 염기서열을 거의 모두 알아낼 수 있었다. 그림에서 텔로미어는 염색체의 끝 부분을 의미하며, 세포가 분열할 때 염색체를 보호하는 역할을 수행한다. 긴 팔과 짧은 팔의 중간에 있는 동원체(動原體, centromere)는 세포가 분열할 때 염색체를 이동시키는 방추사가 연결되는 부위다. 기타 부위들의 기능은 명확히 알려지지 않았다.
(출처: Karen H. Miga, 2021, 217)

더욱 복잡해진 유전자 개념

2000년대 초반 세간의 관심을 가장 강하게 끌었던 질문 가운데 하나는 인간의 유전자가 과연 몇 개로 이뤄졌는가 하는 문제였다. 그런데 2001년 《네이처》와 《사이언스》의 논문은 서로 다른 결과를 발표했다. 또한 각 논문에서 제시한 유전자 개수의 범위가 꽤 넓었다. 분석 기술의 차이도 있었겠지만, 주요 이유는 두 연구진이 유전자를 정의하는 방식이 서로 달랐기 때문이다. 그동안 단백질을 생산하는 코딩 DNA 영역을 주로 의미하던 유전자의 개념이 논코딩 DNA 영역으로까지 확장될 수 있었던 것이다.

과학계에서 인간의 유전자 개수가 처음 보고된 사례는 1964년 《네이처》에 실린 반 페이지 정도의 짤막한 논문이었다. 독일의 인류유전학자 프리드리히 오토 포겔(Friedrich Otto Vogel, 1925~2006)이 발표한 「인간 유전자 개수의 예비적 추산」이라는 글이었다. 포겔은 당시까지 알려진 생물학적 데이터를 바탕으로 대략 계산한 결과, 인간의 유전자가 무려 670만 개에 달한다고 추정했다.

인간 유전자는 몇 개일까?

그렇다면 포겔은 어떤 방식으로 계산했기에 이런 큰 수치를 제시할 수 있었을까? 포겔은 우선 인간 DNA의 염기쌍을 약 30억 개로 정확히 예측했다. 당시에 알려진 바에 따르면, 인간 정자의 23개 염색체에 있는 DNA의 질량은 약 3×10^{-12}g이고, 하나의 염기쌍(AT, CG)의 질량은 1×10^{-21}g 정도였다. 따라서 23개 염색체에 있는 염기쌍의 수는 약 30억 개(3×10^9)라는 계산이 나올 수 있었다.

그렇다면 이 안에 유전자는 몇 개가 있을까? 포겔은 과학계에서 대체로 받아들여지던 '1유전자 1단백질설'을 전제로 삼았다. 또한 대부분의 DNA 염기가 단백질 생성에 관여한다고 생각했다. 예를 들어 헤모글로빈의 경우 유전자 하나에 해당하는 DNA 영역이 헤모글로빈 하나를 만든다고 가정했다. 당시 이 DNA 영역은 약 450개의 염기쌍으로 이뤄졌다는 사실이 알려져 있었다. 따라서 전체 염기쌍 30억 개를 단순히 450개로 나누면 670만 개의 유전자라는 결과가 나오는 것이다. 유전자에 대한 당대의 지식을 통해 나름 합리적으로 추산한 값이었다.

이에 비해 인간게놈프로젝트가 출범한 1990년대 초, 미국의 연구진은 인간 유전자를 약 10만 개로 추정하고 있었다. 이 역시 단순한 계산에 따른 값이었다. 그동안 밝혀진 전형적인 유전자 1개의 염기는 약 3만 개로 구성돼 있었다. 이를 30억 개 염기에 적용하면 유전자 수는 10만 개라는 논리였다. 물론 이런 판단에는 단백질 10만 개가 만들어지려면 유전자 10만 개가 필요하다는 '1유전자 1단백질설'의 믿음도 작용했다.

인간게놈프로젝트가 진행되는 동안에는 그 추정치가 과학자에 따라 다르게 발표됐다. 최소 4만 5,000개에서 최대 14만 개로 추산된다는 결과도 있었고, 3만 5,000개 정도라는 주장도 나왔다. 이런 추정치는 모두 저명한 국제 학술지에 소개됐다.

마침내 2001년에 이르러 대략적인 결론이 제시됐다. 그 수치는 3만 개 내외였다. 《네이처》 논문에서는 3만~4만 개, 《사이언스》 논문에서는 2만 6,000~3만 1,000개였다. 《네이처》의 추정치가 《사이언스》에 비해 더 많고 범위도 넓다. 그 이유는 무엇일까?

인간게놈프로젝트가 진행되면서 센트럴 도그마라는 개념적 틀 아래에서 새로운 현상들이 발견됐다. 코딩 DNA 영역과 논코딩 DNA 영역에서 대표적으로 두 가지 중요한 사실이 밝혀진 것이다.

첫째, 동일한 DNA 코딩 영역에서 여러 종류의 단백질이 만들어질 수 있다는 사실이다. 이른바 '대체 스플라이싱(alternative splicing)'이라는 현상 때문이다. 일반적으로 고등 생명체의 진핵세포에서 DNA의 코딩 영역이 mRNA로 전사될 때 초기 mRNA(mRNA 전구체)에는 엑손뿐 아니라 인트론도 함께 포함돼 있다. 이로부터 최종 mRNA가 형성되는 과정에서 인트론이 잘려 나가고 엑손끼리만 이어 붙는 현상이 스플라이싱이다(2장 그림 8 참조). 그런데 이 과정이 항상 동일한 방식으로 진행되는 것이 아니었다. 상황에 따라 서로 다른 엑손 조각들이 선택적으로 조합되고 있었다. 즉 하나의 유전자에서 만들어지는 초기 mRNA가 여러 가지 방식으로 잘리고 붙으면서, 결과적으로 다양한 mRNA와 여러 종류의 단백질(isoform)이 생성되는 것이다. 이 현상을 일반적인 스플라이싱과 구별해 대체 스플라이싱이라 부른다.

대체 스플라이싱의 발견은 유전자를 단순한 물리적 구조물이 아니라 '기능적 단위'로 재정의해야 한다는 인식을 불러일으켰다. 유전자는 하나의 정해진 결과만을 산출하는 폐쇄적 코드가 아니라 필요한 상황에 맞춰 다양한 형태로 변형될 수 있는, 일종의 플랫폼으로 봐야 한다는 생각이 자리 잡은 것이다. 달리 표현하면 유전자는 '동적이면서 맥락에 의존하는 정보 조절 시스템'으로 받아들여지기 시작한 것이다.

둘째, 논코딩 DNA 영역에서도 단백질을 만드는 데 관여하는 RNA가 다수 발견됐다. 센트럴 도그마 관점에서는 RNA라면 코딩 DNA 정보를 전사하는 mRNA나 해당 아미노산을 운반해 오는 tRNA 정도만을 떠올릴 수 있었다. 그런데 이 외에 단백질을 직접 만들지는 않지만 그 과정에 중요한 영향을 미치는 여러 RNA가 발견된 것이다. 이들을 통틀어 '기능적 RNA(functional RNA)'라 부른다. 현대 분자생물학 분야에서 흔히 등장하는 용어인 'RNA 유전자'는 바로 기능적 RNA를 만들어 내는 DNA 영역을 가리킨다.

《네이처》와 《사이언스》 논문은 모두 대체 스플라이싱이 발생하는 해당 코딩 DNA 영역을 하나의 유전자로 간주했다. 가령 동일한 코딩 DNA 영역에서 세 종류의 단백질이 만들어져도 유전자는 1개였다. 두 논문의 차이점은 '어디까지를 유전자에 포함할 것인가'에서 드러났다. 《네이처》는 코딩 DNA 영역에 초점을 맞추되, 아직 기능이 완전히 밝혀지지 않았어도 단백질 생성에 연관될 가능성이 있는 영역까지 폭넓게 유전자에 포함했다. 이에 비해 《사이언스》는 실제로 단백질을 만들어 낸다고 확실하게 입증된 코딩 DNA 영역만을 유전자로 판단했다. 결과적으로 《네이처》 논문에서의 유전자 개수는 《사이언스》 논문에 비해 많이 책정됐고, 범위 역시 더 넓게 추산된 것이다. 《네이처》 논문이 포괄적 정의로 상한선을 높였다면, 《사이언스》 논문은 보수적 정의로 하한선을 낮춘 셈이었다.

여담 하나. 인간게놈프로젝트의 완료가 예고된 2000년대 초반에는 과학자들 사이에서 유전자 개수를 맞추는 장난스러운 내기 대회(Genesweep)가 열리기도 했다. 2000년 1달러였던 배팅 금액은 2002년 초안 발표 직전에 20달러까지 올랐다. 이후 2003년 인간게놈프로젝트가 공식 완료된 시점에서 최종 승자는 460명이 넘는 참가자 가운데 가장 낮은 수치인 2만 5,947개를 제시한 과학자에게 주어졌다. 상금은 1,200달러였다. 과학계에서 인간 유전자의 개수를 추정하는 일이 단순하지 않음을 보여 주는 일화다.

논코딩 DNA 대부분은 미지의 영역

이후 분석 기술이 발달하면서 인간 유전자의 개수가 새로 발표될 때마다 그 값은 유전자를 어떻게 정의하느냐에 따라 조금씩 달라졌다. 그래서 유전자 개수를 논할 때 저자가 먼저 자신이 어디까지 유전자라 부를지 밝히는 일이 하나의 관례가 되었다. 예를 들어 "우리는 유전자의 정의를 mRNA로 변환되고 하나 이상의 단백질로 변환되는 게놈의 영역으로 제한할 것이다"라고 언급하는 식이다(Mihaela Pertea & Steven L. Salzberg, 2010).

그렇다고 해서 기능적 RNA를 비롯한 다양한 RNA를 만드는 논코딩 DNA 영역의 중요성을 가볍게 여긴다는 의미는 아니었다. 동일한 저자가 애초에 코딩 DNA만을 유전자로 정의했다가 이후 생각을 바꿔 "기능성 RNA 분자로 전사되거나, RNA로 전사된 후 기능성 단백질로 번역되는 염색체 DNA"라고 정의를 수정해 발표하는 경우도 있다(Steven L. Salzberg, 2018). 더불어 이런 정의에 "기능적이라는 것이 무엇을 의미하는지에 대한 질문이 제기된다"는 단서가 붙기도 한다.

한 가지 문제는 기능적 RNA를 생성하는 DNA 영역을 공식적으로 무엇이라 불러야 할지 애매하다는 사실이었다. 그 대안의 한 가지가 앞서 언급한 'RNA 유전자'의 전체 이름인 '논코딩 RNA 유전자(non-coding RNA gene)'라는 용어다. 4장에서 설명하겠지만, 그 대표적인 사례는 mRNA에 작용해 단백질 생성을 조절하는 마이크로RNA(microRNA)다. 어쨌든 '유전자가 아니면서 유전자인 듯한' 모호한 개념을 가진 용어인 것은 사실이다.

논코딩 DNA는 인간게놈프로젝트 이전에 대체로 쓸모없다고 여겨진 정크 유전자를 의미한다. 물론 당시에도 정크 부위에서 일부 기능이 발견되면서 그 표현에 의문이 제기되고 있었다. 전체 DNA 염기에서 코딩 영역은 인트론을 빼고 엑손 부위만 따지면 1~2%에 불과하다. 그렇다면 98% 이상에 달하는 염기가 쓰레기에 불과하다는 것은 상식적으로도 이해가 되지 않는다. 특히 인간은 유전자 개수에서 별다른 차이가 없는 다른 생명체에 비해 논코딩 영역이 유난히 크다는 사실이 밝혀졌다. 뭔가 중요한 기능이 있지 않고서야 인간이 유달리 이 영역을 그렇게 많이 보유하고 있을 이유는 없지 않은가.

그렇다고 DNA의 기능을 탐색할 때 단백질 생산 외에 별다른 작용을 떠올리기는 쉽지 않다. 그래서 과학자들은 논코딩 DNA의 역할을, 코딩 DNA의 기능을 보완하거나 보호하는 측면에서 규명하는 데 중점을 두고 있다.

인간게놈프로젝트에서 밝혀진 논코딩 DNA 영역의 구성과 역할을 두 가지로 구분해 정리해 보자. 이 내용은 미국 정부가 일반인을 대상으로 의학 정보를 제공하는 홈페이지(https://medlineplus.gov)에 소개된 부분을 바탕으로 재구성한 것이다.

첫째, 역할이 어느 정도 규명된 영역이다. mRNA로의 전사 과정을 촉진하거나 억제하는 다양한 조절인자 부위, 단백질을 직접 생산하지 않지만 특정 역할을 수행하는 기능적 RNA 생성 부위, 염색체의 구조를 안정되게 유지하는 부위 등이 그것이다. 둘째, 역할이 거의 짐작되지 않는 미지의 영역이다. DNA 전사 과정에서 사라지는 인트론, 그리고 유전자들 사이를 차지하는 '유전자 간 구역(intergenic region)'으로 대략 나눌 수 있다. 이 가운데 가장 넓게 차지하는 부위는 유전자 간 구역으로, 무려 전체 DNA의 75% 정도에 해당한다(표 1 참조).

인간의 염색체에서 코딩 DNA와 논코딩 DNA 영역은 어떻게 분포하고 있을까? 흥미롭게도 코딩 DNA 영역은 마치 국가에서 도시들과 같이 불규칙하면서 밀집된 분포를 이루고 있다. 논코딩 DNA 영역은 그 주변에서 사막지대처럼 거대하게 펼쳐져 있다. 애기장대, 선충, 초파리 등의 코딩 DNA 영역이 상대적으로 고르게 분포하고 있는 것과 뚜렷이 구분된다.

<표 1> 인간 DNA의 구성과 역할

이름			기능
코딩 DNA(엑손)			전사와 번역을 지시해 단백질 생성
논코딩 DNA	인트론		미지의 영역
	조절인자 부위	프로모터	RNA 중합효소의 결합 부위로 전사 시작
		인핸서 (enhancer)	전사 촉진
		사일런서 (silencer)	전사 억제
		인슐레이터 (insulator)	인핸서나 사일런서의 기능을 방해해 전사를 억제하거나 촉진
	기능적 RNA 생성 부위	tRNA 생성 부위	아미노산을 리보솜에 운반하는 tRNA 생성
		rRNA 생성 부위	리보솜을 구성하는 rRNA 생성
		마이크로RNA 생성 부위	단백질 생산 과정 조절
		lnc(long non-coding) RNA 생성 부위	단백질 생산 과정 조절
	염색체의 구조 유지 부위	텔로미어	염색체 말단 부위로 세포 분열 시 염색체 보호
		위성 DNA	염색체의 X자 형태에서 동원체 형성 부위의 구조 유지
	유전자 간 구역	트랜스포존 (SINE, LINE 등) + α	미지의 영역

점핑하는 유전자 발견

그렇다면 논코딩 DNA 영역의 염기는 어떤 식으로 배열돼 있을까? 가장 큰 특징은 일정한 길이의 '반복서열(repetitive sequence)'이 너무도 많이 분포하고 있다는 사실이다. 염색체의 구조 유지와 관련된 텔로미어나 위성 DNA 영역을 포함해, 특히 미지의 영역인 인트론과 유전자 간 구역에서 집중적으로 발견된다.

흥미로운 사실 한 가지는, 유전자 간 구역에서 동일한 반복서열의 상당 부분이 마치 점핑하듯이 염색체 여기저기로 옮겨 다니고 있다는 점이었다. 학문 용어로는 '트랜스포존(transposon)', 일반적으로는 '점핑 유전자(jumping gene)'로 불리는 부위다.

1983년 미국의 여성 과학자 바버라 매클린톡(Barbara McClintock, 1902~1992)은 트랜스포존의 존재를 알린 공로로 노벨 생리·의학상을 수상했다. 그런데 사실 매클린톡이 트랜스포존을 찾아낸 시기는 40여 년 전이었고, 연구 대상은 인간이 아니라 옥수수였다.

1940년대 매클린톡은 옥수수 알갱이의 색깔을 결정하는 유전자를 연구하다 이상한 현상을 발견했다. 동일한 유전적 배경을 가진 옥수수에서 알갱이 색깔이 예상과 다르게 나타났던 것이다. 어떤 것은 예상대로 보라색으로 유지됐지만, 일부는 흰색이나 점박이 형태를 보였다. 이는 단순한 변이로 설명할 수 없는 현상이었다.

매클린톡은 염색체의 어떤 구역에서 특정 DNA 조각이 반복적으로 삽입되거나 제거된다는 사실을 알아냈다. 그리고 이 조각은 다른 요소의 도움으로 움직일 수 있다는 점도 확인했다. 그러나 당시로서는 유전자가 스스로 이동한다는 얘기를 받아들일 수 없었기에, 인간에서도 비슷한 현

<그림 5> 점핑 유전자를 처음 발견한 매클린톡

1963년 바버라 매클린톡이 실험실에서 옥수수 이삭과 씨앗을 분류하며 유전자 변이에 대한 데이터를 분석하는 모습이다. 매클린톡은 옥수수의 염색체에서 점핑 유전자(트랜스포존)를 발견한 공로로 뒤늦게 1983년에야 노벨 생리·의학상을 수상했다.
(출처: https://www.nobelprize.org)

상이 발견된 후에야 뒤늦게 노벨상이 주어졌다(그림 5 참조).

인간게놈프로젝트가 진행되면서 과학자들은 트랜스포존 부위에서 반복서열의 양상을 대략적으로 파악할 수 있었다. 기능은 거의 짐작하지 못한 채, 특정 염기서열의 반복 횟수와 전체 길이를 기준으로 명명하는 수준이었다. 예를 들어 400개 염기쌍 이내의 크기로 엄청나게 많이 발견되는 부위를 SINE(Short Interspersed Nuclear Elements)이라 부르고, 6,000개 염기쌍 이상의 크기를 가지면서 상대적으로 적게 발견되는 부위를 LINE(Long Interspersed Nuclear Elements)이라 칭했다.

일반적으로 반복서열은 A와 T가 상대적으로 풍부한 곳에서 발견된다. 그런데 인간게놈프로젝트 결과 SINE은 G와 C가 풍부한 구역에서 존재했다. 하지만 그 역할은 알아내기 어려웠다. 유전체 내에서 여기저기로 옮겨 다닐 수 있기 때문에 특정 유전물질을 운반할 것이고, 어떤 경우에는 질병의 원인이 될 수 있다고 추측될 뿐이었다.

가짜 유전자도 있다?

한편 미지의 영역인 유전자 간 구역과 인트론에서 또 하나의 '유전자' 명칭이 본격적으로 등장했다. 2장에서 잠깐 언급한 '유사유전자(pseudogene)'가 그것이다. 보통 'pseudo'는 '가짜'나 '사이비'라는 용어로 번역되곤 한다. 예를 들어 과학적인 것처럼 보이지만 과학계에서 받아들여지지 않는 주장이나 이론을 뜻하는 'pseudoscience'를 흔히 '사이비과학'이라 부른다. 이따금 pseudogene을 거짓을 뜻하는 한자 위(僞)를 붙여서 '위유전자'라고 표기하는 이유다.

하지만 현대 과학계에서 통칭하는 pseudogene은 그런 의미가 아니다. 기존에 알려진 유전자와 염기서열이 거의 비슷하지만, 엑손이나 인트론 일부가 빠져 있거나 프로모터를 비롯한 조절인자 부위가 없어 단백질을 생산하는 기능이 나타나지 않는다는 의미다. 따라서 한국어로는 위유전자보다 유사유전자라 부르는 것이 좀 더 적절해 보인다.

유사유전자의 존재는 1970년대에 처음 확인됐다. 이후 1990년대에 이르러 유사유전자는 생물의 진화 양상을 알려 주는 단서로 인식되기 시작했다. 한때 생체에서 중요한 역할을 수행하다가 진화 과정에서 불필요해져 그 기능이 상실됐을 수 있기 때문이다. 예를 들어 인간의 유사유전자 GULO는 과거에 비타민C 합성에 관여하던 유전자였으나, 인간이 과일 섭취를 통해 비타민C를 얻으면서 그 기능이 상실됐다는 해석이 있다. 유사유전자는 한편으로 인류의 공통 조상을 추적할 수 있는 진화의 흔적으로도 여겨진다. 가령 침팬지와 인간이 특정 유사유전자를 공유하고 있다는 사실은 두 종이 공통의 조상에서 분화했을 가능성을 시사한다.

인간게놈프로젝트에서 유사유전자는 유전체의 1~2%를 차지한다는 사실도 확인됐다. 그 값이 엑손 부위의 비율과 비슷하다는 점이 흥미롭기도 하다.

지금까지의 내용을 바탕으로, 인간의 DNA에서 단백질이 만들어지는 과정을 정리하고 넘어가자. 〈그림 6〉에 그 과정이 종합적으로 제시돼 있다.

1953년 왓슨과 크릭이 DNA의 이중나선 구조를 발견한 이래, DNA는 분자 수준에서 어떻게 결합해 그 구조를 이루고 있는지가 밝혀졌다. 더 나아가 DNA는 어떻게 자기복제를 하는지, 어떤 과정을 거쳐 단백질을 만들어 내는지도 드러났다. 이 모든 것이 그림으로 보여 줄 수 있을 정도로 생생하다.

(출처: 최재천 외, 2013, 74~79)

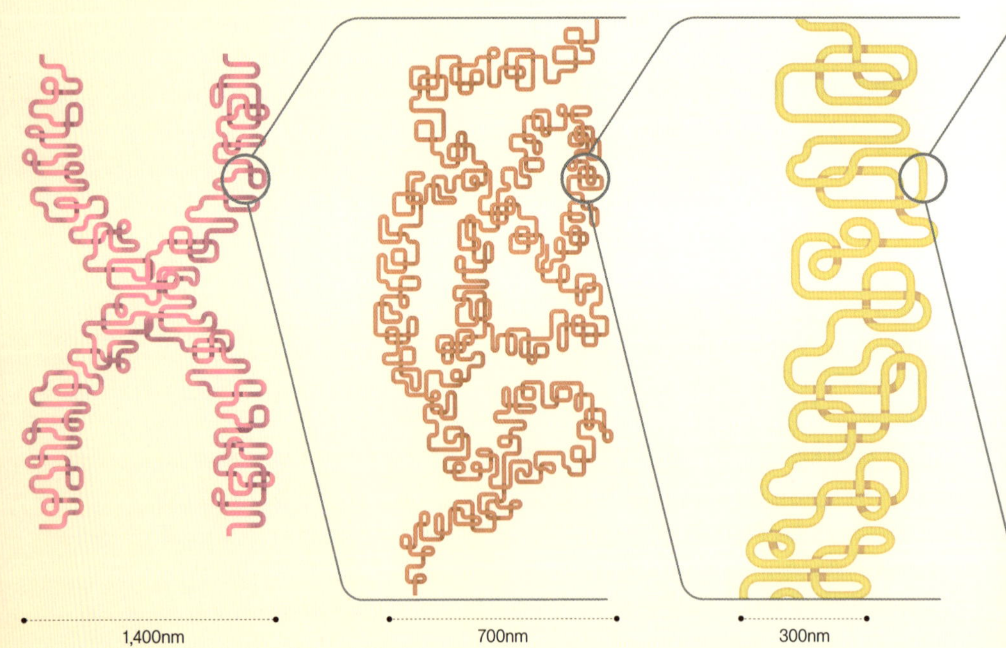

DNA, 생명의 구조

DNA는 1950년대에 들어서야 겨우 구조를 드러낼 정도로 작은 물질이다. 하지만 그 안에는 신비할 정도로 정교한 구조가 있다. DNA는 염색체 속에 들어 있는데, 염색체는 실 같은 염색사가 차곡차곡 감겨 있으며, 이를 풀어낸 염색질(크로마틴) 한 가닥은 DNA 이중나선이 히스톤 단백질을 휘감고 있는 뉴클레오솜(nucleosome)이 수백만 개 연결돼 있다.

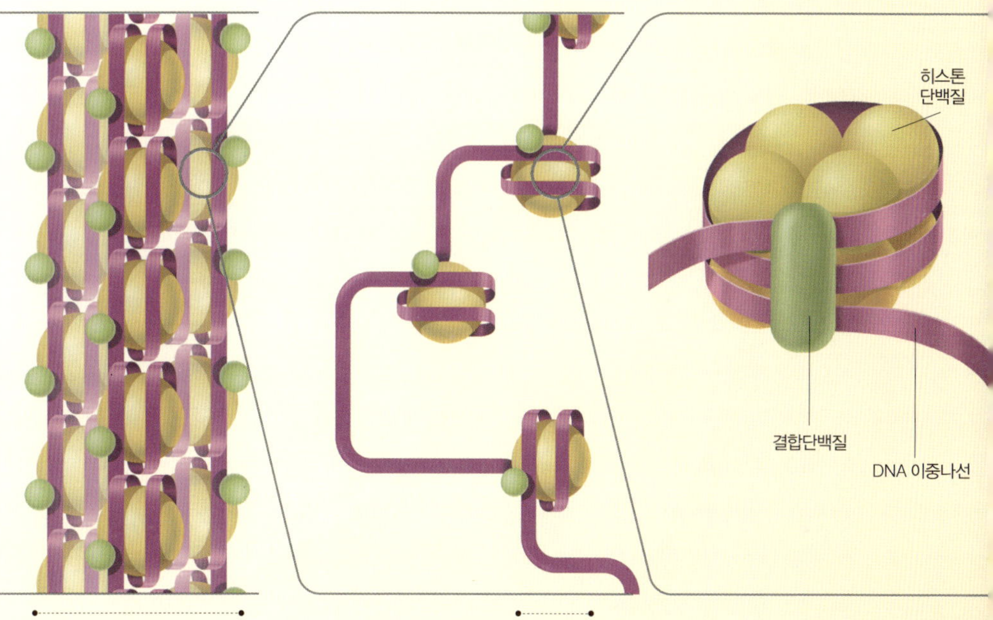

히스톤 단백질에 감긴 DNA 가닥을 풀면 비로소
이중나선 DNA를 분리할 수 있다. 가닥 굵기는 2nm.
DNA는 인산을 포함한 탄소 골격 부분과 염기 부분으로
크게 나눌 수 있다. 이 가운데 DNA에게 정보 능력을
주는 것은 아데닌(A), 티만(T), 구아닌(G)과 시토신(C)
네 가지 염기로 이뤄진 부분이다. 네 가지 염기는 A와
T, G와 C끼리만 서로 수소결합(수소 원자를 공유하는
결합)을 한다(상보성).

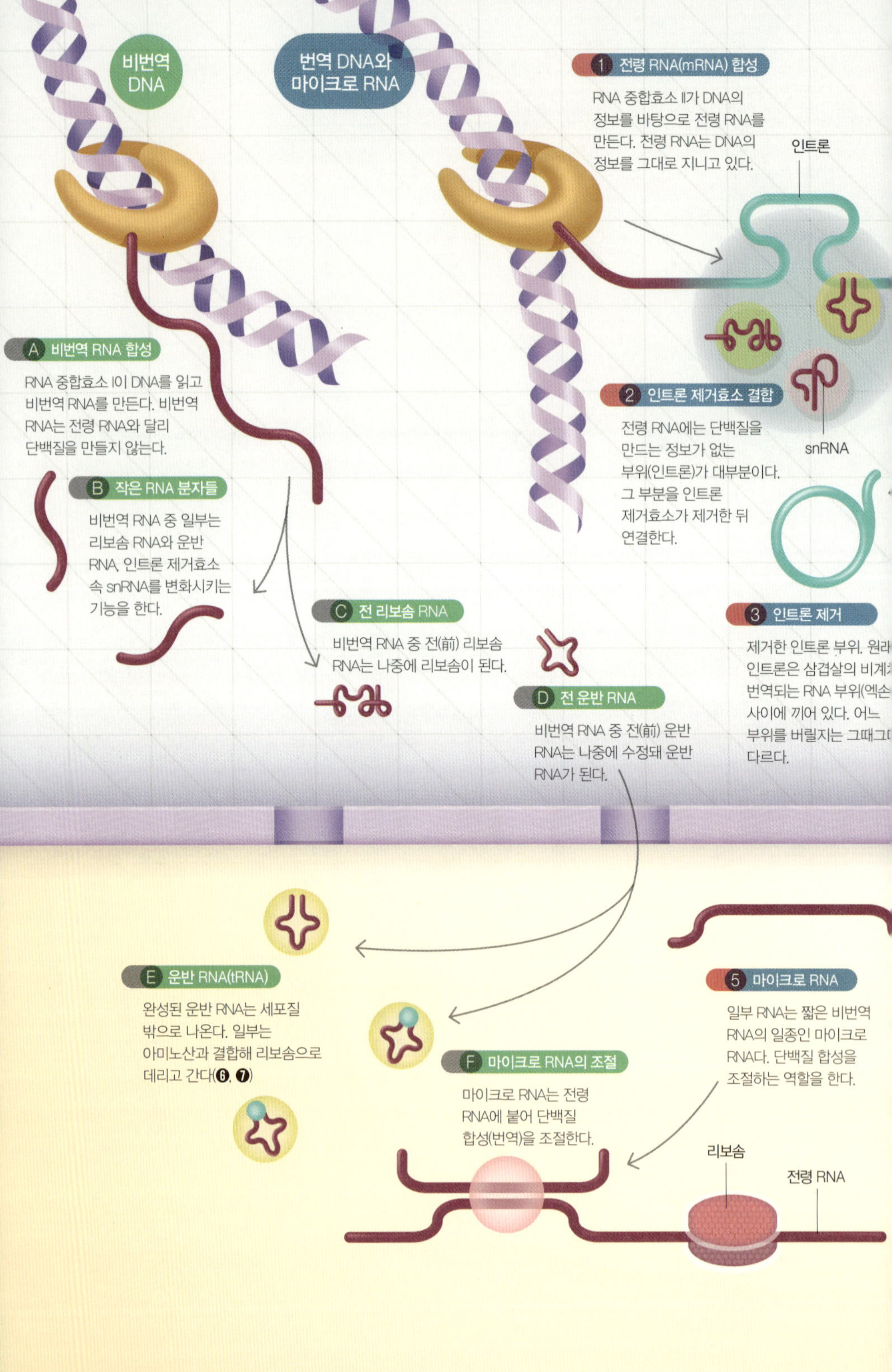

비번역 DNA

번역 DNA와 마이크로 RNA

1 전령 RNA(mRNA) 합성
RNA 중합효소 II가 DNA의 정보를 바탕으로 전령 RNA를 만든다. 전령 RNA는 DNA의 정보를 그대로 지니고 있다.

인트론

A 비번역 RNA 합성
RNA 중합효소 I이 DNA를 읽고 비번역 RNA를 만든다. 비번역 RNA는 전령 RNA와 달리 단백질을 만들지 않는다.

2 인트론 제거효소 결합
전령 RNA에는 단백질을 만드는 정보가 없는 부위(인트론)가 대부분이다. 그 부분을 인트론 제거효소가 제거한 뒤 연결한다.

snRNA

B 작은 RNA 분자들
비번역 RNA 중 일부는 리보솜 RNA와 운반 RNA, 인트론 제거효소 속 snRNA를 변화시키는 기능을 한다.

C 전 리보솜 RNA
비번역 RNA 중 전(前) 리보솜 RNA는 나중에 리보솜이 된다.

3 인트론 제거
제거한 인트론 부위. 원래 인트론은 삼겹살의 비계처럼 번역되는 RNA 부위(엑손) 사이에 끼어 있다. 어느 부위를 버릴지는 그때그때 다르다.

D 전 운반 RNA
비번역 RNA 중 전(前) 운반 RNA는 나중에 수정돼 운반 RNA가 된다.

E 운반 RNA(tRNA)
완성된 운반 RNA는 세포질 밖으로 나온다. 일부는 아미노산과 결합해 리보솜으로 데리고 간다(6, 7)

F 마이크로 RNA의 조절
마이크로 RNA는 전령 RNA에 붙어 단백질 합성(번역)을 조절한다.

5 마이크로 RNA
일부 RNA는 짧은 비번역 RNA의 일종인 마이크로 RNA다. 단백질 합성을 조절하는 역할을 한다.

리보솜

전령 RNA

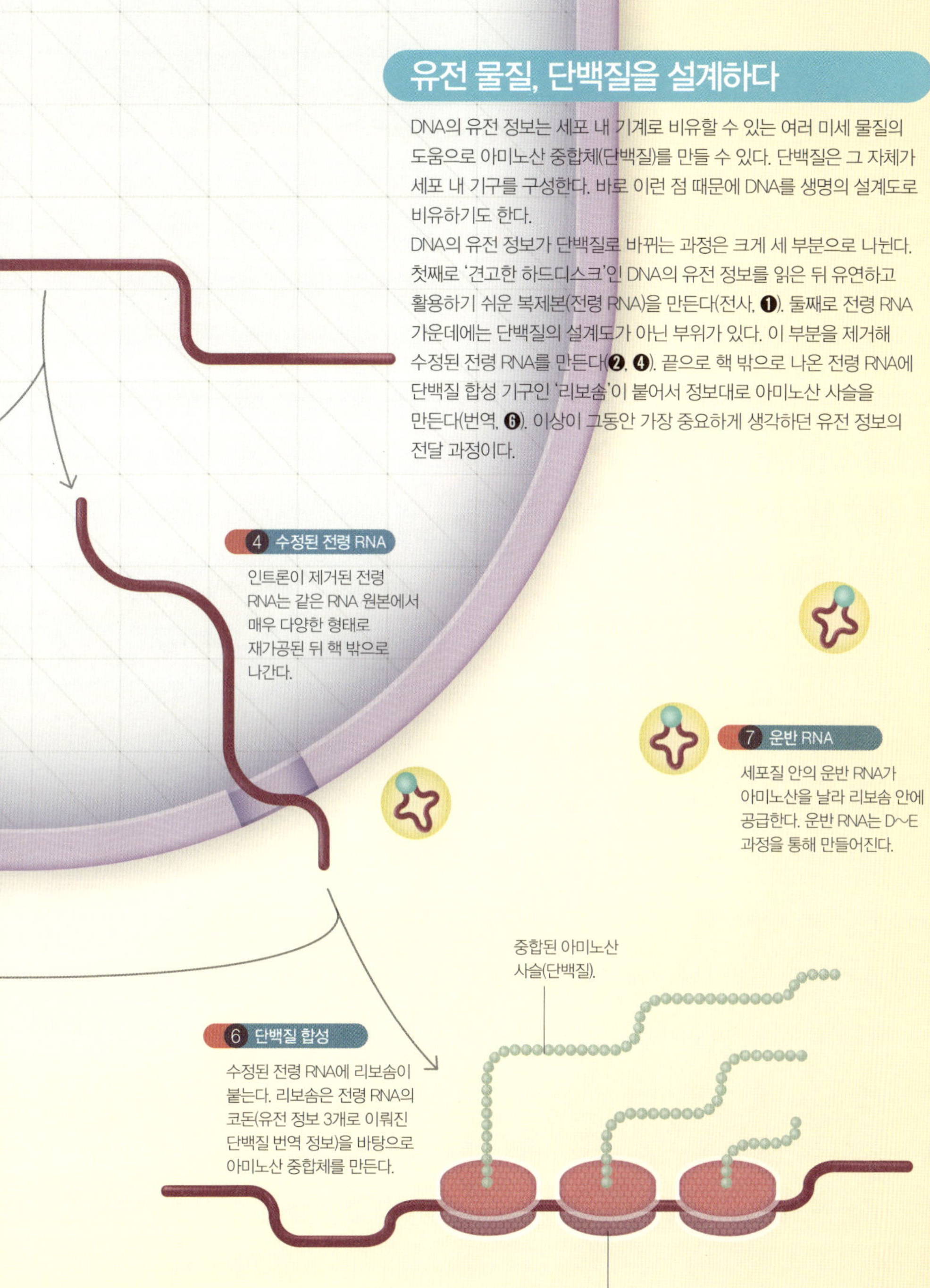

유전 물질, 단백질을 설계하다

DNA의 유전 정보는 세포 내 기계로 비유할 수 있는 여러 미세 물질의 도움으로 아미노산 중합체(단백질)를 만들 수 있다. 단백질은 그 자체가 세포 내 기구를 구성한다. 바로 이런 점 때문에 DNA를 생명의 설계도로 비유하기도 한다.

DNA의 유전 정보가 단백질로 바뀌는 과정은 크게 세 부분으로 나뉜다. 첫째로 '견고한 하드디스크'인 DNA의 유전 정보를 읽은 뒤 유연하고 활용하기 쉬운 복제본(전령 RNA)을 만든다(전사, ❶). 둘째로 전령 RNA 가운데에는 단백질의 설계도가 아닌 부위가 있다. 이 부분을 제거해 수정된 전령 RNA를 만든다(❷, ❹). 끝으로 핵 밖으로 나온 전령 RNA에 단백질 합성 기구인 '리보솜'이 붙어서 정보대로 아미노산 사슬을 만든다(번역, ❻). 이상이 그동안 가장 중요하게 생각하던 유전 정보의 전달 과정이다.

DNA의 트레이드마크, 자기복제

DNA의 상징은 자기복제다. 생명이 유지될 수 있는 것은 DNA가 유전 정보를
거의 착오 없이 유지하기 때문이다. 하지만 같은 물질 안에 그대로 지닌
채로 유지하는 것이 아니다. 유전 정보를 복제해 물질을 바꿔 가며 유지한다.
비유하자면 배를 갈아타면서 이동하는 셈이다. DNA는 놀라운 정확도로
이 과정을 수행해 후손으로 전달된다.
신비롭게도 이 과정에서 다양성이 생긴다. 아주 미세한 유전자의 차이가
생물마다 작은 차이를 낳는다. 그래서 개체마다 형질에 차이가 생긴다. 때로는
이 차이가 생물이 처한 환경에서 생사를 가른다. 이처럼 환경에 적합한 형질을
지닌 생물은 후손을 더 많이 늘릴 수 있다.

1 원본 DNA

원본 DNA는 두 가닥이 꼬인 이중나선
구조다. 대단히 안정된 구조이기 때문에
유전자를 보존하고 전달하는 능력이
탁월하다. 전달을 위해선 정보를 복제해야
한다. 먼저 이중나선을 풀어야 한다.

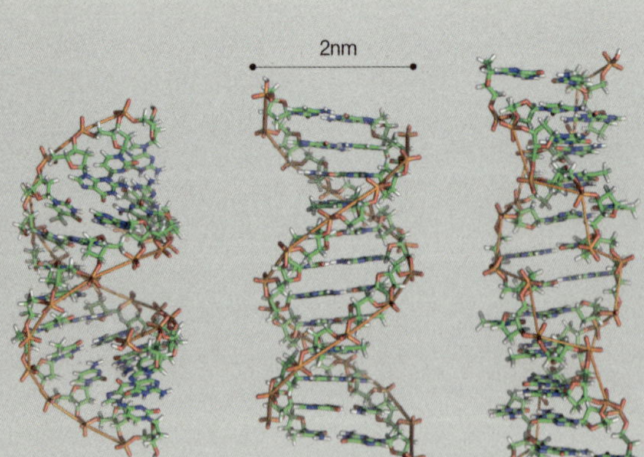

세 가지 DNA 형태

가운데 형태(B형)가 보통 DNA 구조다.
A는 B와 비슷한 오른쪽 나선 구조지만,
위아래 간격이 더 짧게 꼬여 있다.
Z형은 왼쪽으로 꼬인 DNA다.

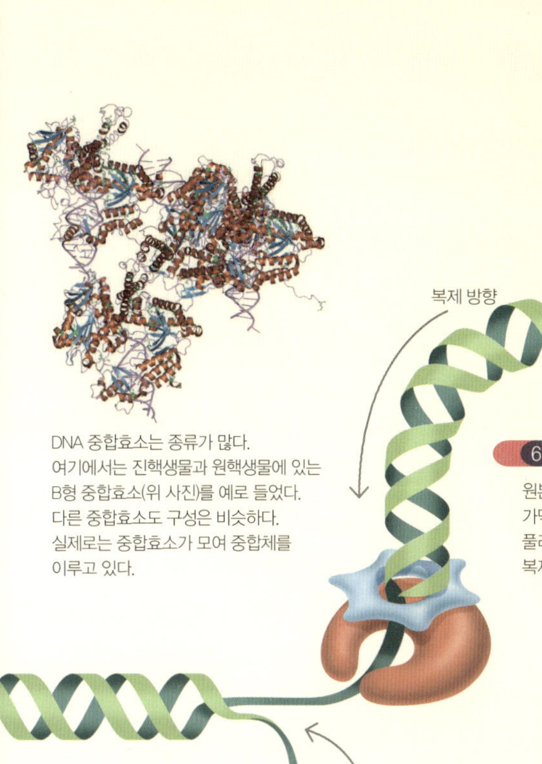

DNA 중합효소는 종류가 많다.
여기에서는 진핵생물과 원핵생물에 있는
B형 중합효소(위 사진)를 예로 들었다.
다른 중합효소도 구성은 비슷하다.
실제로는 중합효소가 모여 중합체를
이루고 있다.

두 번째 이중나선
DNA가 완성된다.

복제 방향

6 DNA 중합효소 입실론

원본 DNA 가닥 중 남은
가닥은 반대 방향(DNA가
풀리는 방향)으로 DNA를
복제해 이중나선을 만든다.

2 복제 시작

한쪽 가닥을 '헬리카아제'
효소가 지나가며
이중나선을 풀어 헤친다.

5 DNA 중합효소 델타

결합단백질 뒤에 다시
DNA 중합효소 델타가
지나가며 이중나선
구조로 복제한다.

복제 방향

'리가아제'
효소가 ❸과 ❺를
연결하면 새로운
이중나선 DNA가
완성된다.

복제 방향

3 DNA 중합효소 알파

헬리카아제가 진행하는
반대 방향으로 DNA
중합효소 알파와
결합단백질이 지나며
이중나선 구조로 복제한다.

4 결합단백질

외가닥이 된 같은 DNA의 다른
부위에 임시로 결합단백질이
붙는다.

인간만의 특성, 실마리는 풀렸다

인간게놈프로젝트가 완료되면서 유전자의 정체는 결코 섣불리 판단할 존재가 아니라는 사실이 드러났다. 유전자의 개수는 예상의 절반에도 못 미치는 3만여 개에 불과했을 뿐 아니라 인간게놈 안에서 박테리아나 바이러스 유전자의 흔적이 다수 발견되기도 했다.

하지만 인간게놈프로젝트의 결과에 대한 '실용적' 측면에서의 관심은 따로 있었다. 한마디로, 나의 유전자는 남과 얼마나 다르고 그 결과가 의미하는 바는 무엇인가였다. 초창기 프로젝트 자원자 20명의 게놈을 분석해 만든 참조 염기서열은 물론 가족이나 국민 또는 환자 등과 내가 염기서열에서 어떤 차이가 있는지가 중요한 사회적 관심사였다.

인간게놈프로젝트는 착수부터 완료까지 13년에 걸쳐 진행되었으며, 그 성과는 인간의 다양한 생물학적 특성과 질병의 원인을 규명하고 개인별 맞춤형 치료가 가능하다는 기대감을 인류에게 한껏 불어넣었다. 이제 그 주요 내용을 Q&A 형식으로 살펴보자.

Q1. 인간 유전자 개수가 적은 이유는?

생명의 설계도가 점차 밝혀지면서 과학자들은 당혹스러워지기 시작했다. 인간의 유전자 수가 예상과 달리 너무 적었을 뿐 아니라 인간이 하등하다고 여겨 온 다른 생명체에 비해 특이한 점이 잘 발견되지 않았기 때문이다(그림 7 참조). 인간이 만물의 영장이라면 생명의 설계도에서 핵심인 유전자는 월등하게 많아야 하지 않을까? 한편에서는 초파리나 닭보다 고작 2배 정도 많고 포도보다 적은 결과를 두고 인간이 자존심에 상처를

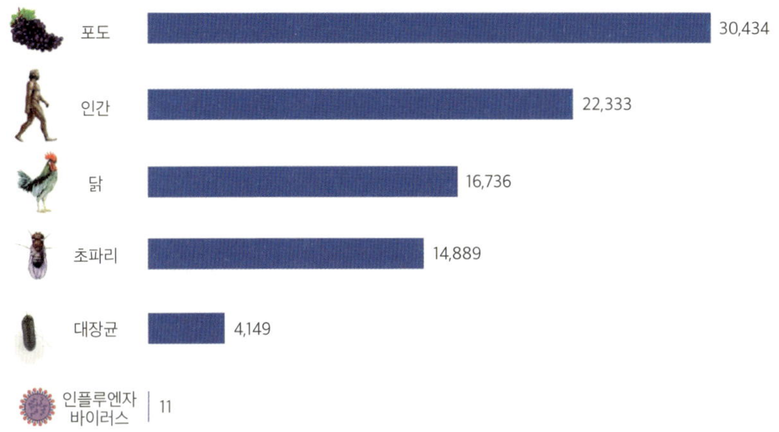

<그림 7> 인간과 다른 생물의 유전자 개수 비교
지구의 여러 생명체와 인간의 유전자 개수를 비교한 그림이다. 인간의 유전자 개수는 2000년대 초반 3만여 개로 추정되다 이후 연구가 진행되면서 2만여 개로 줄어들었다. 포도는 3만 434개로 인간보다 유전자 수가 훨씬 많다. 닭(1만 6,736개), 초파리(1만 4,889개), 대장균(4,149개), 인플루엔자 바이러스(11개) 등 다양한 생물들 사이에서도 유전자 수에 차이가 나타난다.
(출처: Mihaela Pertea & Steven L. Salzberg, 2010)

입은 게 아니냐고도 했다.

그렇지 않다. 유전자 수가 초파리보다 2배 정도 많다 해도 인간에게서는 초파리에 비해 수백 배 복잡한 생리작용이 나타난다는 사실에는 변함이 없다. 과학자들은 '1유전자 1단백질설'이 잘못된 것이라고 결론을 내렸다. 10만여 개 단백질은 3만여 개 유전자가 복잡한 상호작용을 거쳐 만들어 낸 작품이었다.

먼저 유전자의 '능력'은 그 개수나 크기로 단순히 평가할 수 있는 것이 아니다. 오히려 얼마나 다양하게 조합돼 활용될 수 있는지에 따라 달라진다. 하나의 코딩 DNA 영역(유전형)에서 대체 스플라이싱 과정을 거치면서 다양한 단백질(표현형)이 만들어진다. 인간의 경우 평균적으로 유전자 하나는 약 3종류의 단백질을 생산할 수 있다. 초파리와 인간 모두 엑손의 크기는 비슷하지만, 인간 유전자는 엑손을 더 다양하게 조합해 초파리보다 3배 많은 단백질을 만들어 낼 수 있는 것이다.

또한 하나의 단백질을 합성하는 데 관여하는 유전자가 반드시 하나만 있는 것은 아니다. 여러 유전자가 함께 작용해 하나의 단백질 생성에 기여하기도 한다. 이는 어떤 유전자에 이상이 생기더라도 다른 유전자가 그 기능을 어느 정도 보완할 수 있음을 의미한다. 자연이 제공하는 일종의 '보호 메커니즘'이라고 할 수 있다.

Q2. 침팬지와는 얼마나 같고 다를까?

인간과 진화적으로 가장 가깝다고 알려진 종은 침팬지다. 흔히 인간과 침팬지가 유전자의 상당 부분을 '공유한다'고 표현한다. 여기서 공유란 두 종이 공통 조상으로부터 물려받은 유전자가 존재하며, 그 염기서열이나 기능 면에서 서로 큰 차이가 없다는 뜻이다.

침팬지의 유전자 수는 약 2만~2만 2,000개, 전체 염기의 수는 약 30억 개로 인간과 비슷하다. 그리고 유전자, 즉 코딩 DNA 영역에서 염기서열이 일치하는 비율은 98~99%이고, DNA 전체에서도 그 일치율이 비슷한 수준이다.

그렇다면 인간을 침팬지와 구별 짓는 나머지 1~2%의 염기 차이를 집중적으로 분석하면, '무엇이 인간과 동물을 구분 짓게 하는가'에 대한 해답을 얻을 수 있을지 모른다. 비록 미시 수준의 세계에 한정된 얘기겠지만 말이다.

Q3. 바이러스와 박테리아 유전자를 갖고 있다고?

인간 게놈의 또 다른 특성은 오랜 진화 과정에서 바이러스와 박테리아의 염기서열을 포함하게 됐다는 점이다. 보통 박테리아의 세계에서 살아 있는 개체끼리 유전 정보를 주고받는 '수평적 유전자 전달(horizontal gene transfer)' 현상의 흔적이 인간에서도 발견된 것이다. 이들의 존재는 인간게놈의 진화와 다양성을 이해하는 데 중요한 단서를 제공하고 있다.

최근까지 알려진 바로는, 박테리아에서 유래한 염기서열은 인간게놈의 0.1% 미만을 차지하고 있다. 세포질의 미토콘드리아와 핵 유전체 곳곳에 존재하는 염기들이다.

이에 비해 바이러스 염기는 인간게놈의 8% 정도나 차지한다. 이들은 주로 단일가닥의 RNA를 가진 바이러스에서 기원한 것으로 추정되는데, 인간게놈에서는 '내인성 레트로바이러스'로 불린다. '레트로(retro)'는 '반대로' 또는 '역으로'라는 뜻으로, 숙주에 침투한 RNA 정보가 역으로 전사되는 과정을 통해 DNA로 바뀌기 때문에 붙은 이름이다. 오래전에 레트로바이러스가 인간 세포를 감염시켰고, 그 RNA가 만든 DNA의 일부가 인간 DNA에 통합된 것이라는 해석이다. 물론 이들 대부분은 현재 인간의 게놈에서 활동하지 않는다. 이후 연구에서는 내인성 레트로바이러스가 다른 바이러스와 싸우면서 인간의 태반을 보호한다는 주장이 나오기도 했고, 아주 드물게는 특정 질병의 원인으로 지목되기도 했다.

박테리아와 바이러스를 포함해 곰팡이나 식물의 유전자도 인간게놈에서 발견됐다는 보고도 나온 바 있다. 초파리, 회충, 지브라 피시, 고릴라, 그리고 인간에 이르기까지 동물 40종의 염기서열을 비교한 결과, 인간의 경우 145개 정도의 유전자가 수평적으로 전달된 것으로 추정된다는 내용이었다.

Q4. 인간의 질병은 얼마나 이해됐을까?

2000년대 초반 국제컨소시엄을 이끌던 콜린스는 암에서 정신질환에 이르기까지 모든 질병에 대해 개인화된 치료를 약속하면서 "치료의학이 완전히 바뀌는 데 15년에서 20년이 걸릴 것"이라고 장담했다(https://www. genome.gov). 당시 생명의 설계도를 거의 손에 넣었다는 자신감에서 나온 희망의 메시지였다.

실제로 2001년 《네이처》와 《사이언스》에 발표된 논문들은 난치병의 원인을 밝히는 데 커다란 진전을 보였다. 낭포성섬유증 같은 단일유전 질환은 물론 유방암이나 알츠하이머병 같은 복합 질환에 이르기까지 그 발병 이유가 염기와 염색체 수준의 변이, 그리고 대체 스플라이싱으로 인한 조절 과정 등에서 심도 있게 규명되기 시작했다(그림 8 참조).

인간게놈프로젝트에서 보고된 한 가지 흥미로운 사실은 남성이 여성에 비해 변이가 많이 발생해 왔다는 점이었다. 두 연구진은 논코딩 DNA 영역에서 흔히 발견되는 반복서열 약 300만 개를 분석해 그 기원을 추적했다. 남성과 여성의 생식 세포가 될 부분에서 상대적인 변이 빈도를 측정한 결과, 남성이 여성에 비해 2배 정도 높은 값이 나타났다. 유전자의 안정성 측면에서 남성이 좀 더 취약하다는 의미였다. 이러한 차이는 난자 형성보다 정자 형성에서 세포 분열의 횟수가 많기 때문에 남성에게 상대적으로 많은 변이가 축적되기 때문인 것으로 추정됐다.

다만 남성의 경우 대부분 염기 한두 개가 바뀌는 '점 돌연변이'가 많았다. 이에 비해 여성 유전자는 잘 바뀌지 않는 대신, 한 번 일어날 경우 수십 개의 염기가 없어지거나 삽입되는 큰 규모의 변이가 관찰됐다.

Q5. SNP 지도가 작성됐다는데 무슨 의미일까?

점 돌연변이는 다른 표현으로 단일염기변이(SNV)에 해당한다. 인간게놈 프로젝트에서는 SNV가 집단 수준에서 얼마나 자주 발생하는지를 분석했다. 한 집단에서 발생 빈도가 1% 이상으로 비교적 높게 나타나는 SNV는 '단일염기다형성(Single Nucleotide Polymorphism, SNP)'이라 부른다. 예를 들어 1,000명 가운데 특정 위치의 염기가 A인 경우가 990명이고 G인 경우가 10명이면, G는 SNP에 해당한다. 인간의 SNP는 약 30억 개 염기 가운데 0.3%를 차지하는 약 1,000만 개로 알려졌다. 이에 비해 1% 미만의 빈도로 나타나는 SNV는 매우 드물게 발생하기 때문에 '희귀변이(rare variants)'라고 칭한다. 예를 들어 특정 위치에서 A를 가진 사람이 999명이고 G가 1명이라면, G는 희귀변이에 해당한다.

SNP는 4개의 염기 중 주로 두 가지 종류로 관찰된다. 예를 들어 한 사람의 특정 위치에서 염기가 A라면, 다른 사람은 해당 위치에서 G, C, T 중 하나만을 가진다. 이는 특정 위치의 염기 변이가 진화 과정에서 대개 한 차례만 발생했을 가능성이 크기 때문으로 해석된다.

SNP의 중요성에 대한 인식이 확산되면서, 19세기 멘델 시대에 사용하던 대립유전자의 개념은 염기 수준으로 세분화됐다. 완두콩의 모양을 둥글거나 주름지게 만드는 인자를 뜻하던 대립유전자는 이제 염기 하나의 차이까지 지칭하는 개념으로 확장된 것이다. 예를 들어 참조 유전체의 특정 위치에 존재하는 염기 G는 일부 사람에게서 A로 나타날 수 있다. 이때 G와 A를 대립유전자라고 부른다. 물론 하나의 염기 차이가 반드시 특정

루게릭병

유전자 이상으로 이 효소가
결핍되면 근위축성 측색경화증인
루게릭병의 일부가 유발된다.

헌팅턴병

유전자 이상은 중추신경계 질환인
헌팅턴병을 일으킨다.

특정 염기의 반복 단위가 긴 유전자를
갖는 사람은 헌팅턴병에 걸린다.
길이가 길수록 발병 시기가 빠르다.

유방암

암 억제 유전자로 여러 돌연변이가 있다. 이 경우 일생 중 유방암이 생길 확률이 매우 높다.

암 억제 유전자로 많은 암에서 이 유전자의 이상이 보인다. 여기에 돌연변이가 생기면 암이 악성화돼 치료하기가 매우 어렵다

난소암

암 억제 유전자로 돌연변이를 갖고 있으면 난소암이나 유방암이 생길 확률이 매우 높다.

비만

지방세포의 상태를 뇌에 알리는 호르몬인 렙틴의 유전자다. 돌연변이가 생기면 식욕을 억제하지 못해 비만이 된다.

지방세포가 자라는 데 관여하는 단백질의 유전자로 특정 유형을 갖는 사람들은 영양과잉 시 더 쉽게 살이 찐다.

양극성 장애

신경세포의 성장을 촉진하는 유전자로, 특정 유형을 가진 경우 해마의 활성을 억제해 양극성 장애(조울증)를 일으킬 수 있다.

심혈관계 질환

체내 지방 이동에 관여하는 유전자로 E2, E3, E4 3가지 유형이 있다. E2와 E4 유형을 갖는 사람은 관상동맥에 동맥경화가 일어날 가능성이 크다.

저밀도 지단백질수용체 유전자로 돌연변이가 생기면 관상동맥에 콜레스테롤이 침착돼 심장발작이 일어날 수 있다.

피부암

세포주기 조절에 관여하는 암 억제 유전자로 이상이 생기면 치명적인 피부암인 악성 흑색종이 생긴다.

정신분열증

도파민 같은 신경전달물질을 분해하는 효소의 유전자다. 특정 유형을 갖는 사람은 계획과 문제해결에 관련된 뇌의 전전두피질이 손상돼 있어 정신분열증에 걸릴 위험이 높다. 이런 사람들은 화를 조절하는 능력이 부족하고 자살률이 높다.

쌍둥이 연구 결과 정신분열증 발병에 유전적 영향이 크다는 사실이 밝혀졌지만 명백한 원인이 되는 '정신분열증 유전자'는 아직 찾지 못했다. 이 영역은 정신분열증과 양극성 장애와 관련이 있는 것으로 밝혀져 유전자 발굴 작업이 진행되고 있다.

표현형을 나타내는 것은 아니므로 대립유전자보다는 대립염기 또는 대립서열이라는 말이 적절해 보이지만, 일반적으로 대립유전자라는 용어가 널리 사용되고 있다.

SNP는 개인별 생물학적 특성의 차이는 물론 건강한 사람과 환자의 차이를 알려 줄 수 있는 중요한 단서 가운데 하나다. 예를 들어 SNP는 동일한 약물이라도 환자마다 서로 다른 반응을 보이는 이유를 설명해 줄 수 있다. 이른바 '개인 맞춤의학'이 실현될 가능성이 대두된 것이다. 사람마다 키, 피부와 머리 색깔, 성격, 병에 대한 감수성 등이 분명하게 다른 것과 마찬가지로 약물에 대한 반응 역시 환자별로 다양하게 나타난다. 만일 환자가 어떤 약물에 효과를 나타낼 것인지 또는 부작용이 생길 위험이 있는지를 알려 주는 유전적 요인을 SNP 수준에서 이해할 수 있다면 투약 전에 반응을 어느 정도 예견할 수 있을 것이다. 물론 개인 간 유전적

1. 큰 규모의 변이
염색체에 유전자(A, B, C, D)가 배열된 순서나 삽입, 결실 여부, 특정 유전자 복제 수가 개인마다 차이를 보인다.
이런 변이를 명확히 알려면 전체 게놈을 분석해야 한다.

2. 작은 규모의 변이
단일염기다형성(SNP)은 게놈에서 하나의 염기가 개인에 따라 다른 부분으로 지금까지 약 1,000만 곳이 발견됐다. 조절 부위의 SNP는 유전자 발현에 영향을 줘 만들어지는 단백질 양이 달라지고, 유전자의 SNP는 염기에 대응하는 아미노산이 바뀌어 단백질 활성이 달라진다.

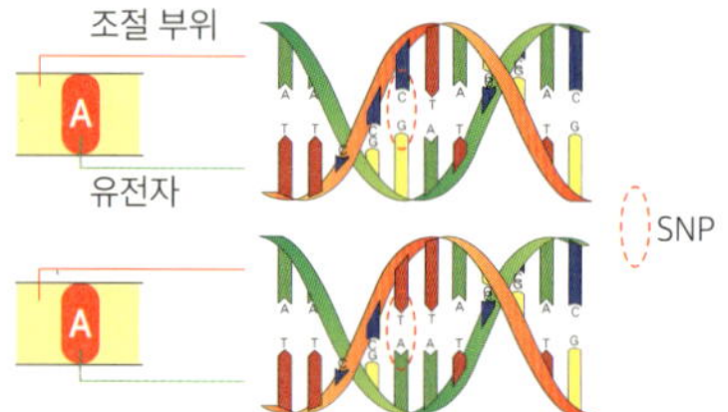

<그림 9> 우리는 왜 서로 다른가?   (출처: 최재천 외, 2013, 145)

차이는 SNP에만 국한되지 않으며 염색체 수준에서 발생하는 비교적 큰 규모의 염기서열 변이도 사람마다 다르게 나타난다(그림 9 참조).

인간게놈프로젝트에서는 유전자 샘플을 제공한 지원자들로부터 약 140만 개에 달하는 방대한 SNP를 인간게놈지도 위에 표시한 'SNP 지도'를 만들 수 있었다. SNP는 엑손, 인트론, 그리고 프로모터 같은 조절인자 등 다양한 부위에서 발견됐다.

하지만 당시 SNP 지도는 개인 간 질병에 걸릴 확률의 차이를 설명하기에는 데이터가 미흡했다. 개인 맞춤의학을 실현하기 위해서는 더욱 많은 사람들의 SNP 지도를 확보할 필요가 있었다.

Q6. 웰니스 특성을 결정하는 유전자가 있을까?

인간게놈프로젝트에 대한 세간의 관심은 질병 외에도 개인의 신체적 특성이나 건강 상태를 의미하는 '웰니스(wellness)' 영역을 유전자로 얼마나 설명할 수 있을지에 맞춰져 있었다. 인간게놈프로젝트는 그 설명의 가능성을 일부 제시할 수 있었다. 하지만 웰니스 특성은 너무 많은 변수에 의해 결정되기 때문에, 최근까지도 원인을 간단히 특정할 수 없는 미지의 영역으로 남아 있다.

예를 들어 키가 큰 집안의 비결은 유전자에 있을 것이라고 누구나 쉽게 짐작할 수 있다. 하지만 실제로 키와 관련된 유전자가 너무 많고, 사람 간 키의 차이는 주로 성장 환경에 크게 영향을 받는다. 단적으로 인간에서 키와 관련된 SNP가 무려 29만 4,831개나 있다고 보고된 적이 있는데 "거의 모든 유전자는 키 유전자다"라는 우스갯소리가 나올 수밖에 없는 상황이었다(스티븐 하이네, 2018, 41~42).

만일 대대로 오래 사는 집안이나 마을의 구성원을 조사해 보면 무병장수의 비결을 발견할 수 있지 않을까? 실제로 유전체 차원에서 연구를 시도했다는 소식이 간간이 들리지만, 아직 확실한 해답은 얻지 못한 상황이다. 이따금 오래 사는 동물에서 수명과 관련된 유전 정보의 특성이 보고되고 있는 정도다. 예를 들어 바위나 암초 주변에 사는 우럭의 경우, 종류별로 수명이 10년에서 200년까지 다양하다고 한다. 2023년 1월 미국 오리건 주립대의 연구진은 우럭을 23개 종으로 구분하고 각 유전체에서 코딩 DNA와 논코딩 DNA 영역을 조사해《사이언스 어드밴시스(Science Advances)》에 발표한 바 있다. 하지만 무엇이 장수를 결정하는 핵심 요소인지는 명확히 제시하지 못했다.

그럼에도 인간의 모든 특성을 유전 정보 차원에서 규명하려는 과학계의 시도는 계속되고 있다. 실현 가능성과는 별개로, 과연 우리의 지능이나 성격도 유전자로 어느 정도 설명할 수 있을지 궁금해지는 것은 인류의 본원적인 호기심에 가까울 것이다.

4장

심화

포스트 게놈 시대의 개막
한국인 100만 명 프로젝트에서 오믹스까지(2004~2020년대)

인간게놈프로젝트가 완료된 지 20여 년. 드디어 30억 개 염기서열이 100% 규명됐고, 유전자 개수는 2만~2만 5,000개로 정리됐다. 획기적인 분석 기술과 연구 방법론이 속속 등장하면서 인간 유전 질환의 특성도 대거 밝혀졌다. 원인이 규명된 단일유전질환은 4,000종류를 훌쩍 넘어섰고, 미토콘드리아 질환과 복합 질환도 점차 유전자 수준에서 정체가 드러났다. 한편에서는 현생 인류가 네안데르탈인과 데니소바인의 유전자를 일부 공유하고 있다는 흥미로운 사실도 소개됐다. 다만 유전 질환을 치료하는 약물 개발의 속도는 기대에 못 미치고 있다.

공식적인 유전자 개념은 여전히 단백질을 생산하는 코딩 DNA 영역으로 통용되고 있지만, 기능적 RNA 등을 만드는 논코딩 DNA에서도 중요한 기능이 새롭게 밝혀지고 있다. 연구가 진행될수록 알아야 할 것이 더 많아지는 역설적인 상황이 이어지는 셈이다. 그 앎과 모름 사이의 간극을 메우기 위한 작업은 전방위적으로 확산되고 있다. 한편에서는 전 세계 지역별 집단에 특화된 새로운 게놈프로젝트들이 추진됐고, 다른 한편에서는 유전체학을 보완하는 전사체학, 단백질체학, 그리고 대사체학이라는 새로운 오믹스 연구가 등장했다.

질환의 원인 규명과 인간의 기원

2021년 2월 5일 미국의《사이언스》는 인간게놈프로젝트 20주년을 기념하는 특집호를 발행했다. 그런데 표지는 생각보다 차분한 느낌이었다. 2001년 2월 인간게놈프로젝트 초안이 발표됐을 때의 떠들썩한 분위기는 사라진 듯했다. 수많은 염색체로 숫자 20을 단순하게 구성한 이미지였다(그림 1 참조). 당시 표지 담당 디자이너의 설명에서 20주년 기념을 어떻게 시각적으로 표현할지에 대한 고민을 엿볼 수 있다. 인간 유전자의 정체가 생각보다 훨씬 복잡하다는 사실이 알려진 상태에서 20년의 성과를 묘사하기가 너무 어려웠다고 한다. 과학계에서 학문적으로 대단한 업적을 거둔 것은 분명하지만, 생명의 설계도를 곧 손에 쥘 것 같았던 초창기의 야심과는 거리가 있어 보였다.

사실 그 방대한 내용을 전문가는 물론 일반인이 구체적으로 실감하는 것은 쉽지 않다. 다만 논문의 수나 연구 분야의 추이, 그리고 몇 가지 대표적인 성과를 통해 대략적인 특징을 발견할 수는 있다. 여기서는《사이언스》와《네이처》에서 20주년 기념으로 발표한 논문들과 함께, 관련 정보를 개괄적으로 정리한 인터넷 사이트(https://www.ncbi.nlm.nih.gov; https://en.wikipedia.org) 등을 참조해 주요 업적을 소개한다.

<그림 1> 인간게놈프로젝트 20주년을 기념한 《사이언스》 표지
인간게놈을 해독한 지 20주년을 맞아 제작한 2021년 2월 5일 자《사이언스》표지다. 염색체 모양의 작은 색종이들이 숫자 20을 구성하면서 소용돌이치듯 무질서하게 날아가는 모습을 표현했다. 유전체의 복잡한 구조와 역동성을 상징적으로 보여 준다.
(출처:《사이언스》)

'공식' 유전자 수는 감소, 후보는 증가

인간의 유전자 개수는 과거 추정치보다 '약간' 줄어들었다. 대략 2만 ~2만 5,000개였다. 이 수치는 단백질을 만들어 내는 코딩 DNA를 기준 으로 계산된 값이다.

논코딩 DNA에서는 새로운 기능을 가진 염기서열들이 계속 발견돼 왔 다. '정크 유전자'라는 말은 더 이상 어울리지 않는 표현이 됐다.

예를 들어 2000년대 초반에 비해 단백질을 직접 만들지 않으면서 독자 적인 역할을 수행하는 기능적 RNA는 수천~수만 개가 추가로 밝혀졌다. 이들이 논코딩 DNA에서 차지하는 비율은 약 6%로 알려졌다. 나머지는 조절인자 부위나 각종 반복서열 부위였다(3장 표1 참조).

트랜스포존(점핑 유전자)의 기능에 대한 이해도 새로워졌다. 단백질 생산 과정을 조절하는 데 중요한 역할을 수행한다는 것이다. 예를 들어 조절 인자 부위의 프로모터와 인핸서, 그리고 기능적 RNA의 일종인 lncRNA 일부가 트랜스포존에서 유래한다는 사실이 드러났다. 자연스럽게 질환 과의 연관성도 주목을 받았다. 특정 트랜스포존의 활성화는 면역반응을 촉진하거나 억제했고, 알츠하이머병이나 파킨슨병 같은 신경계 질환에 영 향을 미쳤다. 진화 연구에서도 의미가 있었다. 가령 인간과 침팬지의 유전 체 차이 중 일부는 트랜스포존의 삽입 때문으로 볼 수 있었다.

유사유전자라 불리던 영역에서도 새로운 기능이 드러났다. 2010년대 이후 유사유전자는 진화적 흔적으로서의 의미뿐 아니라 단백질 생성 과 정에서 중요한 조절 역할을 수행한다는 사실이 밝혀져 왔다. 예를 들어 유사유전자 일부가 논코딩 RNA로 전사된다거나, 특정 마이크로RNA와 결합해 그 기능을 억제한다는 사실이 발견됐다. 당연히 질병의 발생과 억제 과정에도 관여한다. 이처럼 단백질 생산과 무관하다는 인식이 무색해지면서, 유사유전자라는 명칭도 새롭게 바뀌어야 할 상황이 벌어졌다.

만일 기능적 RNA를 전사하는 DNA 염기서열, 트랜스포존, 유사유전자 등을 모두 '유전자'로 간주한다면, 인간 유전자의 총개수는 훨씬 더 늘어날 것이다. 그러나 공식적으로 발표되는 개수는 단백질을 생산하는 DNA 영역에 한정해 집계된다.

한편 2022년 4월 미국 국립인간게놈연구소는 "드디어" 인간 DNA의 염기서열을 "모두" 알아냈다고 공식 발표했다. 2003년 인간게놈프로젝트가 공식 완료됐을 때 빠져 있던 8%의 염기서열을 이제 '빈틈없이' 밝혔다는 의미였다. 이 연구를 진행한 집단은 'T2T(Telomere-to-Telomere) 컨소시엄'으로 불렸는데, 인간의 23개 염색체에 대해 텔로미어에서 텔로미어까지 모든 염기서열을 탐색한다는 의미였다. 한동안 잊을 만하면 몇 년에 한 번씩 인간게놈프로젝트가 "다시" 완성됐다는 소식이 들려왔는데, 이제야 염기서열의 100%가 규명된 것이다.

분석 능력의 비약적 증대

사실 게놈프로젝트는 인간 외의 다양한 생명체를 대상으로 먼저 시작됐다. 전 세계에서 진행 중인 게놈프로젝트의 현황은 2011년부터 미국 에너지부에서 관리하는 웹사이트 GOLD(Genomes OnLine Database, https://gold.jgi.doe.gov)에 소개돼 있다. 1997년 GOLD가 처음 공개됐을 때 350개 생명체의 게놈프로젝트 가운데 48개의 염기서열이 거의 밝혀져 있었다. 이후 완성된 게놈프로젝트의 수는 급속히 증가해 왔다.

2025년 3월 현재 GOLD에 등록된 게놈프로젝트의 현황을 보자. 학계에서는 생명체를 크게 고세균(Archaea), 박테리아, 그리고 인간을 포함한 진핵생물 등 세 가지 '영역(domain)'으로 구분하고 있다. GOLD에 따르면, 완성된 고세균 게놈프로젝트의 수는 2,821개, 박테리아는 23만 9,430개, 진핵생물은 10만 8,287개에 이른다.

이 같은 비약적인 증가는 생명체의 염기서열을 신속하게 알아내는 '차세대 염기서열 분석(Next-Generation Sequencing, NGS)' 기법 덕분에 가능했다. 여기서 '차세대'는 2000년대 초반 인간게놈프로젝트에서 주로 사용되던 생어 시퀀싱법의 다음 세대라는 의미에서 붙여진 이름이다. 먼저 샘플 DNA에서 수십~수백 개 염기로 구성된 짧은 조각 수백만 개 이상을 얻은 뒤, 컴퓨터에서 각 조각의 서열을 병렬로 동시에 읽어 낸다. 이후 조각들의 정

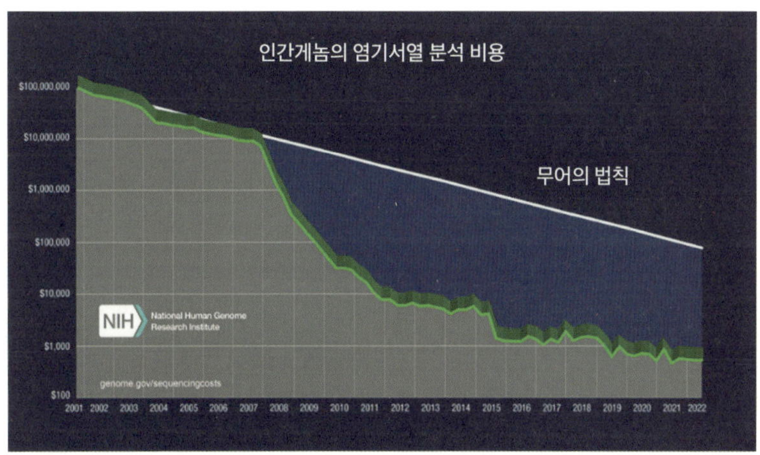

<그림 2> 인간게놈의 염기서열 분석 비용의 추이

인간 1명의 전체 염기서열을 분석하는 데 소요된 비용의 연도별 추이를 보여 주는 그림이다. 2000년대 초반 약 1억 달러가 투여된 분석 비용은 2007년에는 약 1,000만 달러까지 떨어졌다. 이는 반도체의 데이터 저장 능력이 2년에 2배씩 증가하고 가격은 절반씩 떨어진다는 '무어의 법칙(Moore's Law)'에 비견될 만했다. 하지만 NGS 기법이 등장한 2008년경부터 그 비용은 무어의 법칙을 뛰어넘는 수준으로 급속히 감소하기 시작해 2022년에는 1,000달러 이하로 떨어졌다. (출처: https://www.genome.gov)

보를 이어 붙여 원래의 DNA 서열을 재구성한다. 염기를 하나씩 읽어 나가던 기존 방식에 비해 훨씬 빠르고 대량으로, 그리고 저렴하게 결과를 얻을 수 있다.

NGS 기법은 2008년경 개발되기 시작했다. 2000년대 초반과 2008년, 그리고 최근까지 염기서열 분석에 필요한 비용을 비교하면 획기적인 감소 추세를 확인할 수 있다(그림 2 참조).

인간의 염기서열 전체를 알아내는 시간도 대폭 줄었다. 국제컨소시엄이 수행한 인간게놈프로젝트의 공식 진행 기간은 13년이었다. 그러다 2010년대에는 그 기간이 수 주로 감소했고, 최근에는 불과 하루로 단축되기에 이르렀다.

NGS 기법으로 염기서열을 신속히 알아냈다면, 다음 과제는 이들 염기가 어떤 역할을 수행하는지 빠르게 파악하는 일이다. 'DNA칩(DNA chip, DNA microarray)'은 이 작업의 속도를 획기적으로 높인 주역이다. DNA칩은 유전자의 발현 패턴을 대규모로 분석할 수 있는 장치다. 반도체칩처럼 우표 크기의 기판 위에 이미 기능이 밝혀진 DNA 조각을 수백 개에서 수십만 개까지 고정시켜, 특정 유전자의 발현 여부를 한 번에 탐지할 수 있도록 설계됐다. 1990년대 후반에 DNA칩이 처음 등장했을 당시에는 분석 범위가 제한적이었지만, 이후 자동화 기술과 데이터 분석 방법이 발전하면서 더욱 정밀하고 효율적인 해석이 가능해졌다. DNA칩을 이용하면 특정 세포에서 고유의 기능을 발휘하는 유전자를 골라낼 수 있을 뿐 아니라, 암을 일으키는 유전자도 찾을 수 있다(그림 3 참조).

인간게놈프로젝트를 전후해 발굴된 유전 정보의 양을 비교하면 연구의 진전 양상을 한눈에 알 수 있다. 단백질을 만드는 코딩 DNA의 발견은 인간게놈프로젝트 시기에, 그리고 논코딩 DNA 요소들의 발견은 그 이후에 가파르게 상승했다(그림 4 참조).

"슈퍼스타" 유전자에 집중된 연구

그렇다면 인간 질환의 유전적 원인은 얼마나 이해됐을까? 단일유전질환의 경우 그 원인이 밝혀진 규모는 계속 증가하는 추세다. 세계적으로 단일유전질환의 유전형과 표현형의 관계에 대한 연구 결과는 OMIM(Online Mendelian Inheritance in Man) 홈페이지(https://omim.org)에 지속적으로 업데이트되고 있다. 과학계 보고에 따르면, 단일유전질환의 종류는 7,000개 정도이고 2019년까지 그 유전적 특성이 알려진 질환은 약 4,000개에 이른다. 2001년 원인이 규명된 단일유전질환은 1,257개였지만 2021년에는 4,377개로 증가했다는 발표도 있다.

이 같은 성과가 가능해진 배경에는 '전장유전체 연관분석(Genome Wide Association Study, GWAS)'이라는 새로운 연구 방법론의 등장이 있었다. 여기서 '전장유전체'는 인간 유전체 전체를 의미하며, '연관분석'은 유전형과 표현형 간의 통계적 연관성을 탐색한다는 뜻이다. 간단히 말하면, 수많은 사람의 유전체를 한꺼번에 비교해 공통적으로 나타나는 SNP와 특정 질환 사이의 관계를 찾아내는 방법이다. GWAS의 방법론과 통계적 해석에 대해서는 7장에서 다시 살펴보도록 하자.

GWAS는 복합 질환의 유전적 원인을 규명하는 데에도 크게 기여했다. 예를 들어 코딩과 논코딩 DNA 전반에서 인간의 비만과 연관된 SNP가 500개 이상 보고됐다. 또한 정신질환의 일종인 조현병과 연관된 SNP가 280여 개 발견됐다.

그렇다고 모든 종류의 유전자에 대한 연구가 활발히 이뤄진 것은 아

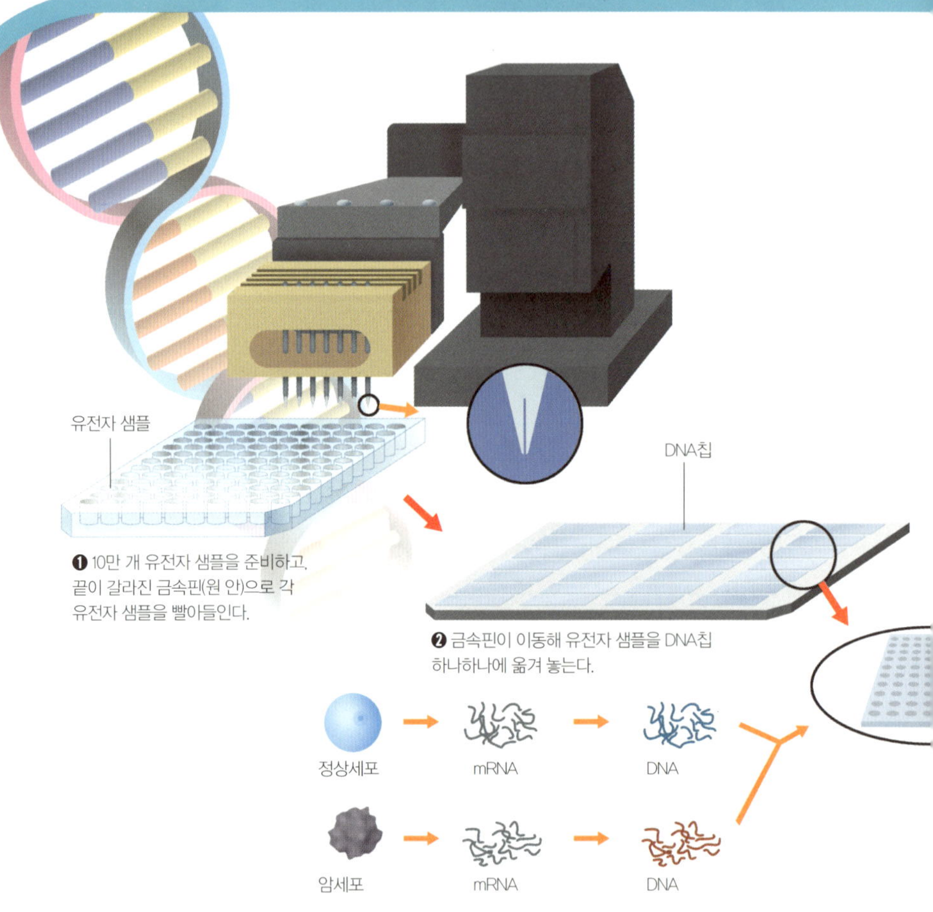

1만 개 유전자를 가진 암세포가 있다고 하자. 또 이 가운데 8,000개는 정상세포와 유전자가 동일하고 2,000개가 다르다고 가정하자. DNA칩을 이용해 2,000개 유전자의 구조를 밝히면 발암 유전자의 정체가 밝혀진다. 정상세포와 암세포로부터 각각 DNA를 얻어낸 후 이들을 섞어 10만 개 유전자 샘플 모두에 반응시킨다. 이때 DNA칩에서 암세포 1만 개 유전자가 어떤 부위에서 반응을 나타내는지 찾아낸다. 여기에서 정상세포와 겹치는 8,000개 유전자 부위를 빼면 2,000개의 발암 유전자가 무엇인지 알 수 있다.

(출처: 최재천 외, 2013, 160~161)

이번에는 간세포 하나를 떼어 내 그 안에 어떤 유전자가 존재하는지 알아낸다고 하자. 인간의 모든 세포에는 23쌍의 염색체가 존재한다. 즉 간세포 하나에 10여만 개의 단백질을 만들어 낼 수 있는 유전자 설계도가 존재한다는 말이다.

하지만 모든 세포가 10여만 개의 단백질 전부를 만드는 것은 아니다. 간세포는 간의 기능을 가지는 단백질을 만들어 낸다. 10여만 개의 유전자 가운데 일부만 기능을 발휘해 필요한 단백질을 생성시키는 것이다.

이 가운데 1만 개의 유전자가 간세포에서 단백질을 만든다고 가정하자. 우선 전체 DNA에서 1만 개의 단백질을 만들어 내는 부위를 찾아야 한다. 이 일은 어떻게 이뤄질까. 단백질을 생성하는 DNA의 정보(예를 들어 ATT, CGA 등 세 가지 염기의 배열)는 일단 mRNA에 전달된다. mRNA는 이 유전 정보를 가지고 핵 바깥의 리보솜으로 이동해 이곳에서 단백질을 합성한다. 따라서 간세포 안에서 만들어진 모든 mRNA를 골라낸 뒤 여기에 담긴 염기의 서열을 DNA칩으로 알아내면 궁극적으로 DNA의 유전 정보를 알 수 있다.

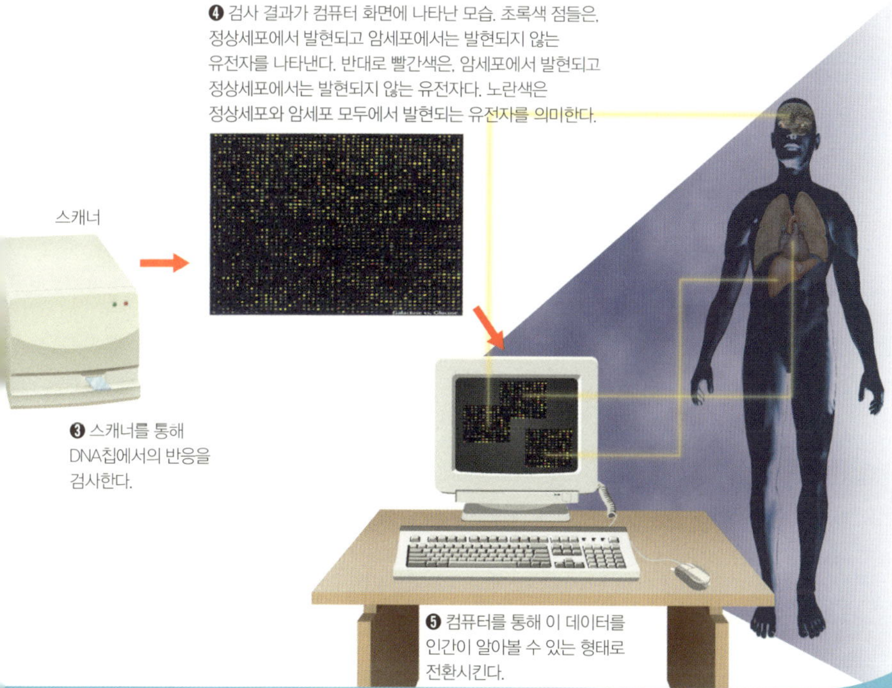

❹ 검사 결과가 컴퓨터 화면에 나타난 모습. 초록색 점들은, 정상세포에서 발현되고 암세포에서는 발현되지 않는 유전자를 나타낸다. 반대로 빨간색은, 암세포에서 발현되고 정상세포에서는 발현되지 않는 유전자다. 노란색은 정상세포와 암세포 모두에서 발현되는 유전자를 의미한다.

스캐너

❸ 스캐너를 통해 DNA칩에서의 반응을 검사한다.

❺ 컴퓨터를 통해 이 데이터를 인간이 알아볼 수 있는 형태로 전환시킨다.

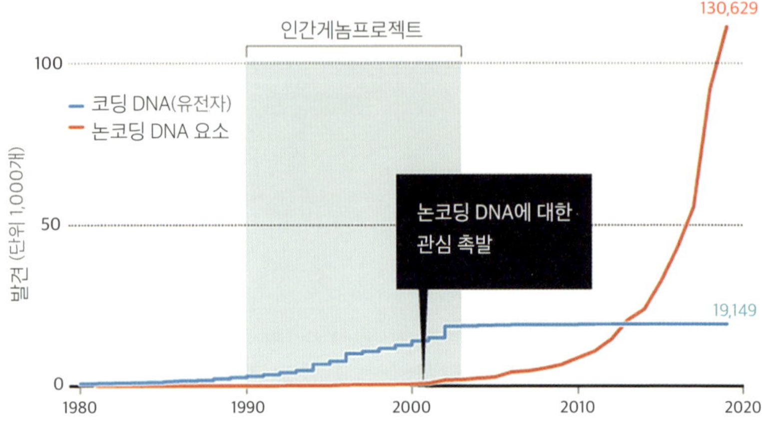

<그림 4> 인간게놈프로젝트 전후 유전 정보 발굴의 양적 추이

1980년부터 2020년까지 인간 유전체에서 발견된 코딩 DNA(파란색 선)와 논코딩 DNA 요소(빨간색 선)의 누적 개수를 보여 주는 그림이다. 1990년대부터 2000년대 초반까지 인간게놈프로젝트 기간 동안 코딩 DNA의 수는 꾸준히 증가하다 약 2만 개(1만 9,149개) 수준에서 유지됐다. 반면 2000년부터 논코딩 DNA 연구도 활발해져, 2020년에는 그 요소들의 수(13만 629개)가 코딩 DNA에 비해 압도적으로 많아졌다.
(출처: Alexander J. Gates et al., 2021, 215)

니었다. 과학계에서 상대적으로 연구를 집중해 온 유전자에 대한 정보는 2021년 2월 11일 자《네이처》표지와 논문에 요약돼 있다. 이 정보는 1900~2017년 발표된 유전자 연구 논문 70만 4,515편을 분석해 얻은 결과였다.

차분한 분위기의《사이언스》표지에 비해 "게놈 혁명"이라는 제목과 다소 현란해 보이는 25개의 동심원이 눈에 띈다. 25는 인간의 염색체 22개와 성 염색체 2개(X, Y), 그리고 미토콘드리아 DNA를 합친 숫자다. 표지에서 '수면 위 빙산'은 인간게놈프로젝트 이전, 그리고 '수면 아래 빙산'은 그 이후의 데이터를 가리킨다. 마치 '빙산의 일각'이라는 말처럼 우리 눈에 보이는 빙산의 아래에는 알 수 없는 거대한 정보가 존재하며, 이를 인간

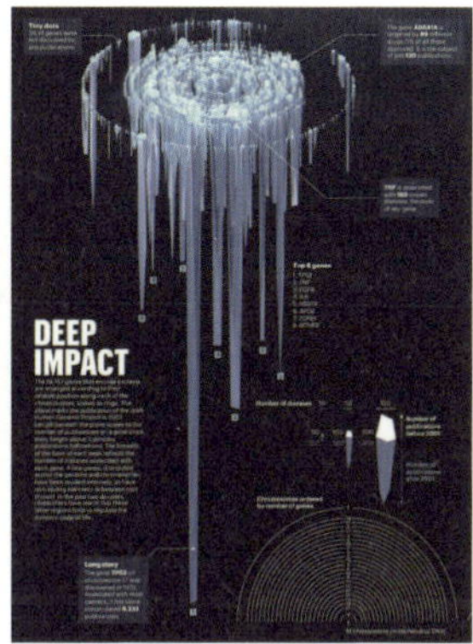

<그림 5> 인간게놈프로젝트 20주년을 기념한 《네이처》 표지

인간게놈프로젝트 20주년을 기념해 제작된 2021년 2월 11일 자 《네이처》 표지(왼쪽)와 이에 대해 해설한 논문의 일부(오른쪽)다. 인간의 염색체를 유전자가 많이 포함된 순서에 따라 동심원으로 표현했다. 각 동심원에 나타난 빙산은 유전자를 의미한다. 빙산의 길이는 해당 유전자에 대한 논문의 수, 너비는 해당 유전자와 관련된 질병의 수를 가리킨다.
(출처:《네이처》; Alexander J. Gates et al., 2021, 213)

게놈프로젝트를 계기로 알아 나가고 있다는 식으로 표현했다(그림 5 참조).

가장 많은 연구가 진행되고 관련 질병도 많은 "슈퍼스타" 유전자는 TP53(Tumor Protein 53)이었다. TP53은 암 억제 단백질인 p53이 생성되는 과정에 관여하는 유전자인데, 각종 암 환자에서 TP53의 변이가 가장 많이 나타난다고 알려졌다. 1976년부터 2017년까지 TP53과 관련된 논문은 9,232편에 달했다.

하지만 전체적으로 슈퍼스타를 비롯한 일부 유전자에 대해서만 연구가 편중됐다는 문제점이 드러났다. 단적으로 2017년까지 유전자 논문의 22%가 불과 1%의 유전자에 집중돼 있었다. 논문으로 아예 발표되지 않은 유전자는 전체의 3%를 차지했다.

유전 정보가 세계 인구 집단별로 균형 있게 얻어지지 않았다는 점도 중요한 문제였다. 특히 아프리카는 세계적으로 가장 높은 유전적 다양성을 보유하고 있는 지역임에도 불구하고, 확보된 데이터는 전체의 1~2%에 불과했다. 그동안 아프리카 대륙 30개국에서 10년간 8만여 명의 데이터를 수집해 온 H3Africa 프로젝트와 같은 노력이 있었지만, 2021년 지원이 종료된 후에는 연구를 위한 자금 확보가 어려운 상황이다.

과학적 발견 속도 못 따라가는 치료제 개발

그렇다면 지난 20여 년의 연구로 치료제 개발은 어느 정도 진척됐을까? 미국의 경우 2만여 개의 유전자가 생산하는 단백질 가운데 불과 10%에 대한 약물만이 정부 승인을 받았다. 인체 내 변이 단백질의 대다수에 대해서는 여전히 치료제가 개발되지 않은 상황이다.

그 이유를 간단히 가늠하기는 어렵다. 다만 질병의 원인을 정밀하게 밝히는 과학적 발견과, 이를 실제 신약 개발로 옮기는 과정은 현실에서 전혀 다른 차원의 문제라는 점은 분명하다. 그래서 특정 질병의 원인 유전자를 발견한 한 연구자는 "과학이 이 병에 기여한 바보다 이 병이 과학에 기여한 바가 더 크다"(스티븐 하이네, 2018, 320)라고 자조 섞인 말을 남기기도 했다.

이미 개발된 약물이라 해도 인구 집단별로 다른 효과가 나타날 수 있다는 문제도 있다. 아프리카의 예처럼 집단별 유전 정보가 부족한 것은 물론 임상 자료가 충분하지 않을 때 빚어질 수 있는 일이다. 예를 들어 2008년부터 10년간 미국 정부가 승인한 암의 임상시험 230건을 분석한 결과, 흑인 참가자는 전체의 3.1%, 히스패닉 참가자는 6.1%에 불과했다. 이러한 편향은 약물의 안전성 확보, 적정 용량 결정, 효과 예측 등에서 적지 않은 문제를 일으킬 수 있다. 인간은 전체적으로 유전체 차이가 크지 않지만, 약물의 대사와 반응에 관여하는 유전자 변이는 인종별로 빈도와 유형이 다르다. 따라서 임상시험에 다양한 인종이 포함되지 않으면, 특정 집단에서의 부작용이나 용량 문제를 미리 파악하기 어렵다.

예를 들어 미국인 가운데 아프리카계는 면역 억제제인 타크로리무스의 대사 속도가 유럽계보다 빠르다. 동일한 효과를 보기 위해서는 아프리카계 미국인에게 더 많은 용량을 투여해야 한다는 의미다. 이와 유사하게 현재 병원에서 처방되고 있는 항응고제, 고혈압 치료제, 말라리아 치료제 등에서도 혈통별 약효가 다르게 나타나고 있다.

한편 우리 몸의 유전 정보 0.1%를 갖고 있는 미토콘드리아와 관련된 질환 연구도 진척돼 왔다. 인간의 미토콘드리아 DNA에는 37개의 유전자가 있다. 이 가운데 13개는 세포의 활동에 필요한 에너지 생산과 관련된 단백질을 만들어 낸다. 나머지 24개는 미토콘드리아 자체 단백질의 합성을 위한 rRNA와 tRNA를 생성한다.

그런데 세포 내 수백 개 미토콘드리아 가운데 변이 DNA를 가진 것이 섞여 있을 수 있다. 이를 헤테로플라스미(Heteroplasmy)라 부르는데, 변이 DNA의 비율이 특정 임계치를 넘으면 에너지 대사이상과 함께 다양한 질환이 발생할 수 있다. 최근까지 밝혀진 그 질환의 수는 400개 이상으로, MITOMAP(https://www.mitomap.org/MITOMAP)나 MSeqDR(https://mseqdr.org) 등의 웹사이트에 관련 정보가 집대성돼 있다.

호모 사피엔스의 새로운 기원을 밝히다

유전체 연구는 인류의 기원을 추적하는 데에도 중요한 단서를 제공했다. 2022년 노벨 생리·의학상은 미토콘드리아 DNA를 비롯한 유전체 연구를 통해 인류의 기원 탐구에 독보적인 업적을 세운 스웨덴의 스반테 에릭 페보(Svante Erik Pääbo, 1955~)에게 주어졌다.

현생 인류, 즉 호모 사피엔스의 기원지는 아프리카 대륙이라는 것이 학계의 통념이다. 일명 '아프리카 기원설'은 20세기 초부터 고고학계에서 제기되기 시작했다. 가장 오래된 '호미닌(hominin)' 화석이 여기서 발견됐기 때문이다. 호미닌은 호모 사피엔스를 포함한 모든 인류와 그 공통 조상을 뜻하는 생물학적 분류군을 가리킨다. 우리에게 다소 익숙한 오스트랄로피테쿠스, 호모 하빌리스, 호모 에렉투스 등 직립보행을 한 여러 종족이 여기에 속한다.

호모 사피엔스가 아프리카에서 처음 등장한 시기는 약 30만 년 전으로 알려졌다. 이에 비해 우리의 가장 가까운 친척으로 알려진 네안데르탈인은 아프리카 외부, 주로 유럽과 서아시아에 약 40만 년 전부터 3만 년 전까지 거주했다고 한다. 그리고 약 7만 년 전, 호모 사피엔스는 아프리카를 떠나 중동을 거쳐 전 세계로 확산됐는데, 이 과정에서 네안데르탈인과 수만 년간 공존한 것으로 추정된다.

이 같은 과정이 좀 더 확실하게 규명된 데에는 고대인의 DNA 연구가 큰 역할을 담당했다. 먼저 1980년대에 미토콘드리아 DNA의 분석을 통해, 아프리카 기원설을 분자생물학적으로 지지하는 '미토콘드리아 이브(Mitochondrial Eve)'라는 개념이 등장했다.

과학자들은 미토콘드리아 DNA가 오로지 모계로 전달된다는 점에 착안해, 그 변이율을 계산함으로써 현생 인류의 여성 조상이 살던 시기를 추정했다. 즉 미토콘드리아 DNA에서 1만 년마다 일정한 변이가 일어난다고 가정하고, 세계인의 미토콘드리아 DNA를 수집해 변이의 정도를 비교했다. 변이가 많이 일어날수록 더 오래전의 여성으로부터 미토콘드리아

DNA를 물려받았다고 볼 수 있다.

조사 결과, 미토콘드리아 DNA의 변이가 가장 많이 발견된 지역은 아프리카였고, 변이가 처음 시작된 시점은 대략 15만~20만 년 전이었다. 따라서 현생 인류의 미토콘드리아 DNA는 최대 20만 년 전 아프리카의 여성에서 물려받았다는 추정이 가능했다. 바로 아프리카 기원설에서 설명된 호모 사피엔스의 거주 기간에 해당하는 시기였다. 이 결과를 바탕으로 인류 공통의 여성 조상을 미토콘드리아 이브라 명명한 것이다.

그런데 '이브'라는 명칭 때문에 이 여성이 당시에 살던 단 한 명의 여성이라고 오해할 소지가 있다. 특히 성경에 등장하는 최초의 인간이 아담과 이브이기 때문에 이 같은 오해가 커질 수 있다. 하지만 미토콘드리아 이브는 당시 여성 가운데 현생 인류에게 '직접적으로' 미토콘드리아 DNA를 물려준 여성이며, 한 명이 아니라 동일한 미토콘드리아 DNA를 공유한 여성 집단을 의미한다. 당연히 미토콘드리아 이브가 최초의 호모 사피엔스인 것도 아니다. 이브는 일반인이 쉽게 이해할 수 있도록 만든 대중 용어일 뿐이다.

2022년 노벨상을 받은 페보는 호모 사피엔스와 공존하던 네안데르탈인의 유전자에 관심을 가졌다. 그는 네안데르탈인의 화석에서 DNA를 채취해 호모 사피엔스의 DNA와 비교함으로써 두 종의 유전적 차이를 밝히고 싶어 했다. 하지만 오랜 시간이 지난 화석에서 네안데르탈인의 DNA를 골라내는 것은 거의 불가능했다(그림 6 참조).

페보는 이 난관을 넘어서기 위해 우선 미토콘드리아 DNA에 집중하기 시작했다. 비록 핵에 비해 매우 적은 양의 DNA를 함유하고 있지만, 미토콘드리아의 수가 수백 개이기 때문에 상대적으로 분석이 용이했다. 결국 페보는 약 4만 년 전 뼈 화석에서 미토콘드리아 DNA의 염기서열을 알아

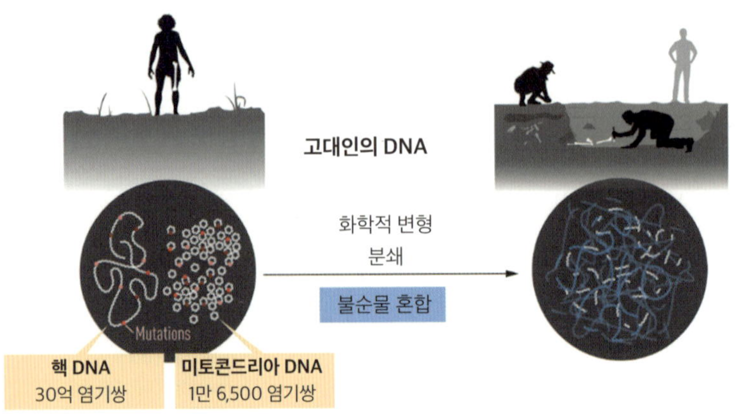

<그림 6> 네안데르탈인의 화석에서 DNA를 채취하는 과정
네안데르탈인의 뼈 화석으로부터 DNA를 채취하는 과정에서 발생하는 문제를 보여 주는 그림이
다. 핵과 미토콘드리아의 DNA는 오랜 시간이 지나면서 화학적으로 변형되거나 잘게 분해되기도
하고, 무엇보다 박테리아나 현생 인류의 DNA 등 '불순물'과 섞이게 된다. 따라서 뼈 화석으로부
터 네안데르탈인의 고유 DNA를 순수하게 채취하는 일은 거의 불가능하다.
(출처: https://www.nobelprize.org)

내는 데 성공했다. 또한 이 정보를 호모 사피엔스의 미토콘드리아 DNA
와 비교하고는, 두 집단이 동일한 모계로 직접 연결되지 않는다는 사실
을 알아냈다.

이후 페보는 네안데르탈인의 핵에서 DNA 염기서열을 밝히는 연구에
돌입했다. 마침내 2010년 네안데르탈인의 유전체 염기서열을 모두 밝히
는 데 성공하면서, 네안데르탈인과 호모 사피엔스의 공통 조상이 최소한
약 80만 년 전에 살았다고 추정할 수 있었다. 또한 유럽이나 아시아 혈통
을 가진 사람들에서 유전체의 1~4%가 네안데르탈인에서 유래했다는 점
을 밝혔다.

한편 페보는 시베리아 남부의 데니소바 동굴에서 발굴된 4만 년 전의
손가락 뼈 조각을 분석해 새로운 호미닌의 존재를 발견하기도 했다. 일

명 '데니소바인'이라 불린 이 종족은 네안데르탈인으로부터 약 40만 년 전에 갈라져 나온 것으로 추정됐다. 현재 동남아시아 지역에 사는 사람들의 유전체에서 1~6%가 데니소바인에서 유래했다고 한다.

페보의 업적은 인류의 진화 과정에 대한 새로운 시각을 제공했다. 종합해 보면, 호모 사피엔스가 아프리카에서 다른 지역으로 이주할 당시 유라시아에는 최소 두 종류의 호미닌 집단이 살고 있었다. 서부 유라시아에는 네안데르탈인이, 동부 지역에는 데니소바인이었다. 현재 유럽과 아시아 지역인의 유전체 일부가 네안데르탈인과 데니소바인에서 유래했다는 사실은, 호모 사피엔스가 동쪽으로 이동하는 동안 이들 종족과 만나 생식이 이뤄졌다는 점을 시사한다(그림 7 참조).

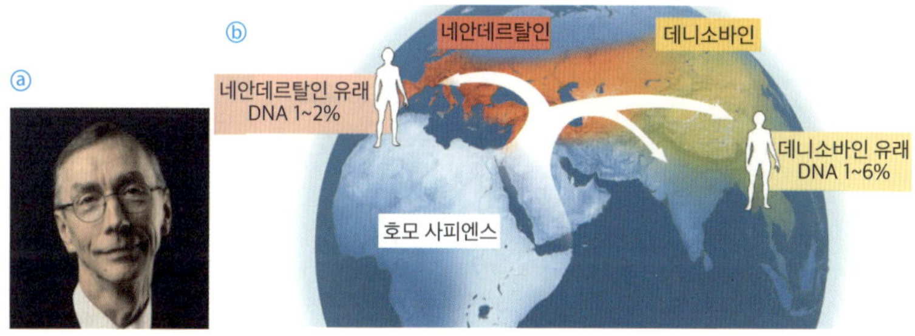

<그림 7> 2022년 노벨 생리·의학상 수상 업적으로 본 인류의 기원

2022년 노벨상 수상의 영예를 안은 스반테 에릭 페보ⓐ와 그의 업적을 바탕으로 인류의 기원을 구성한 그림ⓑ이다. 아프리카에 살던 호모 사피엔스가 세계 각지로 이동할 때 네안데르탈인 및 데니소바인과 공존한 적이 있으며, 현재 유럽과 아시아 지역인의 일부 DNA는 이들 종족으로부터 유래한 것으로 보인다.
(출처: https://www.nobelprize.org)

인구 집단별 게놈프로젝트 추진

인간게놈프로젝트가 완료됐을 당시 인간 염색체 92%의 염기서열을 담아낸 참조 유전체는 미국에 거주하는 20명의 유전 정보를 바탕으로 구성된 것이었다. 2022년 나머지 8%의 염기서열까지 알아낸 T2T 프로젝트의 성과는 참조 유전체의 완성도가 100%에 도달했음을 의미했다.

그런데 T2T 프로젝트에 활용된 샘플은 정상적인 세포가 아니라 연구용으로 준비된 특별한 상태의 세포였다. 인간의 염기서열 전체를 구성할 수 있었다 해도 이 정보가 다양한 인간의 염기서열을 대표할 수 없다는 한계는 여전히 남아 있었다. 좀 더 많은 수로 구성된 여러 집단에 대한 참조 유전체가 필요하다는 점은 인간게놈프로젝트가 완성되던 무렵부터 제기돼 왔다.

SNP와 구조적 변이 집중 탐색

2002년 미국, 유럽, 중국, 일본 등의 연구진은 또 하나의 야심 찬 프로젝트에 착수했다. 특정 인구 집단별로 1% 이상 빈도로 나타나는 SNP의 양상을 파악해 생물학적 특성과 질병의 원인을 규명하겠다는 시도였다. 이른바 '햅맵 프로젝트(HapMap Project)'의 출범이었다.

사람에게서 약 1,000만 개의 SNP가 개인별 차이를 나타낸다는 사실은 이미 알려져 있었다. 문제는 이 대량의 SNP를 하나씩 연구하기에는 시간과 비용이 너무 많이 소요된다는 점이었다. 또한 인간의 염색체는 부모로부터 각각 한 벌씩 물려받는데, 특정 SNP가 부모 누구로부터 전달된 것인지 파악하기가 어려웠다.

   DNA는 어떻게 나를 설계하는가?

과학자들은 한 벌의 염색체만 연구해도 질병의 원인인 SNP를 찾을 수 있다는 아이디어를 떠올렸다. '햅맵'에서 '햅(hap)'은 염색체 두 벌(diploid)이 아니라 그 절반인 한 벌(haploid)을 의미한다.

흥미롭게도 SNP는 생물학적 특성별로 무리를 지어 일정한 패턴을 형성했다. 예를 들어 면역반응을 조절하는 데 중요한 역할을 수행하는 HLA(인간 백혈구 항원) 유전자를 살펴보자. 이 유전자에 SNP가 세 종류 있다고 가정할 때, 건강한 사람에게는 G-T-A 유형의 SNP가 주로 나타나고 류머티스 관절염 환자에게는 A-C-G 유형의 SNP가 더 자주 관찰된다는 식이다. 이렇게 SNP가 이루는 특정한 조합을 가리켜 '하플로타입 (Haplotype, Haploid genotype)'이라 부른다.

하플로타입은 모든 SNP를 일일이 분석하지 않아도 '대표 SNP(Tag SNP)' 하나만 파악하면 나머지 SNP 배열을 추정할 수 있다는 장점이 있다. 예를 들어 첫 번째 SNP가 G이면 G-T-A 유형일 가능성이, A이면 A-C-G 유형일 가능성이 높다.

햅맵 프로젝트의 주요 목표는 인구 집단별 하플로타입을 규명해 지도를 작성하는 일이었다. 2010년 프로젝트가 공식 종료될 때까지 약 1,200명으로부터 얻은 수백만 개의 SNP를 바탕으로, 각 인구 집단별 하플로타입의 특성이 확인됐다. 한편으로는 50만 개 정도의 대표 SNP가 발굴됨으로써, 인간의 약 1,000만 개 공통 SNP가 효율적으로 분석될 수 있는 기반이 마련됐다(그림 8 참조).

햅맵 프로젝트가 인구 집단 내 1% 이상 빈도의 SNP에 집중했다면, 1% 미만 빈도의 희귀변이도 연구할 필요가 있었다. 많은 질환의 직접적 원인이 SNP보다는 희귀변이에 있다는 사실이 점차 밝혀지고 있었기 때문이다. 또한 여러 염기서열이 넓은 범위에서 삽입, 결실, 중복되는 구조적 변

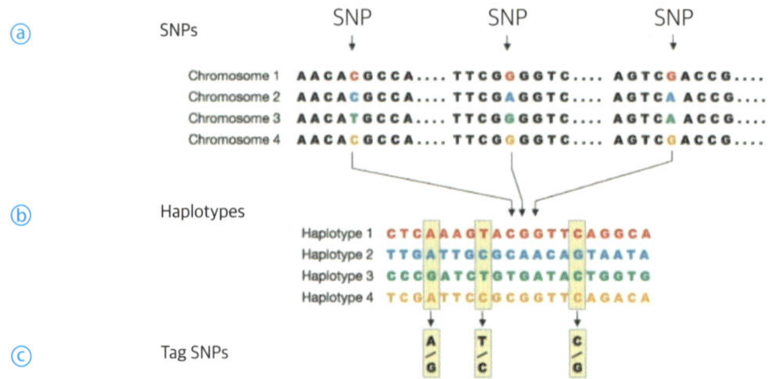

<그림 8> 햅맵 프로젝트의 기본 탐색 원리

햅맵 프로젝트에서 분석된 특정 인구집단의 분포(위, 세계 지도상의 짙은 부분)와 그 탐색 과정을 보여 주는 그림이다(아래). ⓐ SNPs. 4명으로부터 얻은 동일한 번호의 염색체(chromosome)에서 SNP 3개가 발견됐다. SNP는 주로 두 가지 종류(C/T와 G/A)로 나타난다. ⓑ 하플로타입(Haplotypes). 각 염색체별로 SNP를 모아 4개의 하플로타입을 마련한다. 그림에서는 각 하플로타입이 SNP 20개로 구성돼 있다. ⓒ 대표 SNP(Tag SNPs). 4개의 하플로타입 각각을 대표하는 SNP를 네모 박스로 표시했다. 한 사람의 대표 SNP가 어떤 조합인지만 확인하면 하플로타입의 유형을 파악할 수 있다. 예를 들어 대표 SNP가 A-C-G라면 하플로타입 2에 해당하므로, 20개의 SNP 전체는 직접 확인하지 않아도 알 수 있다.
(출처: The International HapMap Consortium, 2003, 790)

이도 중요했다. 연구에 사용되는 인간 샘플의 수가 많아질수록 통계적으로 더욱 유의미한 해석이 가능하다는 점도 고려할 부분이었다.

2008년 세계 각국 연구진이 참여한 '1000명 게놈프로젝트(1000 Genomes Project)'는 이러한 문제의식에서 출발했다. 2015년까지 세계 여러 인구 집단을 대표하는 참가자를 대상으로 대규모 유전체 연구가 수행됐다. 1000명이라는 숫자는 최소 1000명 이상의 샘플을 확보한다는 목표의

  DNA는 어떻게 나를 설계하는가?

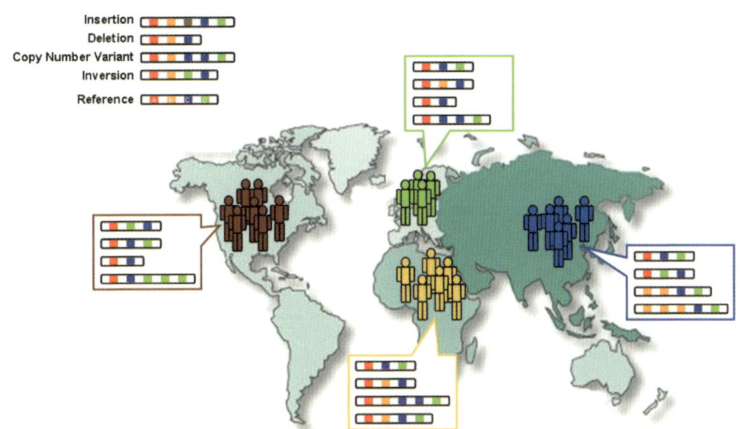

<그림 9> 1000명 게놈프로젝트에서 규명한 인구 집단별 구조적 변이 양상

1000명 게놈프로젝트가 진행되던 2008년 유전자의 구조적 변이가 지역별 인구 집단에서 어떻게 나타났는지 보여 주는 그림이다. 왼쪽 위 범례를 보면, 참조 유전체(Reference)에 비해 특정 유전자에서 발생하는 삽입(Insertion), 결실(Deletion), 복제 수 변이(Copy Number Variant), 역위(Inversion) 등의 개념이 시각적으로 제시돼 있다. 지역별로 제각기 다른 양상의 구조적 변이가 나타난다는 사실을 알 수 있다.
(출처: https://commons.wikimedia.org)

상징이었다.

프로젝트 결과, 세계 지역별로 특정 구조적 변이가 어떻게 나타나는지 밝혀지기 시작했다(그림 9 참조). 이 과정에서 구축된 정보는 국제유전체샘플자원(IGSR, International Genome Sample Resource)에 공개돼 있다.

영국은 10만 명, 미국은 100만 명

하지만 이들 프로젝트는 국가별 인구 집단의 특성을 충분히 반영하기에는 한계가 있었다. 특히 유럽 중심의 백인 유전체에 초점을 맞추는 경우가 많다는 점이 문제였다. 이에 각국 정부는 자국민의 유전 정보를 파악하는 일에 집중하기 시작했다.

영국이 첫 주자로 나섰다. 2012년 영국 정부는 '10만 명 게놈프로젝트(100000 Genomes Project)'를 출범시켰다. 희귀질환과 암을 주요 연구 대상으로 삼아 그 유전적 원인을 밝히는 것이 목표였다. 영국에는 유럽계뿐만 아니라 아시아계나 아프리카계 등 다양한 인종적 배경을 가진 집단이 거주하고 있기 때문에, 이들의 유전적 특성을 포괄하는 일에 중점을 뒀다. 환자와 가족들의 자발적인 참여 아래, 영국 전역에서 유전체 정보와 임상 데이터가 대거 확보됐다.

프로젝트의 결과물은 영국의 의료 시스템에 큰 변화를 가져왔다고 평가받는다. 희귀질환자의 25% 이상에서 새로운 유전적 진단이 이루어졌으며, 암 환자들에게도 정밀의학에 기반한 치료를 제공할 수 있었다. 프로젝트가 완료된 2018년, 영국 국민보건서비스(NHS)의 일환으로 의료 현장에서는 환자의 유전 정보를 일상적으로 분석해 주는 유전체 의료 서비스(Genomic Medicine Service)가 마련됐다. 이 서비스에 따라 최근까지 신청자에게 500개 이상의 질병 검사가 신속하게 진행되고 있다.

이보다 더욱 대규모의 프로젝트는 미국에서 시작됐다. 2015년 미국 정부는 '정밀의학사업(Precision Medicine Initiative)' 계획을 발표하면서 미국인 100만 명 이상으로부터 정밀의학을 실현할 수 있는 다양한 데이터를 종합해 분석하겠다고 밝혔다. 영국이 주로 환자와 그 가족에 초점을 맞춘 데 비해, 미국은 건강한 일반인까지 광범위하게 연구 대상에 포함했다. 수집되는 정보에는 유전체 외에도 전자의무기록(EHR), 설문조사와 웨어러블 기기로부터 얻은 생활 습관 데이터 등이 포함돼 있었다.

이후 2018년 미국 국립보건원은 2030년 완료를 목표로 '100만 명 게

<그림 10> 미국의 100만 명 게놈프로젝트 소개 문구

미국 국립보건원이 주도하는 100만 명 게놈프로젝트(All of Us Program)에 참여를 권장하는 안내문의 일부다. 참여자는 해당 사이트에 등록해 자신의 유전체 및 건강 정보를 제공한다는 동의서에 사인하는 절차를 밟는다.
(출처: https://allofus.nih.gov)

놈프로젝트(All of Us Research Program)'를 공식 출범시켰다(그림 10 참조). 100만 명은 다양한 인구 집단에서 통계적으로 유의미한 데이터를 확보하기 위한 최소한의 기준이었다. 2025년 5월 이 프로젝트에는 목표를 이미 초과한 147만 명 이상이 등록해 참여하고 있었다.

한국, 100만 명 게놈프로젝트 출범

미국과 영국 외에 중국, 일본, 인도 등도 자국민의 유전 정보를 활용한 연구를 활발히 진행하고 있다. 한국 역시 세계적인 추세에 맞춰 독자적인 게놈프로젝트를 수행해 왔다. 2008년 12월 4일 가천의과학대와 한국생명공학연구원은 가천의과학대 연구원장의 게놈지도를 작성했다고 밝혔다. 공교롭게도 당일 서울대 유전체의학연구소는 국내 바이오 벤처 기업과 이미 30대 한국인 남성의 게놈지도를 작성했다고 발표했다. 누가 먼저인지는 정확하지 않지만, '한국인 참조 유전체'가 마련되기 시작한 것은 사실이었다.

이후 2015년 정부는 한국인의 참조 유전체 지도 작성을 공식 발표했다. 같은 해 1월 26일 국립보건연구원은 국내 400여 명을 대상으로 구축한 한국인 참조 유전체 지도를 공개했다. 2021년 4월에는 울산과학기술원(UNIST)과 울산시가 '한국인 만 명 게놈 해독 프로젝트'가 완료됐다고 밝혔다. 2016년부터 시작해 일반인 4,700명과 환자 5,300명 등 총 1만여 명의 유전체를 분석한 결과였다.

마침내 2024년, 한국인 100만 명을 대상으로 한 대규모 프로젝트가 본격적으로 시작됐다. '국가통합바이오빅데이터구축사업'이 그것이다.

이 사업은 보건복지부, 과학기술정보통신부, 산업통상자원부(현 산업통상부), 질병관리청 등 4개 정부 부처가 주도하고 있다. 목표는 2032년까지 총 100만 명의 국민으로부터 게놈 정보와 임상 정보를 통합해 빅데이터를 구

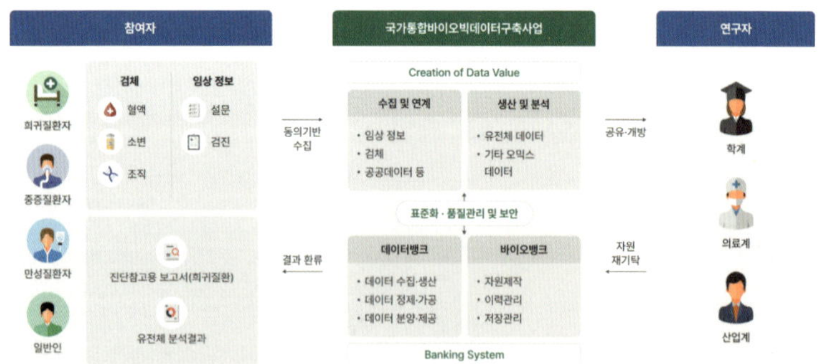

<그림 11> 한국의 국가통합바이오빅데이터구축사업 개요
2024년 한국에서 출범한 국가통합바이오빅데이터구축사업을 소개한 그림이다. 다양한 환자(희귀질환자, 중증질환자, 만성질환자)와 일반인으로부터 여러 검체와 임상 정보를 얻어 분석 데이터를 구축한 후 이를 학계, 의료계, 산업계와 공유한다는 계획이다.
(출처: https://www.biobigdata.kr/bbd)

축하는 것이다. 먼저 1단계(2024~2028년)에서 희귀질환자, 중증질환자, 일반인 등 총 77만 2,000명의 참여자를 모집하고, 이후 2단계(2029~2032년)에서 100만 명의 데이터를 최종 확보한다는 계획이다(그림 11 참조).

사업의 목표는 물론 규모나 진행 과정이 미국의 100만 명 게놈프로젝트와 유사하다. 다만 두 프로젝트는 접근 방식과 초점에서 다소 차이를 보인다. 미국은 건강한 일반인 데이터를 대규모로 수집해 다양한 인종과 민족을 아우르는 글로벌 표준을 구축하는 데 중점을 둔다. 반면 한국은 비교적 동질의 유전적 배경을 가진 국민의 데이터를 활용해 한국형 정밀의료 체계를 확립하려 한다. 특히 희귀질환 및 중증질환 환자를 주요 참여자로 모집해 임상적 활용성을 높이는 데 주력하고 있다.

최종 목표, 전 세계인의 범유전체 지도 작성

국가별 게놈프로젝트의 다음 단계는 세계인을 대표하는 유전자 변이 양상을 파악하는 작업이었다. 이른바 '범유전체(pangenome) 지도'를 작성하려는 시도다.

범유전체는 기존의 참조 유전체와 대비되는 개념이다. 인간게놈프로젝트와 T2T 프로젝트를 통해 구축된 참조 유전체는 20여 명의 유전체 조각을 모아 하나의 가상인간에 구현한 데이터로, '단일 참조 유전체(single reference genome)'로도 부른다. 반면 범유전체 지도는 전 세계 인구 집단의 다양한 유전 정보와 구조적 변이까지 통합해 보여 준다. 예를 들어 단일 참조 유전체는 특정 영역의 염기서열이 A-T-G-C로 이뤄졌다고 단정하지만, 범유전체는 맨 앞의 A 대신 G나 T가 나타날 수 있다는 식으로 다양성 정보를 제공한다.

2019년 미국 인간게놈연구소의 주도로 '인간 범유전체 참조 지도 컨소시엄(Human Pangenome Reference Consortium, HPRC)'이 결성됐다. 이후 2022년 4월 HPRC는 그동안의 성과를 정리해 《네이처》에 발표했다. 연구진은 다양한 인종과 민족적 배경을 가진 20여 명의 유전체를 분석한 결과, 질병과 생물학적 특성의 차이를 설명하는 데 구조적 변이가 SNP 이상의 중요한 역할을 할 수 있다는 점을 보고했다.

사실 구조적 변이의 중요성은 이미 1000명 게놈프로젝트에서 제기됐지만, 이번에는 새로운 연구 방법으로 더욱 상세한 분석이 이뤄졌다. 1000명 게놈프로젝트에서는 샘플 DNA를 100~300개 염기로 잘라 비교적 짧은 서열을 분석했는데, 이 과정에서 서열이 반복되는 구간이나 복잡한 변이는 정확히 파악하기 어려웠다. 반면 범유전체 프로젝트에서는 긴 염기서열을 한 번에 읽는 새로운 기법을 활용해 구조적 변이를 좀 더 용이하게 분석할 수 있었다.

확보된 데이터는 이전과 달리 그래프 형태로 표현돼 이해도를 높였다. 예를 들어 기존 참조 유전체의 특정 염기서열이 "The cat sat on the mat"이라고 가정하자. 샘플 유전체의 염기서열이 "The cat sat on the big mat"이었다면, 기존 방식으로 "big"이라는 추가된 단어에서 구조적 변이가 발생했음을 알아낼 수 있었다. 하지만 "The dog sat under the big mat"의 형태라면 참조 유전체와 너무 차이가 커서 분석이 어려웠다. 이에 비해 범유전체 프로젝트에서는 연결점(node)과 경로(edge)를 그래프로 구성하면서, 다양한 버전의 염기서열을 네트워크 형태로 표현했다. 예를 들어 연결점을 "The", "cat 또는 dog", "sat", "on 또는 under", "the", "mat 또는 big mat"로 구성해 참조 유전체를 그래프로 만들고, 샘플에서 발견된 변이를 추가 경로로 통합해 표기했다.

이후 2023년 5월 11일《네이처》는 표지에서 인간의 범유전체 참조 지도의 초안이 완성됐다는 소식을 알렸다(그림 12 참조). 그동안 여러 학술지에 게재된 논문을 토대로 다양한 혈통을 가진 47명으로부터 94개의 염색체를 얻어 통합적인 염기서열을 구성했다고 설명했다. 향후 참여자를 350명까지 확대해 700개의 염색체에서 더욱 포괄적인 염기서열을 지도에 담겠다는 계획도 밝혔다.

한국도 이 흐름에 합류했다. 2024년 9월 국립보건연구원은 1000명 이상의 한국인을 대상으로 한 범유전체 지도 제작 사업을 추진한다고 밝혔다. 이 지도는 단일 민족 중심의 유전적 특성을 국제 범유전체 프로젝트에 반영할 수 있는 중요한 자료로, 아시아 지역 유전자 변이 연구와 희귀질환 분석에 기여할 것으로 기대된다.

<그림 12> 범유전체 지도의 초안 작성을 알린 《네이처》 표지

2023년 5월 11일 자《네이처》표지. 둥근 지구를 둘러싸고 있는 여러 가닥의 그래프 데이터를 통해 다양한 인류의 유전 정보를 모아 범유전체 지도를 제작했음을 상징적으로 표현했다.
(출처:《네이처》)

전사체학, 단백질체학, 그리고 대사체학

인간게놈프로젝트는 기존의 유전학(genetics)에서 유전체학(genomics)으로 연구의 지평을 넓히는 전환점을 마련했다. 여기서 '체학'은 전체를 포괄하는 학문이란 뜻의 영어 접미사 'omics(오믹스)'를 번역한 말이다.

전통적인 유전학은 개별 유전자가 생물의 형질에 어떤 영향을 미치는지를 분석하는 데 초점을 맞췄다. 그러나 인간게놈프로젝트가 완료되면서 생물의 유전체를 통합적으로 파악해야 할 필요성이 제기됐다. 예를 들어 간세포에서 알부민 단백질이 만들어진다는 사실이 알려졌을 때, 전통적인 유전학은 알부민 유전자의 위치와 기능 이상에 초점을 맞췄다. 하지만 실제 간세포에서는 알부민 외에도 수천 개의 유전자가 다양한 환경에서 동시에 작용하고 있다. 따라서 개별 유전자의 기능 분석을 넘어 유전자 간 네트워크를 규명하는 유전체학이 본격적으로 발전하게 됐다.

예쁜꼬마선충에서 밝혀낸 마이크로RNA의 비밀

하지만 유전체학에도 한계가 있다. 각 세포에서 어떤 유전자가 실제로 작동해 단백질 생성에 참여하고 있는지를 완전히 알 수 없기 때문이다. 가령 동일한 DNA를 가진 간세포와 근육세포가 전혀 다른 기능을 수행하는 이유는, 두 세포에서 각각 전사돼 RNA로 전환되는 유전자, 즉 실제로 활성화되는 유전자가 다르기 때문이다. 과학계에서는 이 영역을 전문적으로 다루는 학문을 '전사체학(transcriptomics)'이라 부른다. 전사체(transcriptome)는 일정한 시간과 조건에서 한 세포 내에 존재하는 모든 RNA의 합을 가리킨다.

전사체학은 단백질을 만들기 위한 mRNA뿐 아니라 세포 내에서 다양한 역할을 수행하는 기능적 RNA까지 포괄적으로 분석한다. 전사체학의 등장 이유를 알려 주는 대표적인 사례는 2024년 노벨 생리·의학상의 수상에서 제시됐다.

2장에서 살펴봤듯이, 그동안 학계에서는 오페론설의 틀 아래에서 세포별로 유전자의 발현을 조절하는 주된 역할은 단백질이 담당하는 것으로 인식되어 왔다. RNA는 그저 DNA의 정보를 전달하는 '수행 비서' 정도의 역할을 한다고 알려졌다. 하지만 기능적 RNA의 존재가 밝혀지면서 유전자 연구 분야에서는 커다란 인식의 전환이 발생했다. 그 결정적 계기를 마련해 노벨상을 수상한 미국의 빅터 앰브로스(Victor Ambros, 1953~)와 게리 러브컨(Gary Ruvkun, 1952~)의 업적을 살펴보자.

1980년대 후반 이들은 박사후연구원으로 함께 예쁜꼬마선충을 대상으로 유전자 조절에 대한 연구를 진행했다. 예쁜꼬마선충은 흙속에서 박테리아를 잡아먹는 선충류로, 성충의 크기는 약 1mm이고 DNA 염기쌍이 약 1억 개에 불과하지만 신경세포나 근육세포와 같이 기능이 특화된 세포를 갖고 있다.

앰브로스와 러브컨은 예쁜꼬마선충의 성장에 이상이 생긴 변이체 두 종류를 발견했다. 하나는 보통의 개체보다 크고 내부에 장기 형태가 없으며 알이 가득 차 있었고(lin-4), 다른 하나는 크기가 작은 미성숙체(lin-14)였다.

연구 초창기에 이들은 한 개체에서 유전자 lin-4가 lin-14의 기능을 억제한다는 사실을 알아냈다. 기존의 생각대로라면 lin-4에서 전사된 mRNA로부터 특정 단백질이 만들어지고, 이 단백질이 lin-14에서 전사되는 mRNA의 생산을 막아야 했다. 그런데 lin-4에서 전사된 RNA는 단백질을 생성하지 않았고, 그저 22개의 짧은 염기로 이뤄져 있었다. 또한 lin-14에서 전사된 mRNA의 양은 줄어들지 않았다. 게다가 lin-4와 lin-14 RNA의 일부 염기서열이 상보적이어서 서로 결합할 수 있었다. 결국 lin-4에서 전사된 RNA가 lin-14의 mRNA에 붙어, lin-14 단백질을 만들어 내지 못하게 한 것이었다(그림 13 참조).

당시 앰브로스와 러브컨은 이 결과의 의미를 제대로 이해하지 못했다. 러브컨은 이후 예쁜꼬마선충에서 lin-4와 같은 방식으로 작용하는 let-7이라는 유전자를 발견했고, let-7의 21개짜리 RNA 조각은 상보적

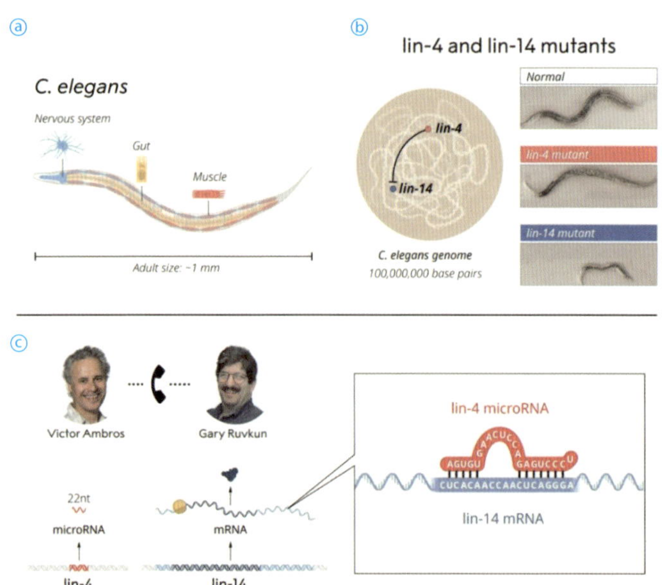

<그림 13> 마이크로RNA의 기능을 밝힌 2024년 노벨 생리·의학상 수상 업적
예쁜꼬마선충의 모습. 머리 부위에서 신경세포, 장 부위에서 근육세포 형태가 발달해 있다ⓐ. 빅터 앰브로스와 게리 러브컨은 예쁜꼬마선충의 변이체를 연구해 lin-4가 lin-14의 기능을 억제한다는 사실을 발견했다ⓑ. 두 과학자는 lin-4가 22개 염기를 갖는 마이크로RNA를 만들고 그 염기의 일부가 lin-14 mRNA와 상보적으로 결합한다는 사실을 발견했다ⓒ.
(출처: https://www.nobelprize.org)

인 염기서열이 있는 여러 유전자(lin-14, lin-28, lin-41, lin-42, daf-12)의 mRNA에 달라붙어 단백질이 만들어지지 못하게 한다는 사실을 알아냈다. 그제야 과학자들은 lin-4나 let-7 같은 RNA 조각이 선충의 발달 과정을 정교하게 조절하는 역할을 수행한다고 결론을 내렸다.

이후 선충뿐 아니라 초파리, 생쥐, 사람 등 동물은 물론 애기장대, 벼 등 식물에서도 작은 RNA 조각이 발견됐고, 이들을 통칭해 '아주 작다'는 뜻의 접두사 마이크로(micro)를 붙여 '마이크로RNA'라고 부르기 시작했다. 즉 마이크로RNA는 단백질을 만들지 않으면서 다른 mRNA의 작동을 억제하는 작은 RNA을 가리킨다.

사실 단백질 생산을 조절하는 RNA에 대한 연구는 인간게놈프로젝트가 완료될 무렵부터 본격화됐다. 대표적인 사례로 2003년 미국 국립보건원은 ENCODE(Encyclopedia Of DNA Elements) 프로젝트에 착수해 유전자 발현을 조절하는 광범위한 요소를 탐색했다. 이를 계기로 그동안 정크라 인식되던 논코딩 DNA에서 수많은 RNA가 만들어진다는 사실이 알려졌다. 마이크로RNA는 그 가운데 하나였다. 한국에서도 서울대학교 김빛내리 교수가 뛰어난 연구 성과를 잇따라 발표하면서 세간에 많이 알려진 이

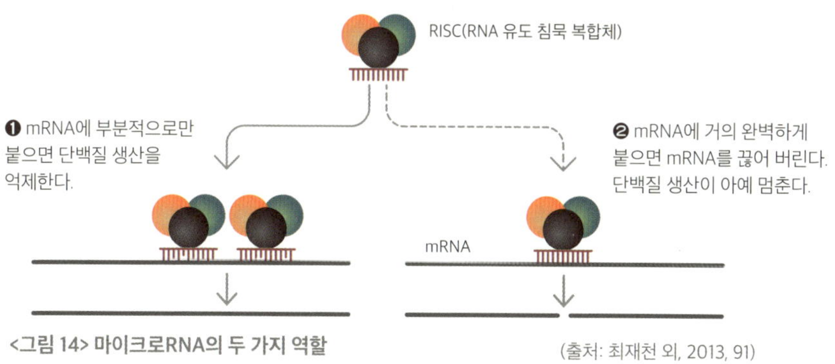

<그림 14> 마이크로RNA의 두 가지 역할　　　　　(출처: 최재천 외, 2013, 91)

름이다. 일반적으로 마이크로RNA는 세포 내 특정 단백질들과 결합해 'RNA 유도 침묵 복합체(RNA Induced Silencing Complex, RISC)'를 형성하고, 그 염기는 mRNA 염기에 부분적으로 또는 완전하게 붙으면서 단백질 생산을 억제하거나 완전히 멈추게 한다(그림 14 참조).

RNA가 간섭하면 생기는 일

인간의 경우 마이크로RNA는 약 900종에 달하며, 각각은 수백 종의 유전자의 발현을 조절하고 있다. 그렇다면 인간 유전자에서 단백질이 만들어지는 대부분의 과정에 마이크로RNA가 관여하고 있는 셈이다. 예를 들어 근육세포와 신경세포에서 생산되는 마이크로RNA(miR-1과 miR-124)는 다른 세포의 고유 단백질을 만드는 유전자 활동을 억제함으로써 각 세포가 본연의 기능을 유지할 수 있게 한다.

마이크로RNA의 활동은 기존 mRNA의 기능에 관여한다는 의미에서 크게 'RNA 간섭(interference)' 현상에 속한다. 이 현상을 처음 보고한 인물은 앤드류 파이어(Andrew Z. Fire, 1959~)와 크레이그 멜로(Craig C. Mello, 1960~)였다. 1998년 이들은 이중가닥의 RNA를 만들어 예쁜꼬마선충에 넣자 그 자손들이 온몸을 비트는 이상 행동을 보이는 것을 발견했다. 근섬유 단백질 정보를 담고 있는 mRNA가 파괴돼 생긴 결과였다. 파이어와 멜로는 주입된 RNA 가닥이 그 상보적 서열을 가진 mRNA와 결합하고, 그 결과 mRNA가 분해돼 근육이 기형적으로 발생한다는 사실을 발견해 《네이처》에 발표했다. 이 업적으로 파이어와 멜로는 2006년 노벨 생리·의학상 수상의 영예를 안았다.

사실 RNA 간섭은 대부분의 진핵세포에서 발생하는 선천적인 방어 현상이다. 외부에서 들어온 유해한 유전물질을 스스로 억제하는 자연 면역 시스템에 해당하는 것이다. 예를 들어 바이러스 RNA가 세포 내로 들어오면 효소에 의해 작게 잘리고, 이 RNA 조각들이 단백질들과 결합해 RISC를 형성한다. 이후 RISC는 동일한 염기서열을 가진 RNA를 세포 안에서 찾아내 작동을 억제함으로써 바이러스 유전 정보가 단백질로 만들어지는 과정을 차단하는 것이다.

RNA 간섭 원리를 활용하면 특정 유전자가 어떤 단백질을 만들어 내는지 알아낼 수 있다. 전통적으로는 특정 유전자의 기능을 완전히 상실하게 만드는 녹아웃(knockout) 방식을 통해 그 기능을 유추했다. 하지만 이 방식은 주로 실험동물의 배아 단계에서 처리해야 하고, 결과를 확인하기까지 시간과 비용이 많이 들며, 생명 유지에 필수적인 유전자에 대해서는 적용이 어려웠다. 이에 비해 RNA 간섭 기술은 DNA는 그대로 둔 채 mRNA 기능만 선택적으로 억제해 단백질 생성을 막는 방식이다. 이 때문에 유전자 기능을 일시적으로 줄일 수 있어 생존에 필수적인 유전자라도 연구가 가능하며, 배아가 아니라 세포 수준에서도 간편하고 빠르게 적용할 수 있는 장점이 있다. 전통적 녹아웃이 '유전자를 없애는 실험'이라면, RNA 간섭은 '유전자의 활동을 잠시 늦추는 실험'이라고 표현할 수 있다.

또한 RNA 간섭 기술은 다양한 질병의 치료에도 적용될 수 있다. 예를 들어 암세포에서 특정 유전자가 과도하게 활성화돼 문제가 생기는 경우, 그 유전자의 mRNA를 인위적으로 억제함으로써 질병 진행을 막을 수 있다. 실제로 RISC를 활용한 RNA 간섭 치료제는 감염병과 신경퇴행성 질환 등 여러 분야에서 활발히 개발 중이며, 이미 일부는 임상에 적용되고 있다. RNA 간섭 기술은 이제 유전자 발현을 '보는' 수준을 넘어, 이를 '조절하고 치료하는' 도구로 발전하고 있는 중이다(그림 15 참조).

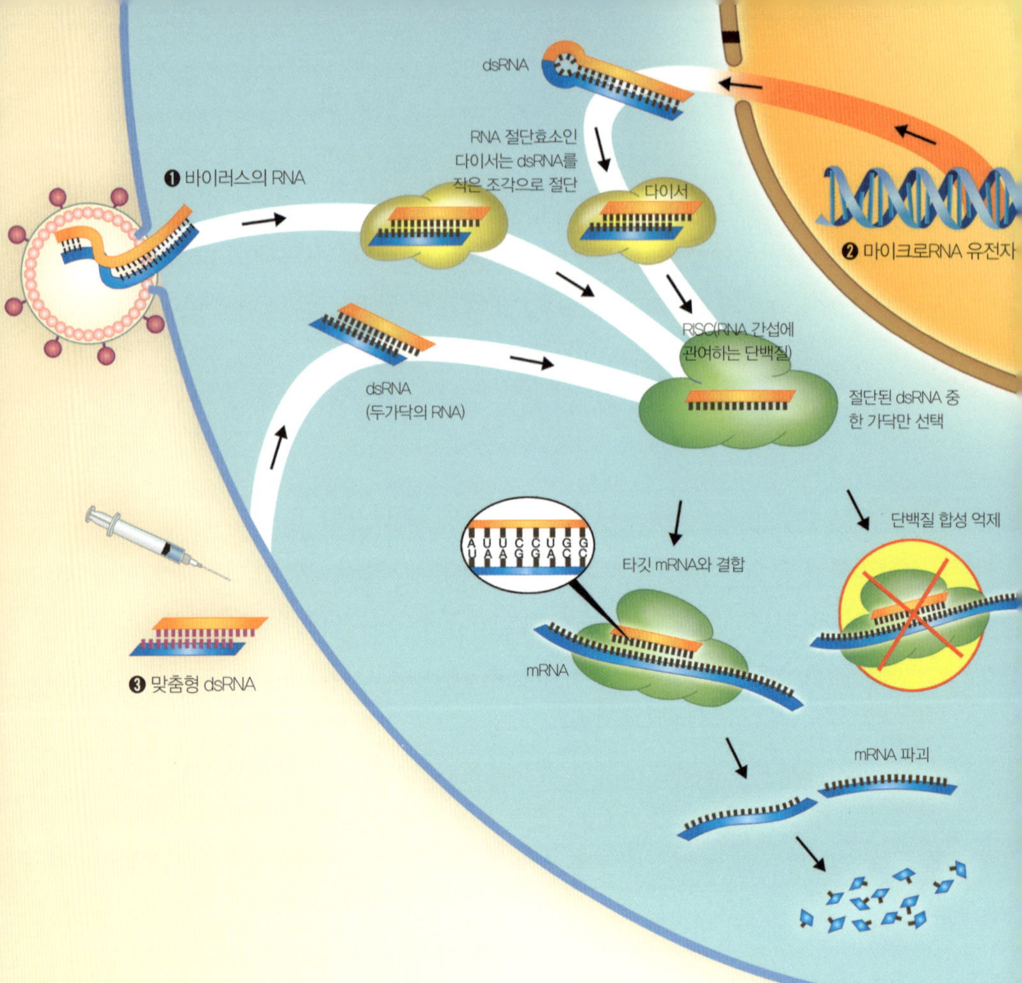

<그림 15> 세포 내 RNA 간섭 현상과 그 응용

❶ 두 가닥의 RNA를 가진 바이러스가 침입하면 세포 내 RNA 절단효소인 다이서가 바이러스 RNA를 절단해 제거하고 바이러스 증식을 막는다.

❷ 생명체에 존재하는 마이크로RNA가 RNA 간섭을 통해 유전자 발현을 억제한다.

❸ 타깃 유전자(예를 들어 암 발생 유전자)의 발현을 막을 수 있도록 디자인된 맞춤형 dsRNA를 주입하면 질병 유발 유전자의 mRNA를 파괴해 질병을 치료할 수 있다.

(출처: 최재천 외, 2013, 94)

이런 이유로 RNA 치료제 개발에 대한 사회적 기대감은 점차 높아지고 있다. 2021년 세계 RNA 관련 치료제 시장은 34억 4,000만 달러의 매출을 기록했으며, 2027년 말까지 연평균 31.0%의 성장률로 174억 2,000만 달러의 매출을 달성할 것으로 예상된다. 여기에서 RNA 간섭 치료제는 2027년까지 전체 RNA 시장의 54.3%를 차지할 것으로 전망된다(김민혜, 2024, 11~12).

단백질체학이 등장한 이유

그러나 전사체학으로는 충분히 알 수 없는 생명 현상이 있다. 예를 들어 특정 mRNA가 세포에 존재한다고 해서 이로부터 단백질이 실제로 얼마나 만들어졌는지, 또는 생성된 단백질이 제대로 기능을 발휘했는지는 전사체 정보만으로 알기 어렵다.

단백질의 기능을 제대로 이해하려면, 단백질이 어떤 과정을 거쳐 입체 구조를 이루는지부터 살펴봐야 한다. 이 과정을 종이학 접기에 비유할 수 있다.

단백질의 1차 구조는 종이학을 접기 전의 도면과 같다. 1차 구조는 아미노산들이 어떤 순서로 연결돼 있는지를 뜻하는데, 마치 종이 한 장 위에 점선으로 표시된 접는 순서처럼 최종 결과물에 대한 가장 기초적인 정보다.

2차 구조는 종이가 접히기 시작하면서 나타나는 기본적인 접힘 패턴에 해당한다. 종이를 접다 보면 삼각형 모양이 나오거나 주름이 생기는 등의 일정한 패턴이 반복된다. 이와 유사하게 단백질도 부분적으로 접히면서 α-나선 구조나 β-병풍 구조 같은 형태를 띤다.

가장 중요한 것은 세포 내에서 실제로 존재하는 3차 구조다. 학이 날개를 펴고 머리를 숙이며 전체 모습이 드러나는 것처럼, 단백질도 모든 접힘이 끝났을 때 비로소 제 기능을 발휘할 수 있는 입체 모양이 만들어진다. 이때 날개 하나가 제대로 접히지 않으면 학이 날갯짓을 못 하듯, 단백질도 구조가 살짝만 어긋나면 기능이 사라지거나 질병을 일으킬 수 있다.

하지만 단백질의 3차 구조는 1차 구조만 가지고는 예측하기 매우 어렵다. 더욱이 단백질은 생체 내에서 구조적 재료일 뿐만 아니라 생명 현상에 필수적인 온갖 기능을 복잡한 네트워크를 형성하며 수행한다. 생체 내 단백질의 구조와 기능을 전문적으로 탐색하는 '단백질체학(proteomics)'이 등장하게 된 배경이다.

한 가지 예로 질량분석기(mass spectrometry)는 수천 개 단백질을 동시에 식별하고 정량화할 수 있는 장치다. 세포에서 추출한 단백질 샘플을 효소로 분해한 후 각 조각의 질량과 구조를 정밀하게 측정함으로써, 샘플이 어떤 단백질로부터 유래했는지를 역으로 추적할 수 있다. 이 덕분에 질병의 신호나 약물에 의해 변하는 단백질의 양상을 한눈에 확인할 수 있게 됐다(그림 16 참조).

물론 단백질체학의 핵심 과제 중 하나는 여전히 단백질의 입체 구조가 어떻게 형성되는지 빠르고 정확하게 예측하는 일이었다. 과학계는 인공지능(AI) 기술을 이용해 이 문제에서 혁신적인 돌파구를 마련했다. 그 대표적인 사례가 바로 '알파폴드(AlphaFold)'였다. 2024년 데미스 하사비스(Demis Hassabis, 1976~)와 존 점퍼(John Jumper, 1985~)는 알파폴드를 개발한 공로로 노벨 화학상을 수상했다.

'알파'는 인공지능의 딥러닝 알고리즘에서 최첨단 또는 최고 수준을 뜻하는 용어다. 세간에 잘 알려진 알파고(AlphaGo)가 체스와 바둑에서 인간

을 뛰어넘는 수준이라는 의미로 명명된 것과 같은 맥락이다. 또한 '폴드'
는 단백질이 스스로 접혀(folding) 입체 구조를 형성한다는 데서 따온 말이
다. 즉 알파폴드는 '최첨단 기술로 단백질 접힘 양상을 알아낸다'는 의미
를 가진다.

노벨상 수상에 빛나는 알파폴드

알파폴드는 아미노산 서열만으로 단백질의 입체 구조를 매우 높은 정
확도로 예측할 수 있는 도구다. 특히 2020년 '단백질 구조 예측을 위한
국제 대회(CASP)'에서 알파폴드는 과거에 상상할 수 없었던 능력을 보여
줬다. CASP는 전 세계 연구자들이 2년마다 모여 자체 개발한 알고리즘
의 성능을 겨루는 자리다. 이 대회에서 알파폴드는 실험적으로 확인된 복
잡한 단백질 구조와 거의 일치하는 예측 결과를 제시했다(그림 17 참조).

알파폴드는 생명과학뿐만 아니라 의약학, 화학 등 다양한 분야에서
새로운 응용 가능성을 열고 있다. 예를 들어 특정 질병과 관련된 단백질
구조를 정확히 파악함으로써 신약 개발 기간을 대폭 단축하거나, 새로운
기능의 효소를 신속하게 설계하고 제작할 수 있게 됐다.

알파폴드의 최신 버전은 단백질 입체 구조 예측의 정확성을 더욱 높였
을 뿐 아니라, 비전문가도 쉽게 활용할 수 있는 인터페이스를 제공하고
있다. 덕분에 생명과학을 처음 접하는 학생도 단백질의 입체 구조를 직접
예측하고 시각화할 수 있다.

한편 단백질의 대부분은 유전자처럼 다른 단백질들과의 상호작용 속
에서 복잡한 네트워크를 형성한다. 예를 들어 세포 내에서 일어나는 신호
전달, 대사 반응, 유전자 발현 조절 같은 과정은 여러 단백질들의 정교한

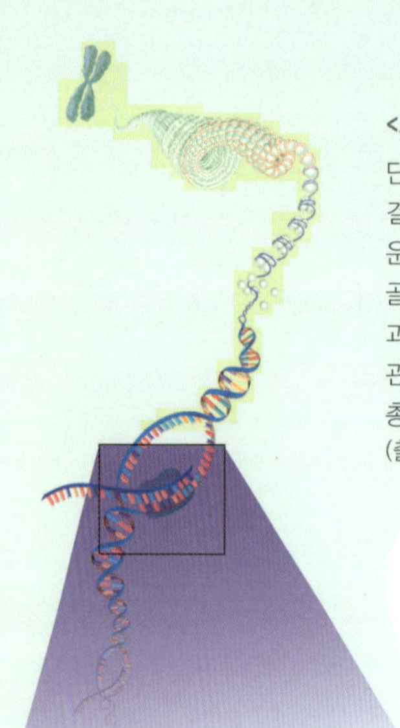

<그림 16> 단백질체학의 기본 탐구 과정

단백질은 DNA의 유전 정보를 물려받은 mRNA(전령 RNA)가 세포질의 리보솜과 결합해 만들어진다. 이때 tRNA(운반 RNA)는 유전 정보에 해당하는 아미노산을 운반한다. 세포 내에는 여러 종류의 단백질이 있으므로 분석하려는 단백질만 골라내는 '분리' 과정을 가장 먼저 거친다. 골라낸 단백질의 생김새는 '구조 분석' 과정을 통해 알 수 있다. 어느 정도 구조가 파악된 단백질은 단백질 사이의 상호 관계나 정확한 질량을 측정하는 과정을 거친다. 이렇게 파악된 단백질 정보는 총체적으로 종합돼 데이터베이스로 저장된다.
(출처: 최재천 외, 2013, 68~69)

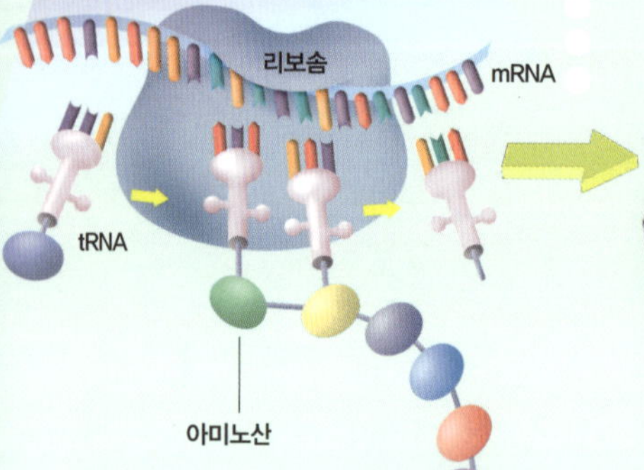

분리

전통적 분리 과정은 긴 칼럼에 크기가 다양한 물체를 채우고 단백질을 위에서부터 흘려 크기에 따라 분리하는 크로마토그래피 방법을 많이 썼다. 최근에는 프로테오믹스의 폭발적 연구를 가능케 한 '2차원 전기영동(2D–gel electrophoresis)' 방법을 많이 쓴다. 단백질을 양쪽에 (+)와 (−)전하가 걸린 '묵' 상태의 겔 위에 놓고 단백질의 고유 전하량에 따라 1차로 분리한 뒤, 다시 분자량에 따라 2차로 분리한다. 2차원 전기영동은 단백질 분리 과정의 정밀도를 획기적으로 증가시켰고, 점차 다양한 방법들이 개발되고 있다.

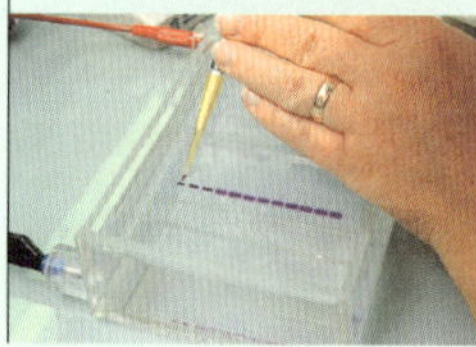

2차원 전기영동 과정.

구조 분석

단백질 구조는 '핵자기공명법(NMR)'과 X선 회절법을 많이 쓴다. NMR은 단백질 분자를 강력한 자기장 아래 놓았을 때 나타나는, 단백질을 이루는 원자(주로 탄소와 산소, 수소)들 거리 정보 패턴을 해석해 구조를 분석한다. 한편 X선 회절법은 단백질을 결정 상태로 만들어 X선을 쏘였을 때 나타나는 회절 모양을 분석해 구조를 파악한다. 2002년 노벨 화학상은 NMR을 이용, 단백질 구조 분석 방법을 개선한 스위스 연방공과대학교 쿠르트 뷔트리히 교수에게 돌아갔다.

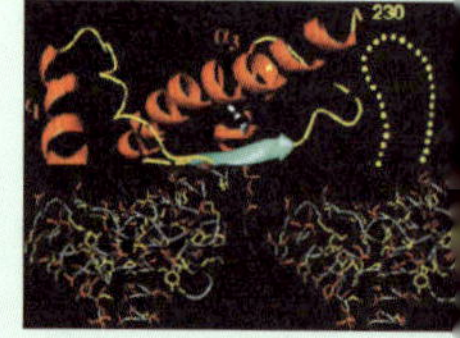

NMR을 이용, 단백질 구조를 밝히는 모습.

단백질 상호작용

'효모 2-하이브리드(Yeast 2-Hybrid)'와 'TAP-태그 (Tandem Affinity Purification-tag)' 방법은 프로테오믹스의 핵심기술 중 하나다. 이 기술들이 개발됨에 따라 이전에는 연구가 힘들었던 단백질 사이의 관계를 좀 더 총체적으로 알 수 있게 됐다.

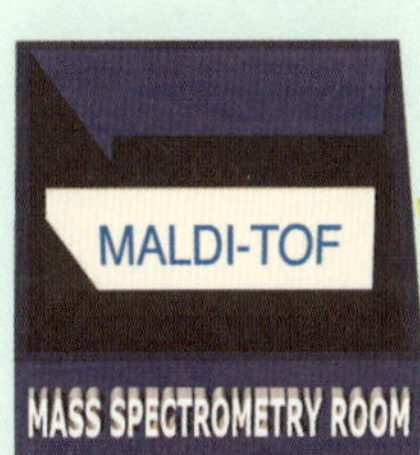

단백질 질량분석

'MALDI-TOF' 질량분석 방법 덕분에 이전에는 불가능했던 생체분자, 특히 단백질의 정확한 질량을 측정할 수 있게 됐다. 일본의 다나카 고이치는 이 기술 개발 하나로 2002년 노벨 화학상의 영예를 안았다.

바이오인포매틱스

여러 과정을 거치면서 파악된 단백질의 다양한 정보는 단백질 데이터베이스로 저장된다. 종합된 정보는 다른 연구자에게 관련 정보를 제공해 검색·비교할 수 있는 '도서관' 역할을 한다. 샘플 단백질과 데이터베이스의 비교 연구는 연구 시간은 물론 실험 절차도 줄일 수 있어 단백질 연구에 큰 시너지 효과를 낸다.

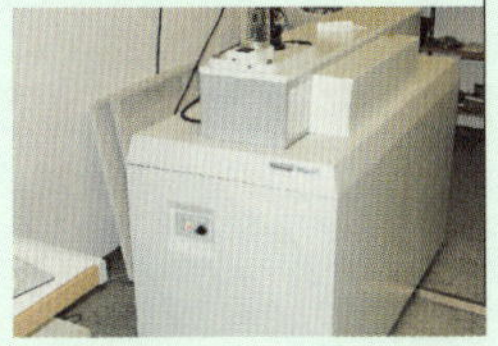

MALDI-TOF 질량분석기.

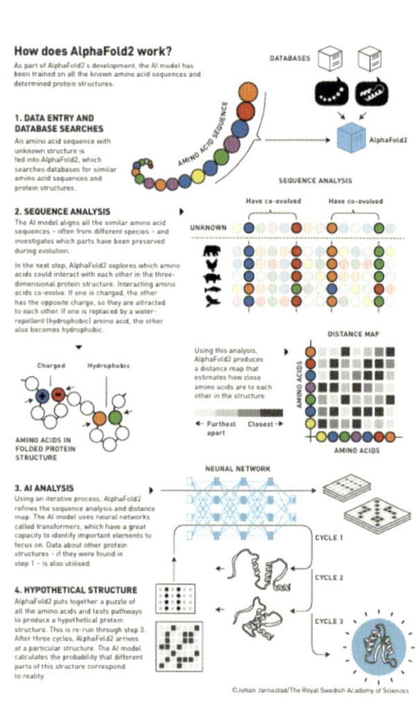

알파폴드를 이용해 아이들도 단백질의 입체 구조를 만들 수 있음을 보여 주는 이미지ⓐ와 알파폴드2의 작동 원리를 개괄적으로 안내한 그림ⓑ이다. 아미노산 서열이 입력되면 알파폴드2는 1단계로 이미 알려진 수많은 단백질 데이터를 검색해 비슷한 서열들을 찾는다. 2단계로 이 서열들 사이에서 진화적으로 변한 부분들을 분석해 어떤 아미노산들이 구조상 서로 가까이 붙는지를 예측한다. 이 정보를 바탕으로 3단계에서는 아미노산 간 '거리 지도'를 만들고, 이 과정을 여러 차례 반복 학습하며 입체 퍼즐을 풀듯이 단백질의 3차 구조를 조립한다. 마지막으로 예측된 구조가 실제 단백질과 얼마나 비슷한지를 계산해 가장 가능성이 높은 구조를 선택한다.
(출처: https://www.nobelprize.org)

협력을 통해 진행된다. 그래서 단백질체학에서는 어떤 단백질이 누구와, 어떤 조건에서, 어떻게 상호작용하는지를 밝히기 위한 연구가 활발히 진행되고 있다.

단백질체학의 적용 사례로 암세포를 살펴보자. 암세포는 스위치가 고장 나 작동이 멈추지 않는 기계에 비유할 수 있다. 원래 기계는 일정한 속도로 제품을 생산해야 하지만, 작동 스위치가 고장 나면 기계가 멈추지 않고 계속 돌아가게 된다. 이와 유사하게 세포의 분열 신호를 조절하는 단백질 중 하나인 EGFR(Epidermal Growth Factor Receptor)이 비정상적으로 활성화되면, 세포가 과도하게 증식해 암이 발생할 수 있다.

과학자들은 EGFR과 함께 작동하는 단백질들을 확인하기 위해, EGFR을 추출하고 이와 결합한 단백질들을 질량분석기를 통해 조사하고 있다. 비유하자면 기계를 분해해 서로 기능이 연관된 내부 부품들의 종류를 확인하는 작업에 해당한다. 이후 단백질 간 신호전달 경로와 상호작용 양상을 밝힘으로써, 암세포 내에서 핵심 역할을 수행하는 단백질이 무엇인지 파악할 수 있다.

암세포의 생존 방식 규명하는 대사체학

단백질체학이 유전 정보가 실제로 어떻게 기능으로 구현되는지 탐색하는 데 비해, '대사체학(metabolomics)'은 이 과정의 최종 산물까지 포괄해 생명 현상을 이해하려는 분야다. 여기서 대사체(metabolome)는 세포 내 대사 과정에서 생성되거나 소비되는 모든 분자들을 통칭한다.

대사체학의 연구 사례로 EGFR이 비정상적으로 활성화된 암세포를 살펴보자. 단백질체학은 EGFR과 상호작용하는 단백질들의 기능과 네트워크를 밝혀 주지만, 암세포가 어떻게 에너지를 확보하고 생존에 필요한 분자를 만들어 내는지, 즉 '살아가는 방식'까지 완전히 설명하지는 못한다.

이 지점에서 대사체학이 중요한 역할을 한다. EGFR의 과도한 활성화는 단순히 세포 수만 늘리는 것이 아니라 여러 대사 경로도 동시에 활성화해, 암세포에 필요한 영양소를 더 많이 만들어 낸다. 예를 들어 EGFR

이 활성화된 암세포는 글루타민이라는 아미노산을 평소보다 훨씬 많이
흡수하고, 이를 에너지와 각종 생합성 물질로 빠르게 전환시킨다. 또한
지방산 합성 경로도 함께 활성화돼 암세포가 새로운 세포막을 만드는
데 필요한 지방이 충분히 생산된다.

그렇다면 연구자들은 암세포가 꼭 필요로 하는 경로만을 겨냥해 새로
운 치료 전략을 고안할 수 있다. 예를 들어 글루타민 대사를 억제하거나
지방산 생성을 차단하는 약물은 암세포의 성장에 필요한 자원을 차단함
으로써 암세포만을 '굶겨 죽이는' 효과를 발휘할 수 있다.

최근에는 대사체학이 기존 약물의 숨겨진 기능을 찾아내는 역할도 한
다는 보고가 나왔다. 스위스 바젤대 연구진은 미국 식품의약국의 승인을
받은 1,520개의 약물을 폐암, 난소암, 유방암 등의 세포에 처리한 후 대
사체의 변화 양상을 분석했다. 그 결과 대부분의 약물이 적어도 하나 이
상의 대사물질 형성에 의미 있는 변화를 일으켰다. 이는 기존에 알려진 치
료 효과 외에도 새로운 작용 메커니즘이 존재한다는 점을 시사했다.

연구진은 연구 과정을 '도시 지도'에 비유한 '대사 지도(metabolic map)'의
작성으로 설명했다. 도시 안의 각 도로는 약물의 표적인 효소의 반응 경
로에 해당한다. 특정 도로를 막았을 때 해당 효소 작용의 억제로 인해 대
사산물이 축적되는 '교통 체증'이 얼마나 발생하는지 분석했다고 한다.
기존의 유전체학, 전사체학, 단백질체학 등의 분석만으로는 파악하기 어
려운 약물의 영향을 대사체 수준에서 포착한 것이다. 이 논문은 2025년
1월 28일 자 《네이처 바이오테크놀로지(Natrue Biotechnology)》 온라인판에 게
재됐다.

5장

통합

내 유전자를 해석하는 종착지
후성유전학, 장내 미생물, 표현형프로젝트(1940~2020년대)

인간게놈지도의 작성 이후 다양한 오믹스 연구는 생명 현상의 작동 원리를 여러 층위에서 분석해 나갔다. 하지만 여전히 근본적인 궁금증은 충분히 해소되지 않았다. 일란성쌍둥이처럼 동일한 유전자를 가진 사람들 사이에서도 생물학적 특성이나 질병의 경과가 다르게 나타나는 이유는 무엇일까? 이 물음은 후성유전학의 발달로 다시금 조명됐다. DNA 염기서열이 변하지 않아도 성장 환경에 따라 유전자 발현이 조절될 수 있음이 밝혀진 것이다.

유전자 조절에 대한 관심은 인간의 세포 내부를 넘어 '외부'로까지 확장됐다. 장내 미생물의 유전체, 즉 마이크로바이옴이 인간의 다양한 생리 기능과 밀접하게 연결돼 있음이 밝혀졌기 때문이다. 마이크로바이옴은 인간을 더 이상 하나의 유전체로만 바라볼 수 없게 만들었다.

이처럼 유전형과 표현형 사이의 복잡한 관계를 종합적으로 규명하려는 노력은 인간과 마우스의 표현형프로젝트로 이어졌다. 결국 유전자는 코딩 DNA와 논코딩 DNA를 포괄하는 기능적 단위일 뿐 아니라 성장 환경이나 생물 간 상호작용 속에서 작동하는 '동적 체계'의 개념으로 자리매김하고 있다.

수정란 이후 추가된 조절 장치, 후성유전

유전체학에서 출발한 다양한 오믹스 연구는 인간 유전 질환의 원인 규명에 큰 진전을 이뤄 왔다. 그런데 유전자에 변이가 생겼다고 해서 모두가 질병에 걸리는 것은 아니며, 설령 발병하더라도 개인별로 차이가 나타난다. 이 같은 현상은 특정 유전자의 변이가 거의 발병으로 이어지는 단일 유전질환에서도 드러난다. 예를 들어 취약 X 증후군(Fragile X syndrome)은 X 염색체에 이상이 생겨 발생하는 질환으로, 주요 증상은 지적 장애, 발달 지연, 자폐적 행동, 특징적 신체 부위(긴 얼굴, 큰 귀, 큰 고환) 등이다. 하지만 증상의 심각도와 발현 양상은 개인마다 매우 다양하다.

유전자뿐 아니라 환경 요인에 의해 발생하는 복합 질환에서는 개인별 차이가 더욱 두드러진다. 2021년 《네이처》에서 "슈퍼스타" 유전자로 꼽힌 TP53의 경우, 동일한 변이를 가진 사람들 중 일부는 평생 암에 걸리지 않고 건강하게 살아간다. 그 이유는 무엇일까?

최근 개인별 차이의 원인에 대한 한 가지 해답으로 '후성유전학(epigenetics)'이 주목받고 있다. 여기서 '후성'은 '~을 넘어서'라는 의미로, 후성유전학은 'DNA 염기서열을 넘어서' 유전 정보의 발현이 어떻게 조절되는지를 연구하는 분야다. 시간적으로는 'DNA 염기서열이 결정된 이후에 생기는' 현상을 탐구한다고 볼 수 있다.

내 피부에 발암 유전자 가진 세포가 25%

후성유전학이라는 용어는 20세기 중반 영국의 콘래드 할 워딩턴(Conrad Hal Waddington, 1905~1975)이 처음 도입했다. 그는 유전자와 환경이 어떻게 상호작용해 세포의 다양한 특성을 만들어 내는지 설명하기 위해 '후성유전학적 지형(epigenetic landscape)'이라는, 다소 추상적인 개념을 제시했다. 워딩턴에 따르면, 세포는 언덕 위를 구르는 구슬처럼 유전자와 환경의 영향 아래 미리 정해지지 않은 다양한 골짜기로 흘러가는 운명을 맞이한다고 한다.

과학자들이 인간의 후성유전학 연구에 본격적으로 관심을 기울이게 된 한 가지 계기는 '네덜란드 기근(Dutch Hunger Winter)' 사건이었다. 1944년 겨울부터 이듬해 봄까지 네덜란드는 나치의 봉쇄로 인해 극심한 식량난을 겪었다. 그 결과 2만여 명이 굶어 죽었고, 임신 중이던 여성들은 하루 권장 칼로리의 30%밖에 섭취하지 못하는 상황이 이어졌다.

그런데 이 시기에 태어난 아이들을 수십 년간 추적한 결과 특이한 점이 발견됐다. 임신 초기에 영양실조를 겪은 산모에게서 태어난 자녀들은 성인이 된 후 비만, 당뇨, 심혈관질환 등 만성질환에 걸린 비율이 높았다. 반면 임신 후기나 출생 후에 영양실조를 겪은 경우에는 평생 몸집이 작고 비만 발생률이 낮은 경향이 관찰됐다.

당시 해당 지역의 주민들은 대체로 비슷한 유전적 배경을 갖고 있었다. 개인별로는 유전자에 차이가 있겠지만, 집단 전체로 볼 때 유전적 다양성은 크지 않았다. 따라서 보통의 경우라면 성인이 됐을 때 걸리는 질환의 종류와 빈도가 집단 내에서 뚜렷이 다르게 나타나지 않았을 것이다. 하지만 임산부가 겪은 영양실조 시기의 차이, 즉 환경 요인의 차이에 따라 유전자의 발현 양상이 변해 특정 질환의 발생 위험도가 달라졌을 것이라는 추론이 가능했다.

우리 주변에서 흔히 볼 수 있는 사례도 있다. 일란성쌍둥이는 똑같은 유전자를 지니고 태어나지만 시간이 지나면 한 사람은 특정 질환을 앓고 다른 한 사람은 건강하게 지내는 경우가 적지 않다. 외모나 성격에서도 미묘한 차이가 나타나곤 한다. 타고난 DNA 염기서열 자체가 아니라 삶의 경험과 환경이 유전자 발현을 어떻게 조율하는지가 개인별 차이를 낳는다는 점을 알려 준다.

최근까지 인간을 대상으로 한 흥미로운 후성유전학 연구 결과는 계속 보고돼 왔다. 우리의 상식과는 많이 달라 보이는 한 가지 사례를 살펴보자. 2015년 영국의 연구진은 정상적인 55세 남성의 피부 조직을 분석해 놀라운 결과를 얻었다. 눈에 보이는 병적 증상이 없는 손, 팔, 눈꺼풀 등 다양한 부위에서 수천 개의 세포를 분리해 유전체를 분석했다. 그 결과, 정상 피부세포의 25% 이상이 발암성 유전자 변이를 가지고 있음을 밝혀냈다. 세포 1개당 변이의 수는 2~6개 정도였다. 주목할 점은 이 수치가 실제 암 조직의 세포에서 관찰되는 수치와 비슷하다는 사실이었다.

이 연구는 인간의 정상 조직에서도 자외선, 화학물질 노출, 세포 분열 등 다양한 요인에 의해 암 관련 변이가 광범위하게 축적된다는 사실을 보여 줬다. 하지만 이 변이가 곧바로 암으로 이어지지 않는 것은, 유전자 변이 외에도 후성유전학적 조절이나 면역 시스템 같은 방어 요인들이 함께 작용해 암 발생을 억제하기 때문임을 시사한다.

DNA 메틸화와 히스톤 변형이 원인

그동안 과학계는 동일한 DNA를 가졌지만 후천적으로 발현이 달라지는 구체적 원인으로 두 가지를 지목해 왔다. DNA 메틸화와 히스톤의 변형이 그것이다(그림 1 참조). 이들은 부모로부터 물려받은 DNA 염기서열 자체와는 무관하게, 개체가 성장하고 생활하는 과정에서 새롭게 추가되는

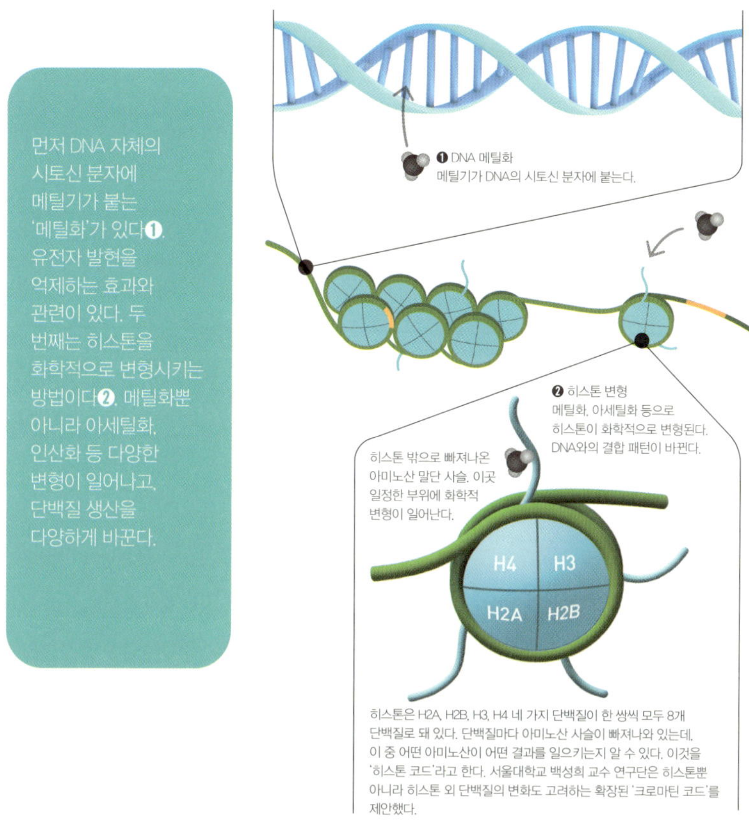

<그림 1> 후성유전학적 변화의 두 가지 메커니즘　　　　　(출처: 최재천 외, 2013, 157)

변화 요인들이다.

먼저 DNA 메틸화 현상은 1960년대 중반에 처음 보고됐다. DNA 메틸화는 주로 CpG 염기서열에서 C의 5번째 탄소에 메틸기($-CH_3$)가 결합하는 현상을 가리켰다. 여기서 CpG란 DNA에서 C와 G가 인산결합(phosphodiester bond)으로 연결된 특정 부위를 가리킨다. DNA 메틸화는 유전자 발현을 주로 억제하는 역할을 하며, 진핵생물의 경우 프로모터 부위의 CpG 섬에서 많이 발견됐다.

다음으로 1990년대에 보고된 핵 내 히스톤의 변형이 있다. DNA가 히스톤에 단단한 끈처럼 여러 번 감겨 있기 때문에, 유전체는 작은 핵 안에서 안정적으로 유지될 수 있다. 히스톤은 H2A, H2B, H3, H4 등 여러 종류가 있는데, 이들의 꼬리 부분이 아세틸화나 메틸화 등 다양한 화학적 변형을 겪을 수 있다. 이 변형에 따라 유전자 발현이 억제되거나 촉진된다. 2018년 미국의 노벨상이라 불리는 래스커상(Albert Lasker Award for Basic Medical Research)은 히스톤의 아세틸화와 메틸화가 유전자 발현 조절의 주요 원인임을 밝힌 두 명의 과학자에게 주어졌다.

DNA 메틸화와 히스톤 변형은 서로 긴밀하게 영향을 주고받는다. DNA 메틸화가 특정 히스톤의 변형을 유도하기도 하고, 반대로 히스톤 변형이 DNA 메틸화 효소를 끌어들여 메틸화를 촉진하기도 한다.

최근까지의 연구에 따르면 DNA 메틸화는 유전체 내 다양한 위치에서 발견된다. 코딩 DNA뿐 아니라 프로모터나 인핸서 같은 논코딩 DNA에서 많이 발생한다. 히스톤 단백질의 변형도 프로모터와 인핸서에서 곧잘 일어난다. 따라서 후성유전학 연구는 기존의 오믹스 연구에 더해, 유전체 정보만으로는 설명되지 않는 유전자 발현의 다양한 패턴과 그 조절 원리를 밝혀내는 데 기여하고 있다.

그렇다면 이 같은 '후성유전학적 표식'은 한번 생기면 평생 변하지 않는 것일까? DNA 메틸화와 히스톤 변형은 세포 분열 과정에서 비교적 안정적으로 유지돼 개인의 일생에서 장기적인 영향을 미칠 수 있다. 하지만 후성유전학적 표식이 이미 존재하더라도 식습관이나 생활 습관을 개선하면 유전자 발현 양상이 변화할 수 있다고 알려졌다. 예를 들어 비만 환자의 지방세포에서는 대사 관련 유전자들이 비정상적으로 메틸화돼 에너지 소모가 줄어들고 지방 축적이 촉진된다는 보고가 있다. 그러나 식습관을 개선하고 운동을 꾸준히 하면 메틸화 패턴이 정상화돼 체중과 대사 기능이 회복되는 사례가 관찰됐다. 이처럼 후성유전학은 단순한 학문적 발견을 넘어 건강관리와 질병 예방을 위한 새로운 대안적 가능성을 제시한다.

의료 현장에서는 난치병, 특히 암의 진단과 치료에 후성유전학 연구가 적용되고 있다. 예를 들어 비정상적인 DNA 메틸화 패턴은 암세포와 정상세포를 구분할 수 있는 마커로 활용될 수 있다. 실제로 혈액이나 조직에서 특정 유전자의 메틸화 여부를 검사해 암의 조기 진단이나 예후 판단에 활용하는 연구가 활발히 이루어지고 있다. 또한 DNA 메틸화 상태를 되돌리는 약물이 개발돼 일부 백혈병이나 고형암의 치료에 사용되기도 한다.

그렇다면 우리의 후성유전학적 표식은 자식에게 전달될 수 있을까? 일부 후성유전학적 변화는 감수 분열을 거쳐 정자와 난자 등 생식 세포에서도 보존돼 자손에게 전해질 수 있다. 실제로 부모 세대의 DNA 메틸화 패턴이 다음 세대에 일부 전달된 사례들이 동물실험과 일부 인간 연구에서 보고된 바 있다. 하지만 인간의 수정란이 만들어질 때 대규모로 DNA 메틸화가 재설정되는 과정이 일어나기 때문에, 대부분의 후성유전학적 변화는 자손에게 전해지지 않고 사라진다. 일부 특수한 경우에 한해 전해진다 해도 그 범위와 강도는 매우 제한적이라고 알려져 있다.

역동적인 변화 겪는 체세포 유전자

한편에서는 후성유전학의 성과를 두고 '다윈이 틀렸고 라마르크가 맞았다'는 식의 해석이 나오기도 했다. 라마르크는 생물이 환경에 적응하며 획득한 형질이 후손에게 전달될 수 있다고 주장했기 때문이다. 그러나 이는 후성유전학을 오해한 단순화된 해석이다.

라마르크는 기린의 긴 목을 예로 들었다. 그는 높은 나뭇가지의 잎을 먹으려는 조상 기린들이 목을 뻗는 행동을 반복하면서 목이 길어졌고, 이 형질이 후손에게 유전된다고 생각했다. 반면 다윈은 기린들 사이에서 목이 더 긴 개체가 자연선택에 유리해 많은 자손을 남겼고, 긴 목이라는 형질이 점진적으로 집단 전체에 퍼졌다고 설명했다.

라마르크의 주장은 후성유전학적 설명과 일부 유사해 보일 수 있지만, 실제로는 중요한 차이가 있다. 라마르크는 후천적으로 형성된 물리적 형질 자체가 유전된다고 봤다. 이에 비해 후성유전학에서 다루는 분자 수준에서의 변화는 후손에게 전해져도 길어야 몇 세대를 넘기지 못하며, 환경이 변하면 다시 원래 상태로 돌아갈 수 있다. 따라서 후성유전학은 라마르크의 주장을 입증했다기보다는, 오히려 다윈의 자연선택설을 기반으로 유전자의 발현 조절이 진화에 어떻게 기여하는지 이해하는 데 도움을 준다고 볼 수 있다.

최근에는 동일한 유전자를 가진 세포들이라도 배아 발달 초기에 생긴 변이, 세포 분열 과정에서 쌓이는 변화, 그리고 각기 다른 환경적 영향 등으로 인해 유전체의 '구성'이 서로 달라질 수 있다는 사실이 주목받고 있다. DNA 염기서열이나 후성유전학적 표식이 서로 다른 세포들이 한 사람의 몸 안에서 섞여 존재하는 '체세포 모자이크 현상(somatic mosaicism)'이 나타난다는 것이다. 암 조직뿐만 아니라 정상 조직에서도 이 현상이 드물지 않게 관찰된다는 사실은, 우리가 태어날 때부터 가지고 있던 유전체가 시간이 지나면서 얼마나 다양하게 변화하는지, 그리고 그 변화가 건강이나 질병에 어떤 영향을 주는지 이해하는 데 중요한 단서를 제공한다.

이런 배경에서 2023년 미국 국립보건원은 5년간 약 1억 4,000만 달러의 예산을 투입하는 'SMaHT(Somatic Mosaicism Across Human Tissues)' 프로젝트를 출범시켰다. 체세포 모자이크 현상을 인간의 각 조직별로 지도화하고, 그 결과가 암이나 심혈관 및 신경계 질환 등과 어떤 연관성을 갖는지 체계적으로 분석하는 일이 목표다. 후성유전학과 다양한 오믹스 연구가 합쳐져, 한 사람의 몸 안에서 발생하는 유전체 변화의 역동성과 복잡성을 통합적으로 이해하려는 새로운 흐름이 형성되고 있는 것이다(그림 2 참조).

<그림 2> 체세포 모자이크 현상을 규명하는 프로젝트

SMaHT 프로젝트를 소개하는 웹사이트의 대표 이미지다. 사람들의 옆모습은 한 사람의 몸 안에서도 세포마다 유전 정보가 조금씩 다르게 나타나는 '체세포 모자이크 현상(Somatic Mosaicism)'을 여러 색조로 상징화해 표현하고 있다.
(출처: https://smaht.org/)

내 속에 너무 많은 다른 게놈, 미생물 유전체

유전자 변이의 발생과 작동 양상이 환경 요인에 의해 많은 영향을 받는다는 사실이 밝혀지면서, 관심은 뜻밖에도 몸 안으로 모아졌다. 우리 장기에 살고 있는 미생물이 그 대상이었다.

인간의 세포 수는 몇 개나 될까? 최근까지 과학계 추산에 따르면 70kg 성인 기준으로 무려 30조~37조 개에 달한다. 그런데 몸속 미생물의 수는 이보다 훨씬 많다. 약 38조 개로 추정된다. 무게로 따지면 대략 1~2kg에 해당한다. 우스갯소리지만 우리의 '실제' 몸무게는 이 수치를 뺀 값인 셈이다.

과학계에서는 미생물과 그 유전 정보 전체를 가리켜 마이크로바이옴(microbiome)이라 부른다. 여기서 미생물은 박테리아와 고세균 등을 망라하며, 생명체인지에 대한 논란의 소지가 있지만 바이러스까지 포함한다.

제2의 게놈, 마이크로바이옴

마이크로바이옴은 대장에 가장 많이 분포하는데, 체내 전체 미생물의 70~95%를 차지한다. 이 때문에 장내 미생물의 유전체를 '제2의 게놈'이라 부르기도 한다. 나머지 미생물은 구강, 피부, 비뇨생식기, 호흡기 등 다양한 신체 부위에 분포한다. 종류별로 보면 박테리아가 90% 이상으로 가장 큰 비중을 차지한다. 일반적으로 뇌, 척수, 혈액, 심장 등은 미생물이 존재하지 않는 멸균 상태로 여겨진다.

이렇게 많은 미생물이 우리 몸에 존재하게 된 이유는 무엇일까? 과학계에서는 인간과 미생물이 서로에게 필요한 요소를 주고받으며 진화해 왔다고 추정한다. 예를 들어 장내 미생물은 인간이 소화하지 못하는 식이섬유를 분해해 영양분을 공급하는 한편, 면역 조절이나 병원균 억제와 같이 인간의 생존에 필수적인 기능도 수행했다. 반면 인간은 미생물이 안정적으로 서식할 수 있는 환경을 제공했다. 이처럼 인간과 미생물이 서로에게 이익이 되는 방향으로 긴밀한 공생관계를 이루게 됐다는 해석이다.

그렇다면 현재 우리 각자의 마이크로바이옴은 어떻게 형성된 것일까? 프롤로그에서 소개했듯이, 인간은 갓 태어날 때 어머니로부터 미생물을 물려받는다. 하지만 이뿐만이 아니다. 출생 이후에도 평생에 걸쳐 타인, 음식, 동물 등 다양한 경로를 통해 새로운 미생물이 체내에 유입된다(그림 3 참조).

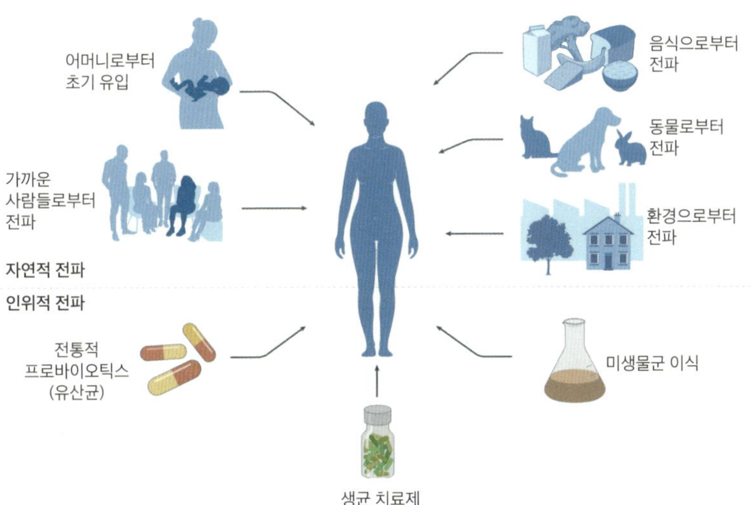

<그림 3> 인체 내 미생물의 분포와 유입 경로

우리의 마이크로바이옴은 출생 직후 어머니로부터 처음 전달되며, 이후 가족, 친구, 공동체 등 가까운 사람들과의 접촉, 그리고 환경(음식, 동물, 생활 공간 등)을 통해 유입되면서 지속적으로 새롭게 형성된다. 제왕절개로 태어난 아기의 경우, 어머니보다는 병원 환경에서의 미생물로부터 더 많이 유입되는 경향이 있다.
(출처: Vitor Heidrich et al., 2025)

결국 우리 각자가 '보유한' 미생물의 기능은 비슷하지만, 그 종류와 비율은 개인마다 다르게 형성된다. 미생물의 종(species) 수준에서 보면 인간끼리 서로 공유하는 미생물은 약 30% 정도다. 하지만 같은 종이라 해도 염기서열 변이가 있는 세부 균주(strain) 수준에서는 공유 비율이 0.1% 미만에 불과하다. 즉 인간은 자체 유전체만큼이나 고유한 미생물의 유전체를 제각기 갖고 있는 것이다.

2000년대 중반부터 과학계는 마이크로바이옴 연구에 본격적으로 돌입했다. 현대 사회에서는 식습관의 변화, 항생제의 광범위한 사용, 생활 환경의 급격한 변화 등으로 인해 체내 마이크로바이옴의 구성이 과거와는 크게 달라졌다. 그 결과 인간과 미생물의 오랜 공진화 과정에 '불협화음'이 생기기 시작했다는 문제의식이 떠올랐다. 이에 따라 비만, 알레르기, 자가면역질환 등 현대인이 겪는 고질적인 만성질환의 원인을 인체 마이크로바이옴에서 찾으려는 시도가 활발히 진행되고 있다.

과학계의 대표적인 관련 연구로 두 가지 프로젝트를 들 수 있다. 미국 국립보건원이 주도한 '인간마이크로바이옴프로젝트(Human Microbiome Project, HMP)', 그리고 유럽 국가들을 중심으로 추진된 '인간장내메타게놈(Metagenomics of the Human Intestinal Tract, MetaHIT) 프로젝트'다.

2007년 출범한 HMP는 1단계(2008~2013)에서 건강한 남녀 300여 명을 대상으로 인체 마이크로바이옴의 표준을 마련하는 데 초점을 맞췄다. 이를 위해 피부, 장, 구강, 비강, 질 등 다양한 신체 부위의 마이크로바이옴을 조사해 데이터베이스를 구축했다. 2013년부터 시작된 2단계에서는 마이크로바이옴이 질병에 미치는 영향을 집중적으로 탐구했다. 마이크로바이옴이 인간의 유전체나 대사체와 상호작용하는 양상을 통합적으로 분석하면서 임신 합병증, 염증성 장질환, 당뇨병 등과 관련된 마이크로바이옴의 특성을 탐색했다. 이 과정에서 장내 미생물군의 다양성이 특정 건강 문제를 예방하거나 치료하는 데 중요한 역할을 한다는 사실이 확인됐다.

한편 MetaHIT 프로젝트는 2008년부터 2012년까지 유럽 8개국의 참여로 진행됐다. HMP와 유사하게 건강한 사람과 환자의 장내 마이크로바이옴을 비교하면서, 특히 장내 마이크로바이옴이 염증성 장질환과 비만에 미치는 영향을 규명하는 데 중점을 뒀다. 연구진은 장내 마이크로바이옴을 구성하는 유전자들의 참조 목록(reference catalog)을 만들고 그 비율이 개인별로 얼마나 차이가 나는지를 분석했다. 그 결과 장내 마이크로바이옴에서 개인별로 다른 유전자의 수가 330만 개 이상이며, 장에는 최소 1,000종 이상의 박테리아가 존재하는 것으로 추정됐다(곽민정·김지현, 2017).

내 의지를 다지는 데도 장내 미생물이 영향

어쩌면 인간의 생존에 필요한 대사과정에서 인체 게놈에 비해 마이크로바이옴의 기여가 더 클 수도 있다. 예를 들어 음식을 먹을 때 탄수화물 분해에 필요한 효소를 만드는 유전자는 인간 유전체에서 8~17개 정도다. 반면 우리 몸에 사는 마이크로바이옴에는 탄수화물 분해 효소 유전자가 무려 1만 5,000여 개나 존재한다는 보고가 있다.

더욱 흥미로운 점은 인간의 장내 마이크로바이옴의 영향력이 단지 장내에만 한정되지 않는다는 사실이다. 인간이 만물의 영장임을 상징하는 뇌에도 영향을 미친다. 이전까지 과학계에서 가설로 알려진 이른바 '장뇌축(gut-brain axis)'의 개념이 마이크로바이옴 연구로 점차 정설로 굳어지고 있다.

장과 뇌는 해부학적으로 분리돼 있다. 그런데 우리는 일상적으로 스트레스를 받을 때 배가 아프거나 소화가 잘되지 않는 경험을 하곤 한다. 장과 뇌가 신경계, 면역계, 내분비계 등의 다양한 경로를 통해 서로 밀접하게 연결돼 있기 때문이다. 이처럼 떨어져 있는 두 장기가 서로 소통한다는 의미에서 '장뇌 축'이라는 용어가 등장했다.

그런데 2000년대 중반 초파리나 무균 생쥐 등을 대상으로 한 실험에서, 장내 미생물이 뇌의 성장호르몬 분비, 신경 발달, 행동 등에 영향을 미친다는 사실이 밝혀졌다. 예를 들어 장내 박테리아가 초파리 유충의 성장호르몬 분비를 조절한다는 연구 결과가 발표됐다.

최근에는 인간의 장내 마이크로바이옴도 유사한 역할을 한다는 사실이 드러나고 있다. 예를 들어 파킨슨병 환자의 뇌에서 증상이 나타나기 오래전부터 장에 이상이 생기거나 내부 미생물 구성이 달라졌다는 사실이 밝혀졌다. 외상후스트레스장애(PTSD), 수면장애, 과민성장증후군(IBS) 등도 장내 미생물과 관련이 깊은 것으로 나타났다. 심지어 코로나19의 후유증으로 알려진 '브레인 포그(brain fog)', 즉 머릿속에 안개가 낀 것처럼 멍하고, 생각이 잘 정리되지 않으며, 집중력과 기억력이 떨어지는 증상에서도 유사한 연관성이 보고됐다.

조금 일반화하자면 장내 미생물은 뇌의 기능 전반에 영향을 준다고 볼 수 있다. 출생 직후 장에 형성되는 미생물군의 종류와 작용 시점이 뇌의 정상적인 발달에 중요한 영향을 미친다는 보고도 있다. 그렇다면 인간이 의지를 갖게 되는 상황에서도 장내 미생물이 어떤 식으로든 관여하고 있지 않을까? 2022년 12월 《네이처》에는 우리가 운동을 하려는 의지가 장내 미생물에 따라 좌우될 수 있음을 보여 주는 연구 결과가 발표됐다. 건강한 장내 미생물을 가진 생쥐가 쳇바퀴나 러닝머신에서 더 오래, 더 자주

운동하는 것으로 나타났다. 연구진은 장내 미생물이 운동 중에 뇌에서 행복과 보상을 담당하는 호르몬인 도파민의 분비를 촉진하는 신경회로를 활성화한다고 밝혔다. 이에 비해 장내 미생물이 없는 무균 생쥐에서는 같은 현상이 관찰되지 않았다.

이 연구는 장내 미생물이 우리가 어떤 작업을 수행하겠다고 마음먹는 일에도 영향을 미칠 수 있음을 시사한다. 건강한 마이크로바이옴을 유지하는 것이 신체 건강뿐 아니라 뇌의 보상 시스템과 심리적 동기에도 중요할 수 있다는 뜻이다. 좀 더 확장해서 생각한다면, 현대인의 고질적인 무기력증이나 스트레스, 우울감 등도 장내 미생물을 잘 다스림으로써 어느 정도 극복할 수 있지 않을까? 아직 일반화하기는 어렵지만, 실제로 우울증 환자에서 '사이코바이오틱스(psychobiotics)'라 불리는 일부 유산균의 섭취로 증상이 호전됐다는 연구 결과가 보고된 바 있다.

한편 장과 뇌뿐 아니라 장과 폐도 서로 긴밀하게 영향을 주고받는다는 '장폐 축(gut-lung axis)'의 개념도 주목받고 있다. 과거에는 폐가 거의 무균 상태라고 여겨졌으나, 최근에는 장내 미생물의 약 0.01% 이하로 매우 미미한 양이지만 폐에도 다양한 미생물이 살고 있다고 알려졌다.

장과 폐 역시 해부학적으로 떨어져 있지만, 면역계와 미생물의 대사산물 등을 매개로 긴밀히 소통하고 있다. 예를 들어 장내 미생물 분포가 불균형해지면 천식이나 폐렴 같은 폐질환이 발생하거나 그 증상이 악화될 수 있다는 연구 결과가 보고됐다. 반대로 폐의 감염이나 염증이 장내 미생물 생태계에 변화를 일으킬 가능성도 제시됐다. 앞으로 장폐 축 연구가 심화되면, 장내 미생물 관리를 통해 호흡기 질환을 예방하거나 치료하는 새로운 방법이 개발될 수 있을지 모른다.

노화 연구에서 대변 이식까지

노화 연구에도 마이크로바이옴이 중요한 단서를 제공하고 있다. 최근 과학계는 아프리카에서 서식하는 개코원숭이의 장내 미생물을 분석해 생물학적 나이를 예측하는 '마이크로바이옴 시계(microbiome clock)'를 개발했다. 연구진은 14년에 걸쳐 개코원숭이 479마리에서 수집한 1만 3,000개 이상의 대변 샘플을 분석해, 특정 박테리아 군집의 구성과 실제 나이의 관계를 조사했다. 이를 바탕으로 개코원숭이의 장내 미생물 분포를 알면 평균 ±2년 이내의 정확도로 나이를 알 수 있었다.

흥미롭게도 사회적 지위가 높은 개코원숭이들은 장내 미생물 조성이 실제 나이보다 더 '늙은 상태'를 보이는 경향이 나타났다. 개체의 집단 내 역할에 따라 생리적 노화 과정이 달라질 수 있음을 시사하는 대목이다. 가령 리더의 경우 집단을 이끌어 갈 때 받는 심리적 스트레스가 심해질수록 실제 나이보다 생물학적으로 빨리 늙을 수 있다. 가뭄과 같은 환경 요인 역시 스트레스로 작용해 장내 미생물 생태계를 변화시켜 노화 속도를 높일 수 있다.

이상과 같은 내용에 비춰 볼 때, 마이크로바이옴 연구는 유전자 변이로 인한 신체 질환도 일반인이 일상의 실천을 통해 어느 정도 극복할 수 있는 가능성을 제시하고 있다. 타고난 유전자는 우리가 바꿀 수 없지만, 장내 마이크로바이옴은 식습관과 생활 습관을 통해 조절할 수 있기 때문이다. 그래서 발효식품이나 식이섬유, 유산균 등을 섭취하는 일은 유전적 취약성을 완화하고 전반적으로 건강을 증진시킬 수 있는 가장 쉬우면서 효과적인 방법의 하나로 새삼 주목받고 있다.

이런 일상적 실천의 목표는 장에서 유익균과 유해균이 적절하게 '균형'

을 이루도록 만드는 데 있다. 얼핏 생각하면 우리 몸에 유해균이 하나도 없으면 좋을 것 같다. 하지만 일정 비율의 유해균 역시 인간의 건강 유지에 긍정적인 역할을 수행한다. 가령 일부 유해균은 약한 수준의 면역 자극을 일으켜 특정 독성 미생물에 대해 미리 내성을 갖출 수 있게 도와준다. 장에 유익균만 가득하다면 오히려 면역력이 떨어져 염증 반응이 증대할 수 있다. 지구 생태계에서와 유사하게 장내 미생물 생태계가 유지되기 위해서는 구성원들의 '다양성'이 중요하다는 의미다. 과학계에서는 장내 유해균이 5~15% 정도 분포하면 대체로 건강한 상태라고 여긴다.

그렇다면 우리 각자의 장내 미생물 상태는 어떻게 알 수 있을까? 원핵생물의 리보솜에 공통으로 존재하는 rRNA(16S rRNA)의 염기서열을 분석함으로써 해당 미생물의 종류를 확인할 수 있다. 16S rRNA는 대략 1,500개의 염기로 구성되는데, 미생물마다 고유의 배열을 갖추고 있다. 인간 개인별 '장내 미생물 신분증'인 셈이다.

물론 마이크로바이옴은 우리가 섭취한 음식이나 건강 상태에 따라 달라지기 때문에 이 신분증은 개인 고유의 게놈과는 달리 수시로 변할 수 있다. 병원에서는 환자 검진에 필요한 경우 대변을 얻은 후 16S rRNA를 이용해 마이크로바이옴의 상태를 확인한다.

최근 의학계에서는 단순히 장내 미생물의 균형을 맞추는 일을 넘어 마이크로바이옴 자체를 환자 치료에 직접 활용하려는 시도가 활발히 이루어지고 있다. 일반인에게는 다소 생소할 수 있지만, 건강한 사람의 대변에서 유익한 미생물을 추출해 환자에게 이식하는 '대변 이식술(Fecal Microbiota Transplantation, FMT)'이 유용한 치료법으로 떠오르고 있다.

대표적인 사례로 재발성 디피실 감염 치료를 들 수 있다. 디피실균은 인간의 장에 흔히 존재하는 박테리아로, 건강한 사람은 이 균이 소량 존재하더라도 장내 다양한 유익한 균들 덕분에 특별한 문제가 생기지 않는다. 하지만 항생제를 많이 복용한 경우, 유익한 균들이 줄어들고 디피실균이 과도하게 증식할 수 있다. 이때 디피실균에서 분비된 독소가 대장점막에 위막(pseudomembrane)을 형성하면서 설사, 복통, 발열, 혈변 등 다양한 증상을 유발할 수 있다. 특히 고령자, 장기 입원 환자, 면역력이 약한 사람, 위장 수술 이력이 있는 환자 등에서 위험성이 더 커진다.

미국에서는 대변 이식술이 관장과 경구용 캡슐 복용 등 두 가지 방식으로 허가됐다. 엄격한 선별 과정을 거친 기증자로부터 대변을 얻어 멸균과 여과 과정을 거친 후 액상이나 캡슐 형태의 치료용 마이크로바이옴을 만든다. 최근 보고에 따르면, 대변 이식술은 항생제로도 잘 해결되지 않는 디피실균 감염에서 80~95%의 높은 치료율을 보였다고 한다. 이 시술은 한국을 포함한 여러 국가에서 신의료기술의 하나로 채택돼 염증성 장질환, 대사질환, 면역질환 등의 치료에 활용되고 있다.

최근에는 대변 이식술이 자폐 스펙트럼이나 과민성대장증후군 환자에서 장뿐 아니라 정신적 기능을 개선하는 데 효과를 나타냈다는 사실이 보고되기도 했다. 하지만 아직 디피실균의 경우 외에는 일관된 치료 효과가 충분히 확보되지 않은 상황이어서, 정신질환에 대해서는 향후 좀 더 많은 연구가 필요한 상황이다.

박테리아보다 10배 많은 바이러스

바이러스에 대한 연구도 활발히 진행되고 있다. 한 사람의 몸에는 수천 종의 바이러스가 존재하며, 그 수는 인체 세포보다 훨씬 많을 것으로 추정된다. 예를 들어 장내에는 박테리아보다 10배 이상 많은 바이러스가 존재한다. 이처럼 방대한 바이러스 군집은 질병을 유발할 수도 있지만, 장내 미생물 생태계의 균형을 유지하거나 면역반응을 조절하는 등의 유익한 역할을 수행할 수도 있다. 하지만 그 구체적인 영향과 기능은 아직 충분히 밝혀지지 않았다.

2024년 미국 국립보건원은 인체 내에 존재하는 모든 바이러스의 종류와 기능을 포괄적으로 규명하기 위한 대규모 연구 프로젝트인 '인간바이롬프로그램(Human Virome Program)'을 출범시켰다. 바이롬은 바이러스 유전자의 총합을 의미한다. 이 프로그램은 인간 바이롬의 다양성과 구조, 그리고 바이러스가 인체 건강과 질병에 미치는 영향을 종합적으로 이해하는 것을 목표로 삼고 있다. 1단계 사업이 완료되는 2028년 과연 어떤 결과가 나올지 주목된다.

남은 관문, 인간 표현형의 표준화

20세기 초 요한센은 유전자라는 용어를 처음 제시하면서 유전형과 표현형을 구분했다. 당시 과학계의 주요 관심사는 멘델이 연구한 완두에서처럼, 겉으로 드러나는 형질(표현형)을 결정하는 근본적 요인(유전형)이 무엇인지 파악하는 일이었다. 이후 유전자가 염색체 안의 DNA라는 사실이 밝혀지면서 관심은 유전형이 분자 수준에서 어떤 방식으로 표현형을 만드는가로 심화됐다. DNA의 핵심 기능이 단백질 생성이라는 점이 규명되자 표현형은 DNA의 염기서열(유전형)로부터 만들어진 단백질의 구조와 기능을 설명하는 개념으로 인식됐다.

현대 과학계의 최우선 과제는 여전히 질환의 유전적 원인을 밝히는 일이다. 여기서 표현형은 거시적으로는 질환의 발생 양상, 미시적으로는 단백질의 변이부터 세포와 조직의 비정상적 변화까지를 포괄하는 복합적인 개념으로 이해되고 있다.

방대한 연구 기록에서 불거진 표준화 문제

21세기 들어 인간의 질환과 관련된 유전 정보는 상당 부분 해석됐다. 하지만 특정 유전자 변이가 실제로 어떤 임상적 특징, 즉 표현형으로 이어지는지를 이해하는 데는 여전히 한계가 있었다.

우선 해결해야 할 문제는 방대한 데이터를 표준화하는 작업이었다. 유전자 변이와 환자 증상 간의 복잡한 관계를 일관된 기준으로 정리해 사안별로 명료하게 비교할 수 있는 통합적 체계가 필요했다.

예를 들어 동일한 질환을 연구하거나 진단하는 경우에도 연구자나 임상의들이 사용하는 표현형 용어는 제각기 다를 수 있다. 가령 근육의 기능이 감소한 상황을 가리킬 때 '근육 약화', '사지 무력감', '근력 저하' 등으로 기록될 수 있다. 지적 능력이 정상보다 떨어지는 경우에도 '지적 발달 지연', '인지 저하', '학습 능력 저하' 등 여러 용어가 혼용되기도 한다.

나아가 기록의 깊이와 방식도 사람마다 차이를 보일 수 있다. 가령 어떤 의료인은 표현형을 주요한 증상 위주로 간단히 서술하는 반면, 어떤 이는 세부적인 관찰 결과까지 자세히 남긴다.

당연하게도 용어나 기록 방식의 차이는 수집된 유전 정보와 환자 증상을 체계적으로 비교하고 분석하는 데 큰 어려움을 준다. 이런 상황에서는 여러 데이터를 연계해 일관되게 해석하는 일이 사실상 불가능해, 유전형과 표현형 사이의 정확한 연결고리를 찾는 과정이 더욱 복잡해진다.

사실 표현형에 대한 기록은 일찍부터 '유전 정보와 임상 현상 사이를 연결하는 해석의 다리'로 인식되면서 그 중요성이 강조돼 왔다. '인간 표현형프로젝트(Human Phenotype Ontology Project, HPO)'는 이 같은 문제의식으로 2008년 독일에서 출범한 국제 협력 연구 사업이었다.

HPO의 핵심 임무는 인간 질환에서 관찰되는 다양한 임상적 표현형(증상과 징후)을 표준화된 용어로 체계화하는 일이었다. 프로젝트명에 포함된 'Ontology'는 철학 분야에서 존재의 본질을 탐구하는 영역인 '존재론'과 영어 명칭이 동일한데, 그 의미는 많이 다르다. 여기서의 '온톨로지'는 생물학이나 의학의 복잡한 개념과 용어를 컴퓨터가 이해하고 분석할 수 있도록 논리적이고 계층적인 구조로 정의한 지식 체계를 뜻한다. 관련 분야에서 누구라도 쉽게 검색해 분석할 수 있게 하자는 취지를 담고 있다.

현재 HPO는 전 세계적으로 유전 질환 진단의 표준 도구로 널리 활용되고 있다. 2025년 기준으로 1만 8,000개 이상의 표현형 용어와 15만 6,000건

이상의 관련 주석을 공식 홈페이지(https://hpo.jax.org)에서 제공하고 있다.

마우스에 다시 눈길 돌린 이유

그러나 데이터 표준화만으로는 한계가 있다. 2만 개 이상의 인간 유전자가 각각 또는 서로 협력하면서 어떤 기능을 수행하는지는 아직 명확하게 밝혀지지 않은 상황이다. 더욱이 이들 유전자는 환경 요인과의 상호작용 속에서 매우 다양한 표현형을 만들어 낸다. 단지 인간을 관찰하는 것만으로는 유전형과 표현형의 관계를 온전히 파악하기 어렵다.

한 가지 대안은 여러 조건에서 특정 유전자의 기능을 하나씩 없애면서(녹아웃), 그때마다 표현형이 어떻게 드러나는지 확인하는 실험을 수행하는 것이다. 그러나 인간에게 적용할 수 없는 방법이기 때문에, 자연스럽게 과학계의 눈길은 실험동물로 옮겨졌다.

2011년 국제마우스표현형사업단(International Mouse Phenotyping Consortium, IMPC)은 바로 이런 배경에서 출범했다. 마우스(생쥐)의 각 유전자를 하나씩 제거한 뒤, 그 결과로 나타나는 표현형의 변화를 체계적으로 분석하는 대규모 국제 협력 프로젝트다.

마우스의 유전자 지도를 작성하는 마우스게놈프로젝트(Mouse Genome Project)는 이미 2002년에 완

<그림 4> 2002년 마우스게놈프로젝트의 완료를 알린 《네이처》 표지

2002년 12월 5일 자 《네이처》 표지는 마우스게놈프로젝트의 완성으로 생물학 연구에서 새로운 시대가 열릴 것임을 상징적으로 보여 줬다. 표지 제목(The mouse genome)은 마우스가 인간의 질병 분석을 위한 모델동물로서 본격적인 역할을 수행할 수 있다는 점을 시사했다. 그 성과는 후속 프로젝트인 국제마우스표현형사업단(IMPC)의 중요한 토대를 마련했다.
(출처: 《네이처》)

료돼 있었다(그림 4 참조). 마우스는 침팬지와 마찬가지로 유전자와 염기의 수가 인간과 유사하다. 그리고 인간 유전자와 최소한 85% 이상을 공유하고 있다. 이 말은 단백질을 만드는 코딩 DNA의 염기서열이 평균적으로 그 정도 비슷하다는 의미다. 개별 유전자에 따라 많게는 99%, 적게는 60% 정도까지 유사성이 보고됐다. 전체 DNA 염기서열에서는 약 95%의 일치율을 보인다.

마우스는 생애 주기가 짧고 실험적 조작이 비교적 용이하기 때문에 오래전부터 실험동물로 널리 사용되고 있었다. 또한 북미와 유럽 국가들을 중심으로 다양한 녹아웃 마우스에 대한 기초 자료가 마련된 상황이었다.

IMPC는 출범 이래 마우스의 2만여 개 유전자 중 1만 3,000개 이상을 각각 제거한 개체를 개발해 왔다. 이 가운데 9,700여 개 유전자의 녹아웃 마우스가 국제적으로 공유돼, 특정 유전자별로 전신에서 드러나는 다양한 표현형의 특징을 분석할 수 있게 되었다.

IMPC의 또 다른 핵심 임무는 녹아웃 마우스의 생산 방법과 결과에 대한 기록을 표준화하는 일이었다. 연구소별로 서로 다른 방법론이나 측정 단위를 사용할 경우, 같은 유전자가 제거된 표현형이라도 비교 분석이 불가능해질 수 있기 때문이다. 특히 신경, 심혈관, 면역, 대사 등 단일 유전자만으로 설명하기 어려운 복잡한 체계를 통합적으로 설명할 때 그 중요성은 더욱 커진다. 전 세계 연구소에서 진행되는 실험과 분석 절차를 표준화한 시스템인 IMPReSS(IMPC Phenotyping Resource of Standardised Screens)가 마련된 이유다.

출범 당시 IMPC는 2021년까지 마우스의 모든 유전자에 대한 녹아웃 계통을 생성하고 그 표현형을 분석한다는 목표를 세웠다. 목표가 일부 달성되지는 못했지만, IMPC의 지속적인 보완 연구를 통해 향후 인간 유전자의 기능을 이해하는 데 중요한 계기가 마련될 것으로 기대되고 있다.

한국형 마우스표현형프로젝트, KMPC

한국은 2014년 국가마우스표현형사업단(Korea Mouse Phenotyping Consortium, KMPC)을 출범시키면서 IMPC의 공식 연구진으로 참여했다. 국제 협력 연구의 초창기부터 한국 연구진이 적극 참여한 사례는 국내에서 드문 경우였다. 특히 한국은 여러 분야 중에서도 상대적으로 연구가 까다로운 대사 분야를 맡았다.

생체의 대사 기능은 거의 모든 장기와 조직의 복잡한 상호작용에 의해 조절되기 때문에 다른 분야에 비해 접근이 어렵다. 가령 개별 유전자의 녹아웃이 혈당, 지질, 체중, 인슐린 감수성 등 수많은 지표에 미묘하고 다양한 변화를 일으킬 수 있다. 또한 음식 섭취나 스트레스 같은 환경 요인과 실험 설계의 작은 차이만으로도 결과가 크게 달라질 수 있다. 더욱이 대사질환의 표현형은 비교적 장기간에 걸쳐 누적적으로 드러나고, 마우스의 미세한 대사이상과 이로 인한 행동 변화는 주의 깊게 반복적으로 관찰해야 겨우 알아낼 수 있다. 다시 말해, 대사 분야는 시스템적 복잡성과 재현성 확보의 어려움, 그리고 환경 변수의 정밀 통제라는 측면에서 실험동물 표현형 연구 중에서도 가장 도전적인 영역으로 꼽힌다. 그럼에도 KMPC는 대사 관련 표현형 데이터를 성공적으로 수집하고 분석함으로써, IMPC 데이터베이스에 수백 개의 녹아웃 마우스 계통을 등록하는 성과를 거두었다.

대사질환의 한 가지 사례인 비만을 살펴보자. 그동안 FTO(FaT mass and Obesity-associated) 유전자가 체지방량과 비만에 관련된다는 사실은 알려져 있었다. 하지만 FTO가 몸에서 어떻게 비만을 유발하는지에 대한 생물학적 원인이나 작동 메커니즘은 구체적으로 파악하기 어려웠다. 만일 인간의 FTO에 해당하는 유전자(Fto)를 제거해 녹아웃 마우스를 만들면, 성장, 식욕, 지방대사 등에서 이 유전자의 기능이 무엇인지 확인할 수 있다.

실제로 KMPC의 연구 결과, Fto 녹아웃 마우스에서는 성장이 줄고, 식욕이 떨어지며, 체지방량이 감소하는 등의 생리적 변화와 그 메커니즘을 알아낼 수 있었다. 이 결과를 토대로 인간 FTO의 작동 원리를 좀 더 구체적으로 파악할 수 있게 되었다.

마우스의 표현형 연구에는 마이크로바이옴 연구 역시 중요하게 포함된다. 예를 들어, SPF(Specific Pathogen Free) 마우스는 체내에서 박테리아, 바이러스, 기생충 등 주요 병원체가 제거되고 나머지 미생물은 유지된 상태로 사육된다. 이런 조건에서 자란 마우스는 외부 감염의 요인 없이 생물학적 특성이나 실험의 효과를 명확하게 분석할 수 있는 장점이 있다.

KMPC는 SPF 마우스를 이용해 다양한 질환 모델을 개발하고, 이들의 해부학적·생리적·병리적 표현형을 표준화된 방식으로 분석했다. 예를 들어 SPF 시설에서 기른 아토피피부염 모델 마우스는 일반 환경에서 자란 마우스에 비해 자연적인 발병 비율이 크게 줄어든다. 이 결과를 바탕으로 아토피피부염의 발생 원인을 외부 병원체라는 외적 요인과 유전자나 마이크로바이옴 등의 내적 요인으로 구분해 연구할 수 있게 되었다.

또한 SPF 마우스에 특정 마이크로바이옴을 이식하고 그 미생물군의 기능을 정밀하게 분석하는 연구도 가능하다. 예를 들어 폐암 환자에게서 얻은 마이크로바이옴을 SPF 마우스에 이식한 뒤 항암제 투여에 대한 반응이나 면역력의 변화를 평가함으로써, 미생물이 질환 발생과 치료 반응에 미치는 영향까지 폭넓게 탐구할 수 있다.

후성유전학 연구도 KMPC의 주요 사업 분야에 포함되었다. 일반적으로 후성유전학 연구에서는 세포나 조직 수준에서 DNA 메틸화나 히스톤 변형 같은 변화를 분석하는 경우가 많았다. 이에 비해 KMPC는 표준화된 유전자 변형 마우스나 SPF 마우스 등을 제작함으로써 개체 수준에서 연구를 수행할 수 있도록 인프라를 제공했다.

예를 들어 특정 유전자를 녹아웃하거나 과발현시킨 마우스에서 후성유전학적 조절이 어떻게 변화하는지, 그리고 그 결과로 어떤 표현형이 나타나는지를 직접 관찰할 수 있다. 또한 동일한 유전적 배경을 가진 마우스에 식이, 스트레스, 약물 등 다양한 외부 조건을 부여하고 그 결과를 분석함으로써, 특정 표현형에 영향을 미치는 유전자와 환경 요인을 종합적으로 검증할 수 있다.

한국인 고유의 난청 유전자 확인

사실 마우스의 표현형을 연구하는 것이 인간의 질환 예방과 치료에 얼마나 도움을 줄지 일반인이 실감하기는 쉽지 않다. 하지만 KMPC의 연구 성과에서 그 사례를 일부 확인할 수 있다.

대표적으로 코로나19 팬데믹 시기에 감염 모델 마우스를 제작해 보급한 일을 꼽을 수 있다. 팬데믹 초기에는 코로나19 바이러스가 인체에서 질병을 유발하는 원리를 파악하는 데 필요한 모델 동물이 전 세계적으로 부족한 상황이었다. 당시 KMPC는 국내 최초로 코로나19 감염 모델 마우스를 만들어 연구자들에게 신속하게 제공했다. 덕분에 국내외 연구진은 바이러스의 병리 메커니즘과 조직 손상 과정 등을 개체 수준에서 분석할 수 있었고, 이를 기반으로 백신과 치료제 개발에 필요한 핵심 데이터를 구축했다.

인간을 대상으로는 얻을 수 없는 흥미로운 실험 결과가 도출되기도 했다. 생존에 반드시 필요한 유전자의 발굴이었다. KMPC는 마우스의 배아에서 유전자를 하나씩 제거해 나가면서, 발생 초기부터 생존하지 못하게 하거나 조직과 기관에 장애를 일으키는 유전자가 무엇인지 파악했다. 바로 건강한 생체로 자라는 데 필수적인 유전자들이었다. 이들은 인간 배아의 생존과 발달에도 핵심적인 역할을 수행할 것으로 추정된다.

한국인에게만 나타나는 고유의 유전자 변이가 실제로 표현형에서 확인되는 성과도 나왔다. 최근 한국의 일부 가족에게서 발견된 MYH1 유전자의 변이가 비진행성 난청, 즉 시간이 지나도 심해지지 않는 청각 손실과 관련된다는 사실이 밝혀진 바 있다. 원인을 알 수 없는 난청 환자 437

<그림 5> 한국의 국가모델동물연구소 홈페이지
국가모델동물연구소(KMPC)는 국내외 바이오메디컬 연구를 위한 모델 동물과 연구 정보를 종합적으로 제공하는 플랫폼이다. 다양한 실험동물을 연구자들이 손쉽게 활용할 수 있도록 실험 방법, 임상 실험 정보, 그리고 연구 네트워크 협력 정보를 체계적으로 안내하고 있다.
(출처: https://mousephenotype.kr)

명의 유전자를 분석한 결과 여러 가족에게서 MYH1에 두 가지 이상의 변이가 존재한다는 것이다.

KMPC는 즉시 해당 유전자(Myh1)를 제거한 마우스 모델을 개발했다. 그리고 그 표현형에 대한 분석을 통해 내이에 분포하는 특정 청각 세포의 기능이 떨어져 청력이 유지되지 못한다는 사실을 알아냈다. 마우스 연구로 한국인 고유의 유전자와 질환의 연관성이 입증된 사례였다.

2024년 6월 KMPC는 공식 한국어 명칭을 '국가모델동물연구소(Korea Model animal Priority Center)'로 변경하며 그 역할을 더욱 확대하고 있다. 마우스뿐 아니라 미니돼지, 영장류, 지브라 피시, 초파리 등 다양한 주요 실험동물의 야생형과 녹아웃 개체를 표준화된 환경에서 사육하고 제공한다. 이제 KMPC는 국내 생명과학과 의학 분야의 연구 역량을 도약시키는 국가적 핵심 인프라이자 연구 지원의 중심 플랫폼으로 자리매김하고 있다(그림 5 참조).

II

유전자를 사용하는 인간

6장

논란

사회적 합의의 필요성, ELSI 프로그램
특허, 차별, 선택의 딜레마(1970~2020년대)

인간이 '생명의 설계도'를 손에 넣겠다는 발상은 과학의 진보를 넘어 윤리적·법적·사회적 우려를 낳았다. 이는 인간의 과도한 욕망이 초래할 수 있는 부정적 영향에 대한 경고이기도 했다. 우리가 많이 안다고 해서 반드시 행복해진다고 할 수 없는 것과 같은 이치다. 하지만 일반인은 과학의 발전 속도와 이로부터 발생할 문제를 충분히 상상하기 어려웠다. 반면 과학계와 인문사회학계는 인간게놈프로젝트가 인류에게 미칠 다양한 영향을 예측하면서 그 대책을 논의하기 시작했다. 초창기부터 야기됐거나 예견된 문제는 유전 정보의 소유권, 유전자 차별과 프라이버시 침해, 그리고 선택의 딜레마 등이었다.

인간게놈프로젝트의 성과가 일반인의 눈앞에 드러나면서 유전자에 대한 인식은 새로운 전환점을 맞았다. 과학계에서 이해되던 생물학적 구조물이나 단백질 생성의 기능을 넘어, 인간 사회에서는 때로는 사적 소유의 대상으로, 때로는 사회적 우열이나 운명을 가르는 요인으로 여기는 분위기가 형성됐다. 이제 유전자는 더 이상 물질적 존재에 머무르지 않고 추상적인 '사회화된 개념'으로 정착하기 시작했다.

공유 vs 사유, 인류의 유전 정보는 누구 것인가?

국제컨소시엄을 처음 이끈 왓슨은 활동 초창기부터 인간게놈프로젝트의 부정적 영향을 크게 우려했다. 그는 당시 한 기자회견에서 "이 프로젝트 연구비의 일정 부분을 유전자 연구가 사회에 미칠 영향에 대한 연구에 할애하겠다"고 밝혔다. 인간게놈프로젝트에서 파생될 윤리적·법적·사회적 의미를 탐색하는 'ELSI(Ethical, Legal, and Social Implications) 프로그램'을 가동하겠다는 것이다. 후임자 콜린스도 ELSI 프로그램을 지지하면서 "인류 역사상 생물윤리학에 대한 가장 큰 투자"라고 언급했다.

실제로 예산 규모는 상당했다. 1990년 미국 국립보건원과 에너지부는 공동으로 ELSI 프로그램을 만들면서 전체 인간게놈프로젝트 예산의 3~5%를 할당하겠다고 밝혔다. 이후 6년 동안 ELSI 프로그램에 투입된 예산은 4,000만 달러에 달했다. 이 프로그램은 주로 인문사회학계의 전문가들로 구성돼 운영됐으며, 유럽과 일본 등 다른 국가들에 다양한 형태로 전파됐다.

과학계의 첫 번째 실천, 버뮤다 원칙의 공표

과학계에서도 움직임이 시작됐다. 1996년 2월 국제컨소시엄의 과학자들이 대서양의 버뮤다섬에 모였다. 이 자리에서 참석자들은 '확보된 유전 정보의 공개'를 골자로 한 '버뮤다 원칙(Bermuda Principles)'을 공식 선언했다(그림 1 참조).

버뮤다 회의는 데이터의 품질 관리와 개별 프로젝트 간의 조율이라는 실용적 목적을 가졌을 뿐만 아니라, 유전 정보에 대한 특허 등록을 우려

<그림 1> 1996년 버뮤다에서 열린 국제회의 참가자들

1996년 버뮤다에서 열린 제1차 국제인간게놈전략회의 참가자들의 기념사진이다. 사진 앞줄 왼쪽에 모자를 쓴 인물이 노벨상 수상자이 면서 인간게놈프로젝트의 첫 수장인 왓슨이다. 이 회의에서 유전 정 보의 공개에 관한 '버뮤다 원칙'이 선언됐다.
(출처: https://www.genome.gov)

하며 대책을 논의하는 자리이기도 했다. 버뮤다 원칙의 핵심 내용은 크게 세 가지로 요약할 수 있다.

첫째, 1,000개 염기(1kb) 이상 유전 정보의 신속한 공개다. 인간 유전체의 염기서열 분석 센터들은 새로운 유전자의 염기서열 정보가 1,000개 단위로 정리될 때마다, 가능하면 24시간 이내에 이를 공공 데이터베이스에 등록해야 한다.

둘째, 주석이 완성된(annotated) 염기서열의 즉각적 공개다. 기본적인 염기 서열 정보뿐 아니라 기능이나 특징에 대한 주석이 추가된 유전 정보도 작성이 완료되는 즉시 공공 데이터베이스에 등록해야 한다.

셋째, 공개된 데이터의 자유로운 활용에 대한 보장이다. 연구자를 포함해 누구든 공개된 유전 정보에 별다른 제약이나 비용 부담 없이 자유롭게 접근해 다양한 목적으로 활용할 수 있어야 한다.

버뮤다 원칙의 선언은 인간의 게놈 정보가 일부 연구자나 기업에 독점되지 않고 전 세계적으로 투명하게 공유돼야 한다는 점을 상징적으로 보여 줬다. 이 원칙이 실현될 때에야 비로소 유전체 연구의 협력과 혁신이 활발히 이루어지고, 유전 정보가 진정한 공공재로서의 가치를 갖게 될 것이라는 의미였다.

그러나 한계도 존재했다. 버뮤다 원칙의 선언을 주도한 기관은 인간게놈프로젝트 예산의 90% 이상을 지원한 미국 국립보건원과 영국의 웰컴 트러스트 재단이었다. 그래서 국제컨소시엄에 참여한 연구진은 버뮤다 원칙에 따라 확보된 데이터를 신속하게 무료로 공개했다. 하지만 민간 기업들의 입장은 달랐다. 이들은 초창기부터 버뮤다 원칙에 반대하면서 공개된 데이터를 활용해 특허 등록을 시도했다.

특히 국제컨소시엄의 경쟁자였던 셀레라의 반대가 심했다. 1990년대 중반 셀레라는 인간의 염기 30억 개 중 12억 개의 해독을 완료하고는 유전자 특허를 활용하려는 기업들을 적극적으로 모집하기 시작했다. 1999년 10월에는 인간 유전자에 관한 약 6,500건의 특허를 미국에서 출원했다고 발표하기도 했다. 셀레라의 움직임에 제약 회사들과 연구 기관들은 긴장할 수밖에 없었다. 특허가 실제로 등록될 경우 해당 유전 정보를 연구하거나 활용하려면 반드시 셀레라의 허락을 받고 사용료를 지급해야 하기 때문이었다.

다른 기업들에서도 인간을 포함한 다양한 생물의 유전자 특허 출원이 경쟁적으로 이루어지고 있었다. 미국 특허청에 따르면 2000년 한 해 동안 3만 건 이상의 생물 유전자 관련 특허가 출원됐는데, 이는 1999년 대비 15% 증가한 수치였다. 최종 등록된 약 6,000건의 특허 가운데 인간 유전자와 관련된 경우는 약 1,000건에 달했다.

이런 분위기에서 2001년 2월 셀레라가 《사이언스》에 인간게놈프로젝트 결과를 발표한다는 소식은 다소 의아스러웠다. 학술지에 논문을 게재하는 것은 일반적으로 연구 결과를 공개적으로 공유한다는 뜻이기 때문이다. 그렇다면 셀레라가 그동안의 계획을 접고 게놈 정보를 모두 공개하기로 마음을 바꾼 것일까?

그렇지 않다. 2000년 12월 셀레라는 《사이언스》와 게놈 정보의 공개에 대해 '조건부' 협정을 체결했다. 당초 《사이언스》는 DNA 염기서열 정보를 미국 국립생명공학정보센터(NCBI)의 유전자은행(GenBank)에 등록해 누구나 자유롭게 이용하게 하자는 입장이었다. 그러나 셀레라는 기본적인 염기서열 정보만 《사이언스》에 공개하겠다고 했다. 이와 달리 주요 기능이 밝혀진 상세한 정보는 자사 웹사이트를 통해 유료로 제공할 계획이었다.

앤젤리나 졸리가 촉발한 특허 이슈

실제로 셀레라는 순수한 연구 목적을 가진 대학과 공공기관에게는 최대 100만 개 염기까지 데이터를 사용할 수 있도록 허용했다. 하지만 그 이상의 데이터에 접근하거나 기업이 사용할 때는 '비영리 목적'이라는 각서를 제출하지 않으면 많은 비용을 지불하도록 했다. 셀레라와 《사이언스》 간의 협정은 당연히 국제컨소시엄의 강한 반발을 불러일으켰다. 왓슨은 유전 정보에 대한 특허 등록 시도를 두고 "완전히 미친 짓"이라고 혹평하기도 했다.

그러던 중 2013년 미국 대법원은 유전자 특허를 둘러싼 논의에 중대한 전환점을 마련했다. 미국의 생명공학 회사 미리아드 제네틱스(Myriad Genetics)의 특허 허용에 대한 판결을 통해서였다.

미리아드는 브라카(BRCA) 유전자의 변이가 여성의 유방암과 난소암 발병 위험과 관련이 있다는 점을 확인하고, 해당 유전자 염기서열 자체와 이를 활용한 진단법에 대해 특허를 출원했다. 그 결과 1990년대 후반 미리아드는 특허 7개를 등록하고 의료 기관에 진단법을 독점적으로 제공하기 시작했다. 이때 책정된 유전자 검사 비용은 3,000~4,000달러에 달했다.

경쟁 업체들은 비슷한 기술력을 갖고 있었지만 염기서열 자체에 대한 특허로 인해 유전자 검사 서비스 개발에 접근하기 어려웠다. 이후 2009년 미리아드의 결정에 반발한 미국시민자유연맹과 공공특허재단이 특허 무효 소송을 제기하면서 법적 분쟁이 진행됐다(그림 2 참조).

2013년 6월 13일 미국 대법원은 브라카 유전자의 염기서열 자체는 자연의 산물로 간주되므로 특허 대상이 될 수 없다고 판결했다. 원래 특허는 인간의 창조적 개입이 담긴 발명에만 부여될 수 있다는 원칙을 반

<그림 2> 브라카 유전자 특허에 반대한 미국시민자유연맹

2010년 2월 2일, 미국시민자유연맹(ACLU)과 공공특허재단(PUBPAT)이 유방암 관련 브라카 (BRCA) 유전자에 대한 특허가 위헌임을 알리는 보도자료의 일부다. 여기에는 인간 유전자 자체에 대한 특허를 인정할 수 없으며, 특허는 개인의 기본권과 과학 발전에 해를 끼칠 수 있다는 주장이 담겨 있다.
(출처: https://www.aclu.org)

영한 결정이었다. 이에 비해 미리아드가 진단용으로 만든 cDNA는 자연에 존재하지 않는 형태이므로 특허 등록이 가능하다고 판단했다. cDNA(complementary DNA)는 mRNA와 상보적(complementary) 결합을 이루도록 제작된 DNA로, 원래 DNA에서 단백질을 만들지 않는 인트론을 제거하고 엑손만 남긴 형태를 가리킨다.

이 판결을 계기로 경쟁 업체들은 브라카 유전자의 염기서열을 자유롭게 활용하면서 좀 더 저렴한 검사 상품을 앞다퉈 내놓기 시작했다. 그 결과 브라카 유전자에 대한 검사 비용은 수백 달러까지 떨어졌다.

대법원의 판결은 자연적으로 존재하는 유전자와 인위적으로 변형된 유전자를 구분함으로써 향후 특허와 관련된 법적 판단에서 중요한 원칙을 제시했다고 평가받는다. 하지만 유전 정보에서 '어디까지를 변형이나 응용으로 볼 것인가'라는 새로운 이슈가 도출될 수밖에 없었다. 자연과 인공의 경계에 대한 과학적 기준을 마련해야 하는 까다로운 과제가 남겨진 것이다.

공교롭게도 대법원 판결이 내려지기 한 달 전인 5월 14일, 세계적인 여배우 앤젤리나 졸리(Angelina Jolie, 1975~)가 미국의 《뉴욕 타임스(New York Times)》에 게재한 글이 큰 화제를 모았다. "나의 의학적 선택(My Medical Choice)"이라는 제목의 칼럼에서 졸리는 브라카 유전자 검사 결과를 토대로 예방적 유방절제술을 받았다고 밝혔다. 좀 더 상세한 내막은 7장에서 다시 다루기로 하고, 여기서는 칼럼 후반부에서 그녀가 지적한 특허 문제만 살펴보자.

졸리는 미리아드가 특허를 등록한 탓에 검사 비용이 지나치게 높아졌고, 이 때문에 전 세계 많은 여성이 자신처럼 유전자 검사를 받을 기회를 잃고 있다고 비판했다. 당시 미국과 해외 주요 언론은 미리아드의 독점으로 의료비가 상승하는 문제를 연이어 보도하고 있었다. 하지만 유전자 특허는 일반인에게 낯설고 이해하기 어려운 이슈였다. 이런 분위기에서 세계적으로 인기 높은 여배우가 자신의 경험을 바탕으로 작성한 칼럼은 대중의 눈길을 사로잡기에 충분했다.

졸리의 글이 대법원 판결에 얼마나 영향을 미쳤는지는 확실치 않다. 하지만 그녀가 유전자 특허 문제를 대중에게 강렬히 각인시킴으로써 사회적 논의를 촉발하는 데 중요한 역할을 했다는 점은 분명하다.

원칙에 공감하면서도 지키기 어려운 이유

한편 특허 문제 외에도 버뮤다 원칙이 실제 연구 현장에서 지켜지기 어려운 현실적인 이유들이 있었다. 연구자들 사이에 데이터 공유의 필요성에 대한 공감대는 대체로 형성돼 있었다. 하지만 막상 실천 단계에 이르면, 다양한 구조적 제약과 기술적 어려움으로 인해 원칙을 제대로 지키지 못하는 경우가 많았다.

가장 큰 문제의 하나는 데이터 형식과 접근 방식이 통일돼 있지 않다는 점이었다. 인간게놈프로젝트 이후 여러 연구 기관이 독립적으로 데이터베이스를 구축하면서 발생한 일이었다. 이로 인해 연구자들이 데이터를 업로드하거나 다운로드하는 데 지나치게 많은 시간이 걸렸고, 결국 최소한의 정보만 저장하거나 공유를 아예 포기하는 일이 발생했다.

또한 유전체 데이터는 개인을 식별할 수 있는 민감한 정보와 연계된 경우가 많기 때문에, 이를 해결하기 위해 도입된 엄격한 보안 절차가 공유의 장벽으로 작용했다. 실제로 일부 연구자들은 샘플 제공자의 동의 조건이 까다롭다고 판단하거나 개인 정보 유출 가능성을 우려해 데이터 공개를 미루거나 중단하기도 했다.

유전 정보의 공유를 활성화하려면 이 같은 기술적·제도적 장벽을 해소할 수 있는 체계적인 시스템이 반드시 마련돼야 한다. 하지만 최근까지 그 기반은 충분히 구축되지 못한 실정이다.

데이터 공유는 소비자에게도 충분히 이뤄지지 않았다. 가령 DNA 샘플을 제공한 사람이나 가족의 입장에서 납득하기 어려운 상황이 벌어지기도 했다. 한 가지 사례로 유전 정보의 소유권 문제를 논의할 때 종종 인용되는 "그건 내 자료야(That's My Data)"라는 문구의 등장 배경을 살펴보자 (김훈기, 2015, 33~34).

미국의 샤론 테리는 자녀가 시력 상실을 일으키는 희소 유전병(PXE)을 앓고 있어 치료를 위해 연구자들에게 자녀의 혈액을 제공한 적이 있었다. 그녀 자신도 PXE 연구자였다. 그런데 유전 정보에 대한 검사 결과가 그녀에게 제공되지 않았다. "그건 내 자료야"라는 말은 그녀가 연구자들의 비공개 태도를 비판하며 외친 말이었다. 이 일을 계기로 그녀는 워싱턴 DC에 위치한 비정부기구인 유전동맹(Genetic Alliance)의 대표로 활동하기 시작했다. 단체의 주요 업무는 환자들 자신의 건강 자료를 모아 분석하고 공유하는 일이었다.

유전체 샘플을 제공한 지원자와 연구자 중에 유전 정보 자체와 그 분석 결과의 소유권이 누구에게 있는지는 아직 명확히 합의되지 않은 채로 남아 있다. 연구 윤리와 환자의 권리, 공공의 이익, 그리고 기업이 이윤 추구를 위해 데이터를 공개하지 않으려 하는 현실이 얽혀 있는 복합적 사안이기 때문이다.

직장과 보험에서의 차별과 프라이버시 침해

유전자 소유권의 문제 외에도 인간게놈프로젝트가 낳을 다양한 사회적 이슈에 대한 국제적 공감대가 활발히 형성됐다. 예를 들어 1997년 11월 프랑스 파리에서 개최된 유네스코 제29차 총회에서는 '인간 게놈과 인권에 대한 보편 선언'이 196개 회원국 전원의 찬성으로 채택됐다. 이 선언문에는 "유전 연구가 인간의 존엄성과 인권보다 우선할 수 없다"고 명시돼 있었다.

그러나 일반인에게 사회적 이슈가 실감 나게 다가오게 한 계기는 따로 있었던 것 같다. 1998년 개봉된 SF 영화 '가타카(GATTACA)'가 한 가지 사례였다.

인간게놈프로젝트 초안의 완성을 몇 년 앞두고 등장한 이 영화는, 프로젝트의 결과가 인류에게 어떤 부정적 영향을 미칠지에 대해 거의 정확하게 예측하고 있었다. 특히 고용과 보험에서 차별을 야기할 수 있다는 설정이 충격적이었다.

영화 '가타카'에서 예견한 유전자 차별

주인공은 태어나면서부터 유전자 검사를 통해 심장이 너무 약해 예상 수명이 30년 정도라는 진단을 받는다. 부모는 아이의 건강보험을 신청했지만 거절당한다. 선천적으로 심각한 유전적 결함이 있는 사람은 받을 수 없다는 이유에서였다. 주인공은 어릴 때부터 꿈꾸던 우주비행사가 되기 위해 회사에 면접을 보러 간다. 하지만 금세 포기하고 나온다. 자신의 취약한 유전자가 소변이나 타액, 심지어 면접관과 악수하면서 남은 흔적에서 드러날 것이 뻔했기 때문이다.

현재 몸에 아무런 이상이 없는 사람이 유전자 검사에서 수십 년 뒤 치명적인 질병에 걸린다는 결과를 받는다면 어떨까? 이런 이유로 취직하거나 보험에 가입할 때 거부당하는 일은 타당할까? 세계 각국은 유전 정보를 이유로 고용과 보험 가입에서 차별해서는 안 된다고 법률로 규정하고 있다. '가타카'에서도 주인공이 관련된 언급을 한다. "물론 이런 차별은 법적으로 금지돼 있다." 그런데 이어지는 독백이 의미심장하다. "하지만 아무도 신경 쓰지 않는다."

'가타카'에서처럼 유전 정보가 인간의 능력과 가능성을 제한하는 도구로 사용된다면, 개인의 노력이나 환경 요인은 무시된 채 삶에서 많은 기회가 박탈될 수 있다. 일반인의 상식으로는 상당히 부당하게 느껴지는 대목이다. 하지만 이미 1990년대 초반까지 미국에서 '유전자 차별(genetic discrimination)'의 사례가 적지 않게 존재했다는 연구 결과가 보고된 바 있다. 주로 단일유전질환과 관련된 질병에 해당했다.

연구진은 미국과 캐나다에서 임상유전학, 유전 상담, 소아과, 사회복지 등 여러 분야의 전문가 1,119명과 환자 단체들을 대상으로 유전자 차별의 사례를 모집하는 문건을 발송했다. 엄격한 기준에 부합한 응답을 최종 분석한 결과, 총 41건의 차별 사례가 발견됐다. 이 중 32건은 보험(건강, 생명, 장애, 자동차 등), 7건은 고용(채용, 해고, 승진, 전근 등)과 관련됐다.

예를 들어 낭포성섬유증 유전자를 가진 아이를 임신했다는 이유로 건강보험 회사가 산모의 임신과 출산 관련 혜택을 거부해, 소송을 거쳐 가까스로 문제가 해결된 사례가 있었다. 유전성 혈색소증을 조기에 진단받았지만 건강을 유지하던 아이가 생명보험에 가입하지 못하고, 헌팅턴병 발생 위험이 높다는 이유로 입양이 거절된 일도 있었다. 비장이 과도하게 비대해지는 고셰병 유전자를 가진 어떤 사람은 정부 일자리에 지원했으나 겸상적혈구질환 보인자와 같은 경우에 해당한다는 이유로 취업하지 못했다.

이들 사례는 유전 정보가 실제 발병 여부와 관계없이 사회적 낙인으로 작용할 수 있음을 보여 줬다. 유전자 차별로 인해 '무증상 환자(asymptomatic ill)'라는 이름의 새로운 사회적 약자가 등장한 것이다. 인간의 가능성을 단순히 유전자의 조합으로 환원시키는 생물학적 결정론의 산물이었다.

2000년대 초반 세간에는 이런 우스갯소리도 떠돌았다. 배우자의 선택에서도 유전자가 중요한 검토 항목으로 작용할 것이라는 얘기였다. 머리 좋고 튼튼한 배우자와 결혼하고 싶은 것은 많은 사람이 바라는 바가 아닌가. 그렇다면 학력과 건강진단서 대신 유전자의 특성을 파악하고 상대를 선택하는 '유전자 궁합'의 시대가 펼쳐지지 않을까? 내가 사귀고 있는 상대가 나의 게놈지도를 보여 달라고 하면 어떻게 대처해야 할까? 개인별 그리고 집단별 '차이'를 규명해 인류의 행복을 도모하려 한 인간게놈프로젝트는 예상치 못하게 새로운 '차별'을 낳게 될지 모를 일이었다.

우리 안에 있을지 모르는 차별 의식

이 같은 우려 때문에 유전자 차별을 법적으로 금지하는 조치가 세계 각국에서 취해지기 시작했다. 예를 들어 2008년 미국은 고용과 건강보험 가입에 적용되는 '유전정보차별금지법(Genetic Information Nondiscrimination Act, GINA)'을 제정했다. 유럽을 비롯한 여러 국가에서도 제각기의 보호 범위와 처벌 강도로 차별을 금지하는 법률을 도입했다.

그러나 현실에서는 상황이 그다지 낙관적이지 않다. 고용과 보험을 비롯해 다양한 영역에서 유전자 차별의 사례가 지속적으로 보고되고 있다. 가령 미국의 GINA는 고용과 건강보험에서의 차별을 금지하지만 생명보험, 장애보험, 장기요양보험 등에는 적용되지 않아 여전히 차별이 발생하고 있다. 헌팅턴병과 관련된 유전자 차별의 경우에는 구체적인 통계 수치가 제시되기도 했다. 미국, 캐나다, 호주에서 헌팅턴병 유전자를 가진 사람과 그 가족 433명을 조사한 결과, 보험(25.9%), 고용(6.5%), 결혼이나 연애 같은 인간관계(32.9%) 등에서 차별당한 경험이 보고됐다.

그럼에도 유전자 차별의 객관적인 현황은 제대로 파악되지 못하는 것 같다. 예를 들어 1996~2014년 발표된 42편의 관련 논문을 검토한 결과, 헌팅턴병이나 브라카 변이 등으로 인한 유전자 차별이 실제로 얼마나 보편적으로 발생했는지에 대한 명확한 통계적 증거를 확보하기는 어려웠다. 다만 '차별에 대한 두려움'은 전반적으로 뚜렷하게 확인됐다. 고용이나 보험 가입의 불이익을 우려해 유전자 검사를 기피하거나, 검사 결과를 숨기거나, 가족 내에서도 정보를 공유하지 않는 등의 회피 경향이 다수 논문에서 드러난 것이다.

앞으로 유전자 차별은 사회 전반의 영역으로 확장돼 벌어질 수 있다는 전망도 나온다. 한 연구에서 20개국 60명의 관련 전문가를 대상으로 설문과 토론을 진행한 결과, 부동산 임차인이나 운동선수 등을 비롯한 다양한 영역의 종사자에게도 차별의 가능성이 제기된 바 있다. 예를 들어 임차인이 특정 질병과 관련된 유전자 변이가 있다면, 병원비 부담으로 임대료를 제때 낼 수 없다거나 장기간 거주할 수 없다는 등의 이유로 임대인이 계약을 거부하거나 불리한 조건을 제시할 수 있다. 스포츠 구단에서는 유전적 특성을 근거로 선수의 선발, 계약, 경기 출전 기회 등에서 불이익을 주는 방식으로 차별이 생길 수 있다.

어쩌면 유전자 차별의 인식은 이미 우리 사회에 내재돼 있을지 모른다. 2012년 연세대 의료법윤리학연구원에서 유전자 차별에 대한 사회적 인식을 알아보기 위해 19세 이상 성인 1,000명을 대상으로 설문조사를 실시한 적이 있다. 질문 가운데 하나는 다음과 같았다.

"암이 발병할 가능성이 높은 유전인자를 가진 사람을 친구, 직원, 배우자, 보험 가입자로 받아들일 것인가? '그렇다'에 표시하시오."

결과는 어땠을까? 친구(78.6%), 직원(61.2%), 배우자(48.2%), 보험 가입자(21.8%) 순으로 답변이 나왔다.

물론 단편적인 설문 자료라는 한계가 있지만, 몇 가지 해석은 가능할 것 같다. 먼저 응답률이 줄어든 순서는 인간관계의 성격과 경제적 이해관계가 유전자 차별의 인식에 영향을 미친다는 점을 보여 준다. 가까운 사회적 관계에서는 질병 위험을 어느 정도 수용하는 태도가 나타났지만, 배우자나 보험 가입처럼 생활에서의 책임이나 금전적 부담이 직접 연결되는 관계에서는 수용도가 낮아졌다. 특히 예시로 선택된 암은 죽음과 고통, 경제적 파탄을 연상시키는 질환이기 때문에 응답자들이 건강 문제를 넘어 사회적 부담까지 고려했을 가능성이 있다. 더불어 조사 시점인 2012년에는 개인 유전 정보 활용에 대한 이해나 제도적 장치가 충분하지 않았다는 점을 고려하면, 응답에는 유전 정보에 대한 막연한 불안과 불신도 반영됐을 것이다.

우열 개념에 대한 오해

한편 우리가 오랫동안 익혀 온 과학적 용어와 개념도 암암리에 유전자 차별의 인식 형성에 영향을 미쳤을 수 있다. 멘델의 우열법칙에서 나오는 '우성'과 '열성'이라는 용어에 대한 오해에서 비롯한 문제다.

2장에서 살펴본 바와 같이, 우성과 열성은 생리적 수준과 분자 수준에서 다양한 해석이 가능한 과학적 용어일 뿐이다. 그럼에도 교육 현장에서는 이 용어가 인간의 가치나 능력과 연결된 인식이 발견되곤 한다.

한 가지 예로 2009 개정 교육과정에서 『생명과학Ⅰ』을 이수한 고등학교 3학년생 35명을 대상으로 대안 개념(선지식)을 조사한 결과를 살펴보자(이성재·전상학, 2020, 228~231). 많은 학생이 우성에 대해 긍정적인 이미지를 갖고 있는 것으로 확인됐다. 즉 둥근 모양의 완두콩이 주름진 완두콩보다 우수하다고 생각하거나 생존에 유리할 것이라고 응답한 것이다. 더욱이 2015년 개정된 『생명과학Ⅰ』에서는 멘델 유전과 관련된 내용이 삭제되면서 교과서에 우성과 열성에 대해 아주 간략하게만 소개돼 있어, 이 같은 대안 개념이 교정될 기회가 부족해졌다.

문제는 잘못된 대안 개념이 인간 사회의 우열 개념과 연결될 수 있다는 점이다. 흔히 사회에서는 개인이나 집단을 '우월한(superior)' 또는 '열등한(inferior)'이라는 표현으로 구분하는 경향이 있다. 학업 성취도가 높거나 경제적으로 부유한 사람은 우월하다고 여겨지고, 반대의 경우에는 열등한 존재로 간주되곤 한다. 또한 외모, 신체 조건, 출신 지역, 직업과 같은 요소들 역시 우열 판단의 기준으로 사용되기도 한다.

그러나 유전학에서 우성과 열성의 개념은 사회적 우열의 판단과는 무관하다. 단적인 예로 겸상적혈구빈혈을 유발하는 열성 유전자는 말라리아가 자주 발생하는 지역에서 오히려 생존에 유리하게 작용한다. 말라리아는 적혈구 안에서 기생해 증식하는데, 겸상적혈구는 체내에서 빨리 파괴돼 말라리아가 충분히 증식할 수 없기 때문이다. 실제로 열성 유전자를 가진 사람들은 말라리아가 흔한 아프리카, 아시아, 중동 지역에서 인구의 20~40%를 차지하고 있다. 반대로 일부 우성 유전자는 질병의 형태로 나타나 인간의 건강에 해를 끼치기도 한다. 대표적인 예로 유전성 고혈압, 근육이영양증, 황반변성 등은 모두 우성 형질로 발현되는 질환이다.

멘델의 우열 개념과 사회적 우열 개념이 혼동되는 문제는 일본에서도 발생하고 있었다. 그래서 2017년부터 일본 유전자학회는 우성은 눈에 띄는 성질이라는 의미로 '현성(顯性)', 열성은 숨어 있는 성질이라는 뜻으로 '잠성(潛性)'으로 바꿔 사용하기로 결정했다. 한국에서도 이에 상응하는 대체 용어를 검토할 필요가 있지 않을까 한다.

저명 과학자들의 우생학적 망언

"아프리카인의 지능은 서구인과 같지 않다."

2007년 10월 14일 영국 《선데이 타임스(The Sunday Times Magazine)》의 한 인터뷰에서 등장한 발언이었다. 아프리카인은 선천적으로 서구인에 비해 낮은 지능을 갖고 태어났기 때문에 다양한 사회 개발 정책에도 불구하고 그 미래가 어둡다는 것이다. 유전자 결정론에 입각해 인종차별을 정당화할 수 있는 위험한 발언이었다.

그런데 놀랍게도 이 발언을 한 사람은 인간게놈프로젝트의 ELSI 프로그램을 주도한 왓슨이었다. 인터뷰는 당시 왓슨의 자서전 『지루한 사람을 피하라: 과학자의 삶에서 얻은 교훈(Avoid Boring People: Lessons from a Life in Science)』 출간을 기념해 진행됐다. 그는 저서에서 자신이 과학자로서 성공한 비결이 호기심과 끈기, 그리고 창의적이고 열정적인 사람들과의 소통이라고 강조했다. 또한 유전학 연구가 새로운 윤리적 도전에 직면할 것에 대비해 과학계에서 책임감 있게 행동해야 한다고 주장했다. 이 책은 왓슨의 명성과 참신한 메시지로 한국을 비롯한 세계 각국에서 번역돼 큰 화제를 모았다. 그러나 인터뷰에서 나온 그의 발언은 책에서의 주장과 동떨어진 것이었다.

발언이 공개되면서 비판 여론이 거세졌다. 영국에서 예정된 출판 기념 강연회들은 즉시 취소됐고, 평생 몸담아 온 세계적인 연구 기관인 콜드스 프링하버 연구소는 그의 명예직을 박탈했다.

사회 일각에서는 유전자 연구의 거장인 왓슨이 언급했다는 이유에서, 혹시 인간의 지능을 결정하는 유전자가 있지 않을까 하는 궁금증도 제 기됐다. 물론 인간게놈프로젝트가 완료되면서 과학계는 각종 질환뿐 아 니라 개인의 다양한 생물학적 특성에 영향을 주는 유전자를 발견할 수 있었다. 여기에는 지능을 비롯해 운동 능력이나 성격과 관련된 유전자가 포함돼 있었던 것이 사실이다(그림 3 참조).

하지만 지능은 개념 자체부터 매우 모호하고 복합적이다. 심리학과 교 육학 등 여러 분야에서 그 정의를 다양하게 내리고 있다. 흔히 지능을 측 정하는 지표로 쓰이는 IQ(지능지수)는 언어능력이나 수리능력, 또는 공간 지각능력 등 제한된 인지적 측면을 수치화한 것이다. 실제로 인간의 지적 능력은 창의성, 감정이입도, 사회적 판단력, 적응력 등을 포괄하는 훨씬 넓은 스펙트럼을 가진다. 과학계조차 지능을 한 줄의 공식이나 단일 수 치로 정의하는 데 동의하지 않고 있다. 이처럼 정의가 복잡하고 유동적인 성질 때문에 '지능 유전자'를 과학적으로 다루기는 근본적으로 어렵다.

그럼에도 지능 유전자라는 표현은, 마치 지능을 결정하는 특정한 유전 자가 몇 가지 있을 것 같다는 오해를 낳을 수 있다. 하지만 인간의 지능 에 영향을 미치는 유전자는 너무도 많다. 게다가 인간의 지능 형성에는 사회문화적 배경이나 교육의 정도, 영양 상태 등 환경 요인이 유전자보다 훨씬 크게 작용한다는 것이 학계의 정설이다. 당장 떠올릴 수 있는 간단한 근거는, 일란성쌍둥이의 경우 성장 환경에 따라 서로 지능이 크게 달라질 수 있다는 사실이다.

과학계는 20세기 후반부터 최근까지 GWAS를 적용한 대규모 유전체 연구를 통해 지능과 상관관계를 보이는 SNP가 수백 개에서 수천 개까지 확인된다고 발표해 왔다. 예를 들어 2018년 국제 연구에서는 IQ나 교육적 성취와 관련된 SNP가 1,200여 개 발견됐다고 보고됐다. 당시 연구의 결론은 이들 SNP 각각이 지능에 미치는 영향은 지극히 미미하며, 모든 SNP가 동시에 작용할 때라 해도 지능에 대한 유전적 설명력은 10~20% 수준에 불과하다는 것이었다. 이후에도 유력 학술지에서 비슷한 결론의 논문들이 발표돼 왔다.

왓슨이 과학계의 이 같은 사실을 모를 리 없었다. 실제로 왓슨은 자신의 발언에 유전적 근거는 없다며 즉시 사과했지만 논란은 계속 이어졌다. 더욱이 왓슨은 과거에도 과학적 근거를 가장한 인종차별적 발언으로 논란을 빚은 전력이 있었다. 예를 들어 흑인의 성욕이 강한 이유는 멜라닌 색소와 연관돼 있다거나, 유대인과 중국인의 창의성이 선천적으로 다르다는 식으로 공개 석상에서 발언한 바 있다.

혹시 왓슨은 유전자가 인간의 모든 특성을 설명할 수 있다고 과신한 것은 아닐까? 20세기 초 서구 사회에 유행하던 우생학의 잘못된 믿음이 개인적으로 남아 있었을까? 이유야 어찌 됐든 왓슨의 발언은 그의 대단한 업적과 별개로 과학적으로나 윤리적으로 비판받아야 마땅한 사안이었다.

공교롭게도 왓슨과 함께 DNA의 이중나선 구조를 밝힌 크릭 역시 사

(출처: 최재천 외, 2013, 232~233)

운동성

17번 염색체 _ ACE

장형 유전자를 가진 사람은 효소의 활성이 낮다. 이 경우 단형 유전자인 사람보다 훈련 시 근지구력이 더 빨리 강화된다. 또 심혈관계 질병에 걸릴 가능성도 낮다.

근심 · 불안

17번 염색체 _ 5-HTT

세로토닌 수송 단백질로, 이 유전자의 앞쪽에 있는 유전자의 발현 정도를 조절하는 부분의 길이에 따라 발현 억제 정도에 차이가 있다. 길이가 짧을 경우 억제 작용이 강해 발현이 낮다. 이런 사람은 신경증과 불안에 사로잡힐 가능성이 큰 유형으로 사교모임에서 잘 어울리지 못해 진땀을 흘린다. 또 우울증에 걸릴 확률도 커 자살률이 높다.

11번 염색체 _ BDNF

뉴런의 성장을 촉진하는 단백질의 유전자로 특정 유형을 가진 사람은 신경이 과민하다.

자폐증

2번 염색체 _ SLC25A12

세포에 에너지를 공급하는 ATP 생성에 관여하는 유전자로 변이형을 가질 경우 자폐증에 걸릴 가능성이 높다. 자폐증은 유전성이 큰 정신질환으로 형제 가운데 자폐증 환자가 있을 경우 자폐증에 걸릴 확률이 평균보다 100배나 높다. 이 외에도 자폐증 발병에 10여 종의 유전자들이 관여하는 것으로 추정된다.

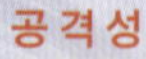

공격성

X염색체 _ MAOA

활성이 낮은 유전자형은 어릴 때 열악한 환경에 놓이면 커서 반사회성이 싹터 폭력범이 될 가능성이 높다. 반면에 활성이 높은 유전자형은 어릴 때 학대를 받고 자라더라도 커서 성격장애나 폭력성을 거의 보이지 않는다.

2000년, 6월 인간게놈 초안이 발표된 이래 2만 개로 추정되는 유전자를 찾아내고 그 기능을 밝히는 포스트게놈 연구가 한창이다. 지금까지 밝혀진 유전자 가운데 성격·지능에 관여하는 대표적인 유전자들을 정리했다. 이들 유전자는 대부분 해당 특징을 직접적으로 결정하는 것이 아니라 다른 수많은 유전자들과의 상호관계를 통해 작용한다. 예를 들어 '스마트 유전자'로 불리는 특정 유형의 IGF2R 유전자를 갖고 있다고 해서 100% IQ가 높은 것이 아니고 다른 유형을 갖는 사람보다 평균 IQ가 높은 것이다. 이는 남자의 평균 키가 여자보다 크지만 개인에 따라서 천차만별인 것과 같은 이치다.

IQ

6번 염색체 _ IGF2R

대표적인 '스마트 유전자'로 IQ 160 이상인 청소년의 유전자를 분석한 결과 공통적인 변이가 있음이 발견됐다. 그러나 이 유전자는 지능에 관여하는 많은 유전자들 가운데 하나일 뿐이다. 연구 결과 특정 변이형을 갖는 경우 IQ가 4점 정도 더 높은 것으로 밝혀졌다.

학습·기억

2번 염색체 _ CREB

학습과 기억 과정에서 뇌의 시냅스가 기능하는 데 관여하는 유전자들을 작동시키는 유전자다. 이 유전자에 이상이 생기면 기억 기능이 상실된다.

16번 염색체 _ CREBBP

CREB의 활동을 도와주는 단백질의 유전자다.

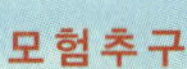

모험 추구

11번 염색체 _ D4DR

흔히 '모험 유전자'로 불리는 제4형 도파민 수용체 유전자로 보통 형태보다 더 긴 사람은 스릴을 추구하고 바람을 잘 피운다. 또 주의력 결핍과 마약중독 성향에도 영향을 미치는 것으로 알려져 있다.

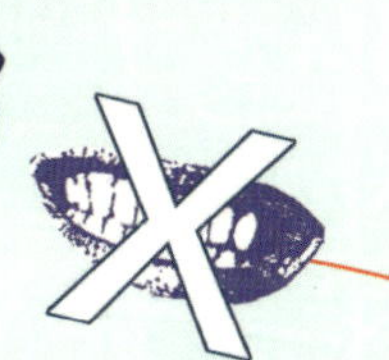

언어장애·난독증

7번 염색체 _ FOXP2

'문법 유전자'로 불리며 돌연변이가 생기면 발음이 부정확하고 문장이해력이 떨어진다.

6번 염색체 _ 6p21.3

이 위치에 돌연변이가 생기면 글자의 순서가 뒤바뀌거나 거꾸로 된 것처럼 보이는 증세가 나타난다.

회적으로 우월한 유전자에 대한 언급으로 구설수에 올랐다. '좋지 않은' 유전자를 가진 부모가 아이를 많이 낳지 않도록 사회적으로 통제해야 한다고 언급한 것이다. 예외적으로 특수한 상황에만 두 명의 자녀를 갖도록 하고, 보통의 경우에는 한 명만 허용하자는 얘기였다.

최근까지 이어져 온 강제 불임수술

놀랍게도 유전학을 근거처럼 내세우며 인간을 차별하려는 발언과 행동은 현재까지 이어지고 있다. 2025년 미국 제47대 대통령으로 취임한 도널드 트럼프는 예전의 한 인터뷰에서 "국경을 넘어온 일부 사람들의 행동은 유전 때문이다", "미국에 나쁜 유전자들이 있다" 등의 발언으로 큰 논란을 불러일으켰다. 특정 인구 집단을 유전자 수준에서 열등하다고 규정하는 이 같은 정치적 발언은, 과거 나치즘의 사례처럼 우생학적 사고로 인한 비극적 참사를 떠올리게 한다는 점에서 세계 언론과 학계로부터 강도 높은 비판을 받았다.

테슬라와 스페이스X의 창업자인 일론 머스크 역시 유전자와 인간 특성을 단순히 연결하는 발언으로 논란의 중심에 섰다. 그는 "다산이 인류 생존의 열쇠"라며 자녀를 많이 낳는 것이 중요하다고 강조해 왔다. 문제는 자신의 뛰어난 지능과 성취를 근거로 내세우며 '우수한 유전자'를 널리 퍼뜨려야 한다고 주장했다는 점이다. 실제로 머스크는 세 번의 결혼으로 10명의 자녀를 두고 있었는데, 이는 그의 발언과 개인적 삶의 방식이 연결돼 있음을 보여 준다. 그러나 유전적 우수성을 다산의 기준으로 삼는 사고방식은 우생학적 관점과 유사하다는 점에서 비판을 면할 수 없었다.

좀처럼 믿기 어려운 소식도 전해진다. '유전적으로 결함이 있거나 열등하다'는 이유로 강제 불임수술이 아직 세계적으로 행해지고 있다는 것이다. 2025년 2월 18일 영국의 《더 텔레그래프(The Telegraph)》 온라인판은 일본, 페루, 미국 등 여러 나라에서 과거부터 최근까지 강제 불임수술이 시행돼 온 실태를 전해 충격을 안겼다.

보도에 따르면 일본에서는 1948~1996년 시행된 우생보호법에 따라 약 1만 6,500명이 강제 불임수술을 받았으며, 약 6만 건의 낙태가 이뤄졌다고 한다. 피해자 대부분이 정신장애나 유전 질환을 가진 사람들이었으며, 미성년자도 상당수 포함돼 있었다. 이들은 최근에야 헌법 위반 판결을 통해 금전적 보상을 받기 시작했으나, 그 규모가 충분하지 않다는 비판이 제기되면서 추가적인 소송이 이어지고 있다.

한편 페루에서는 1990년대 후반 정부 정책 아래 여성 약 37만 명과 남성 약 2만 5,000명이 강압적으로 불임수술을 받았다. 한때 유엔은 이 정책이 '인류에 반한 범죄'에 해당한다고 규정하며 페루 정부에 피해자 보상을 촉구한 바 있다. 미국에서도 20세기 초 우생학의 영향을 받은 불임수술이 7만 명 이상에게 강제로 시행됐으며, 최근까지도 교도소 내 여성 수감자들에 대한 비자발적 수술 사례가 보고되고 있다.

《더 텔레그래프》는 현재도 최소 35개국에서 강압적인 불임수술이 행해지고 있다고 보도했다. 예를 들어 체코와 슬로바키아의 로마인, 캐나다의 원주민, 케냐의 에이즈(HIV) 감염 여성, 유럽과 대만의 지적 장애인 등이 주요 피해자로 지목됐다. 이 매체는 우생학이라는 잘못된 과학적 명분이 여전히 일부 국가의 정책과 관행에 영향을 미치고 있는 만큼, 국제적 차원의 비판과 대응이 절실히 요구된다고 전했다.

프라이버시 보호의 출발점, 사전 동의

유전자 차별 문제는 개인의 유전 정보가 외부에 공개되거나 제3자에게 전달되는 상황에서 발생한다. 이때 가장 고려해야 할 사안은 유전 정보가 갖는 고도의 민감성이다. 유전 정보는 단순히 개인의 건강 상태뿐 아니라, 가족력, 미래의 질병 발생 위험, 심지어 인종적 특성이나 신원까지 포괄하는 방대한 정보를 담고 있다. 이러한 특수성 때문에 유전 정보는 일반적인 건강 정보나 개인 정보와 구별해 '유전자 프라이버시(genetic privacy)'라는 별도의 개념 아래 다뤄지고 있다.

만약 유전 정보가 한 번이라도 유출되면 본인은 물론 가족까지도 예상치 못한 사회적 차별이나 불이익을 겪을 수 있다. 따라서 유전 정보에 대한 매우 엄격하고 특별한 사회적 보호책이 필요하다.

기본적으로는 유전 정보가 외부로 공개될 때 반드시 '충분한 설명에 기반한 자발적 동의(informed consent)'가 필요하다. 국내에서 간단히 '사전 동의'로도 불리는 이 용어는, 원래 의료와 생명과학 분야의 연구에 참여하는 사람들의 정보를 보호하려는 취지에서 등장했다. 참여자가 연구에 대한 정보를 충분히 제공받고 이해한 뒤, 자유롭게 동의 여부를 결정할 권리를 의미한다.

사전 동의의 중요성은 20세기 중반 인간을 대상으로 한 비윤리적 연구들이 보고되면서 본격적으로 주목받기 시작했다. 대표적인 사례로 미국 앨라배마주의 터스키기시에서 시행된 매독 연구를 들 수 있다. 1932~1972년 미국 공중보건국은 아프리카계 미국인 남성 600명을 대상으로 매독의 자연적 진행 상태를 관찰했다. 연구 대상자 중 399명은 매독에 감염된 상태였고 나머지는 질병이 없는 집단이었다. 문제는 당국에서 참여자들에게 연구의 목적이 매독 치료를 위한 것이라고 속였으며, 약물이 개발됐음에도 실제로 치료가 이뤄지지도 않았다는 점이었다. 당시 연구 대상자와 그 가족들은 건강상 심각한 문제를 겪었으며, 사건의 전말이 드러난 이후 미국의 공공보건 연구에 대한 사회적 신뢰도는 크게 떨어졌다.

터스키기 사례를 계기로 1979년 미국 국립보건원 산하 국립생물윤리 자문위원회 주도로 '벨몬트 보고서(Belmont Report)'가 발표됐다. 이 자문위원회는 1974년 미국 의회에서 제정한 국가연구법(National Research Act)에 따라 설립됐다.

보고서는 '인격 존중(Respect for Persons)', '이익과 위해의 균형(Beneficence)', '정의(Justice)' 등의 세 가지 핵심 원칙을 제시하고, 이를 바탕으로 사전 동의의 중요성을 강조했다. 특히 인격 존중의 원칙 아래 "연구 대상자는 충분한 정보를 바탕으로 참여 여부를 자발적으로 결정할 수 있어야 한다"고 명시했다. 연구자가 연구의 목적과 절차, 연구로부터 발생할 잠재적 위험과 이익, 연구의 대안 여부, 그리고 참여자의 철회 권리 등을 명확히 설명해야 한다는 의미였다.

유전 정보 공개 언제든 철회할 수 있어야

하지만 현실에서는 이 원칙이 충분히 지켜지기 어려웠다. 연구 참여자가 자신의 유전 정보가 어떻게 사용될지 알지 못한 채 동의서를 작성하거나, 서류에 제시된 정보가 지나치게 복잡하거나 불완전해 충분한 이해 없이 동의하는 사례가 발생했다. 제도적으로 절차가 마련돼 있다 해도 실제로는 그저 형식적으로 동의가 이뤄지는 일이 빈번했던 것이다. 특히 수집된 유전 정보가 원래의 목적과는 달리 상업적으로 제3자에게 제공되는 경우가 드러나 논란이 되기도 했다.

이 문제를 해결하려면 동의 과정의 투명성과 구체성을 높이는 일이 중요하다. 무엇보다 연구 참여자가 유전 정보 활용의 전체 과정을 명확히 이해할 수 있도록 단순하고 직관적인 언어로 설명하는 일이 필요하다. 또한 유전 정보 활용의 범위와 제한을 명시하고, 이후 변경 사항이 생길 경우 당사자에게 이를 통지해 추가 동의를 받는 절차를 의무화해야 한다.

실제로 유전 정보의 장기적 활용 가능성을 고려한 '지속적 동의(dynamic consent)' 모델이 연구 현장에 도입되고 있다. 정보의 새로운 사용 단계마다 당사자에게 알리고 추가 동의를 얻는 방식이다. 예를 들어 2011년 시작된 이탈리아 CHRIS(Cooperative Health Research in South Tyrol) 연구에서는 10년간 계속 이어지는 동의 체계를 운영하며, 참여자들이 중간에 자신의 동의 범위를 조정하거나 철회할 수 있는 권한을 보장했다. 연구의 목표는 이탈리아 남티롤(South Tyrol) 지역에서 주민들의 유전 정보와 생활방식에 관련된 데이터를 장기적으로 수집해 질병 예방과 맞춤형 의료를 실현하는 일이었다. 이 같은 시도는 연구의 신뢰성을 높이고 참여자의 권리를 보장하는 모범적 사례로 평가받고 있다.

그러나 사전 동의 절차가 제도적으로 완비된다 해도 허점은 남아 있다. 법적 규제가 완벽하게 문제를 해결할 수 없기 때문이다. ELSI 프로그램의 명칭에서 '법적(Legal)'이라는 말 앞뒤에 '윤리적(ethical)' 그리고 '사회적(social)'이라는 용어를 넣은 이유가 여기에 있다. 덴마크에서 발생한 사건은 바로 법적으로는 문제가 없었지만 윤리적·사회적으로 큰 문제를 일으킨 사례였다.

2012년 덴마크의 주요 대학과 정부 연구소는 자국민의 정신질환 유전 정보를 분석하기 위해 10년간 이어지는 대규모 연구 사업(iPsych 프로젝트)에 착수했다. 1981~2008년 태어난 덴마크인 14만여 명의 혈액 샘플에서 얻은 자료를 분석한다는 계획이었다. 이 가운데 성장 과정에서 정신질환 진단을 받은 사람은 5만여 명에 달했다. 연구진은 이들의 유전체를 분석해 각종 정신질환의 유전적 원인에 대한 논문을 1,000편 이상 발표해 왔다.

문제는 연구 대상자들이 이 사실을 전혀 모르고 있었다는 점이었다. 프로젝트 초창기에 연구윤리위원회는 연구의 원활한 진행을 위해 법적 검토를 거쳐 사전 동의 절차를 면제해 줬다. 이후 프로젝트를 연장하려던 시점에 덴마크 언론 매체가 강하게 문제를 제기했고, 그제야 연구진은 참여자들 모두에게 프로젝트 진행 사실을 알렸다. 더 이상 참여하고 싶지 않으면 거부 의사를 밝혀 달라는 요청과 함께였다.

14만여 명의 '비자발적' 참여자들로서는 느닷없는 통보를 받은 셈이었다. 특히 '환자 집단'으로 분류된 5만여 명의 시민은 자신의 질환을 제3자가 알고 있는 데다 허락 없이 연구까지 하고 있었던 사실에 충격을 받을 수밖에 없었다. 더욱이 질환의 성격상 연구진의 뒤늦은 통보 내용이 무엇인지 정확히 이해할 수 있는 사람이 얼마나 될지는 누구도 예측할 수 없었다.

늘어나는 선택지, 깊어지는 딜레마

물론 인간게놈프로젝트의 성과로 인류는 자신의 건강과 행복을 위해 이전보다 더 많은 선택의 기회를 제공받은 것이 사실이다. 하지만 선택할 기회가 많아진 만큼 고민거리도 늘어나게 되었다.

ELSI 프로그램은 공공의 교육과 참여, 정책의 개발, 가이드라인의 수립 등 다양한 방면에서 활발히 진행됐다. 그 한 가지 성과는 1997년 발간된 「당신의 유전자, 당신의 선택(Your Genes, Your Choices)」이라는 안내서였다. 총 90여 쪽 분량으로 구성된 이 책자는 8장에 걸쳐 일반인이 맞닥뜨릴 수 있는 딜레마의 상황을 다양한 가상의 사례별로 제시하고 있다(표 1 참조).

전체적으로 얼핏 살펴보면 8개의 장은 일목요연한 체계로 구성되어 있지는 않은 것 같다. 하지만 이 구성은 하나의 사례가 다양하고도 복잡한 사회적 이슈를 동시에 일으킬 수 있다는 사실을 의미하기도 한다.

이 책자는 인간게놈프로젝트가 출범할 당시 인문사회학적 통찰을 발휘해 미래에 발생할 이슈를 망라했다는 점에서 높게 평가받을 만하다. 또한 각 장별로 난해한 유전학 내용을 일반인이 쉽게 이해할 수 있도록 친절하게 풀어낸 배려가 돋보인다.

그럼에도 제목에서 알려 주듯이, 인간게놈프로젝트의 성과는 결국 일반인이 어렵사리 스스로 선택해야 하는 새로운 딜레마 상황을 만들었다는 사실이 상당히 부담스럽게 다가온다. 자신의 유전 정보를 알고 나서는 "치료를 시작할지 말지", "가족에게 알릴 것인지", 또는 "유전체 데이터를 어디에, 누구와, 어떻게 공유할지" 등 기존에는 생각하지도 못했던 윤리적 고민이 끊임없이 발생하기 때문이다.

현재의 관점에서 다소 색다르게 다가오는 이슈도 눈에 띈다. 6장은 인간 자체의 문제라기보다 농업 분야에서 논란이 진행 중이던 GMO(Genetically Modified Organism) 내용을 다뤘다. 당시로서는 인간의 유전자를 본격적으로 변형하려는 시도가 없었기 때문일까? 어쩌면 이 책의 8장에서 다룰 맞춤형 아기의 등장을 간접적으로나마 시사하려는 의도였는지 모르겠다.

또한 인간 복제를 다룬 8장은 보통의 경우 인간게놈프로젝트와는 별

<표 1> 「당신의 유전자, 당신의 선택」의 구성과 주요 내용

장	상황	선택	파생되는 문제
1	마틴은 알비노증으로 외모와 시력에 문제가 있음	유전자치료로 외모와 시력을 개선할지 결정	다양성을 무시하고 '정상'이라는 사회적 기준을 강요할 가능성
2	프리야는 헌팅턴병 가족력을 가지고 있음	자신의 유전적 위험을 확인할지 결정	검사 결과로 인한 심리적 부담, 차별 가능성, 불확실성 해소 대신 심리적 스트레스 증가
3	하워드는 심장질환 가족력이 있으며 건강관리를 소홀히 함	생활 습관을 개선해 유전적 위험을 줄일지 결정	노력해도 유전적 요인으로 인해 결과가 개선되지 않을 가능성과 개인 책임에만 초점을 맞출 위험
4	카를로스와 몰리 부부는 낭포성섬유증 유전자의 보유 여부를 확인하고 싶음	위험 여부를 확인하고 아이를 가질지 결정	선택적 낙태로 인한 윤리적 고민 유발
5	도니타는 경찰의 DNA 샘플 제출 요구에 직면	공공의 안전을 위해 샘플을 제공할지 아니면 자신의 프라이버시를 지킬지 결정	DNA 정보가 오용되거나 개인 신원이 부당하게 노출될 가능성
6	존과 엘사는 생명공학 농업을 통해 수익을 늘릴 기회를 가짐	유전자 변형 기술을 사용할지 전통 농업을 고수할지 결정	환경에 미치는 부정적 영향과 전통 생태계의 붕괴 문제
7	키가 작아 고민하는 두 환자가 유전자치료를 알게 됨	키 문제를 개선하기 위해 유전자치료를 받을지 결정	치료가 미용의 목적으로 사용될 경우 윤리적 논란과 형평성 문제 야기
8	피스터 부인은 자식이 곧 사망할 것을 알게 됨	복제를 통해 아이를 대체할지 결정	복제된 아이의 정체성 문제와 인간 복제에 대한 윤리적 논란

도로 논의되는 사안이다. 흔히 생명체의 복제는 체세포를 제공한 사람의 유전자가 100% 전달되는 개념으로 인식되고, 이와 관련된 이슈도 인간게놈프로젝트와는 조금 다른 결에서 파생되고 있다. 그러나 미토콘드리아 유전자가 인간 유전체의 0.1%를 차지한다는 점을 떠올려 보면, 복제 역시 인간게놈프로젝트와 연관된 이슈임에 틀림없는 것 같다.

「당신의 유전자, 당신의 선택」은 과학기술의 사회적 영향에 대해 연구 주체가 직접 나서 알리려 했다는 점에서 의미가 크다. 또한 이후 관련 논의를 전개하려 할 때 우선 고려해야 할 주요 사안을 제시한 것이 사실이다. 책자에서 제기한 다양한 이슈는 현재까지도 여전히 인류가 고민해야 할 딜레마의 상황을 잘 보여 주고 있다.

하지만 생명공학 기술의 발달로 야기되는 사회적 문제는 현실에서 더욱 복잡하게 전개되고 있다. 그래서 최근 인문사회학계에서는 당시의 문제 제기가 다소 시대에 뒤떨어져 있다는 지적도 나온다. 예를 들어 사회구조적으로 발생하고 있는 문제를 단지 개인의 선택 상황으로 축소했다는 점, 책자가 대중을 일방적으로 교육시키는 방향으로 서술되고 있어 의사결정 과정에서 대중의 직접적인 참여가 중요하다는 사실을 놓쳤다는 점, 그리고 유전자가 인간의 삶을 전적으로 규정하지 않는다고 설명하면서도 전반적으로는 여전히 유전자결정론의 입장이 드러난다는 점 등이 한계라는 것이다.

사실 유전자결정론이 질병의 개념을 너무 협소하게 이해하도록 이끌 수 있다는 우려는 2000년대 초반부터 이미 인문사회학계에서 강하게 제기되고 있었다. 인간게놈프로젝트로 인해 모든 질병의 원인을 유전자로 규명할 수 있다는 인식이 과학계와 사회에서 형성될 수 있다는 지적이었다. 이 같은 인식은 '유전자 제국주의(Genetic Imperialism)' 또는 '유전자 체질론(Genetic Humoralism)' 같은 잘못된 이데올로기가 고착되는 결과를 초래할 수 있다는 점에서 경계의 목소리가 이어졌다(Eric T. Juengst, 2000).

이제 선택에 따르는 딜레마는 단순히 개인적 고민의 영역에 머물러서는 안 된다는 문제의식이 확산되고 있다. 우리 사회 전체가 제도와 문화, 집단의 지성을 통해 함께 풀어가야 할 중요한 과제로 떠오르고 있다.

7장

검사

당신의 유전자는 안녕하신가요?
나를 식별하고 질병과 개인 특성을 예측하다(1980~2020년대)

1980년대 중반부터 인간의 유전 정보는 개인을 식별하는 데 적용돼 왔다. 혈연 관계를 입증하거나 범인을 특정할 때 결정적인 근거로 작용한 것이다. 공교롭게도 여기에 사용된 유전자는 그동안 과학계에서 초점을 맞춰 온 코딩 DNA가 아니었다. 논코딩 DNA에 광범위하게 분포하는 반복적 염기서열이 개인 고유의 '유전자 지문'으로 인식됐다.

유전 정보는 단일유전질환과 복합 질환의 조기 진단에도 활발히 적용되기 시작했다. 대상은 성인은 물론 신생아와 뱃속 태아에 이르기까지 폭넓게 확장됐다. 질환과 관련된 유전적 원인은 논코딩 DNA에도 존재하기 때문에, 질환 유전자 검사에서 유전자의 개념은 코딩 영역만을 지칭하지 않았다. 또한 질환명이 유전자 이름에 포함되는 일이 흔해지면서 사회에서 유전자는 마치 질환을 '결정짓는' 요인처럼 받아들여질 수 있었다.

병원이 아닌 기업에서 개인의 웰니스 특성을 알려 주는 DTC 유전자 검사도 활발히 시행되고 있다. 하지만 웰니스 특성은 개념이 포괄적인 데다 유전적·환경적 요인이 복잡하게 작용해 나타나기 때문에 과학적 검사가 이뤄지기에는 많은 한계가 남아 있다. 그럼에도 사회에서는 와인 선호도 같은 개인 취향에서 근력이나 지구력 같은 신체적 특징 앞에 유전자라는 말이 일상적으로 붙기 시작했다.

논코딩 DNA에서 발견된 유전자 지문

1985년 영국 레스터셔주에 거주하던 한 가족이 법적 분쟁에 휘말려 곤란을 겪고 있었다. 가나 출신의 여성 이민자와 자녀들이 강제 추방 위기에 처했다. 사건의 발단은 여성의 13세 아들이 가나를 방문한 후 영국으로 돌아오는 과정에서 발생했다. 당시 소년의 여권이 위조됐다는 의혹이 제기된 것이다. 영국 출입국 관리국은 이들을 가짜 가족으로 간주하며 친자 관계를 '과학적으로' 증명하라고 요구했다. 그러나 여성은 소년이 자신의 아들이라는 사실을 입증할 만한 문서 증거가 충분하지 않은 상황이었다.

위기는 극적으로 해소됐다. 친자 관계를 증명할 수 있는 과학적 기법이 막 개발된 덕분이었다. '유전자 지문법(genetic fingerprinting)'이 그것이었다.

유전자로 친자 확인한 최초 사례

1984년 영국 레스터대의 알렉 존 제프리스 경(Sir Alec John Jeffreys, 1950~)은 DNA 분석을 통해 개인을 식별하는 방법을 개발했다. DNA 염기서열에 개인마다 고유한 패턴이 존재하며, 이를 확인하면 마치 지문처럼 누가 누구인지 알아낼 수 있다는 것이다.

제프리스는 염색체 말단 부위인 텔로미어에서 고유한 패턴을 발견했다. 보통 이곳에는 일정한 길이의 염기서열이 반복적으로 배열돼 있다. 제프리스는 이 가운데 10~60개 염기의 반복 '횟수'가 사람마다 다르다는 점을 발견했다. 이 염기서열은 '미니새틀라이트 DNA(minisatellite DNA)'라 불렸는데, 새틀라이트는 원심분리기로 DNA를 처리할 때 수백~수천 염기쌍이 특정 DNA 주변에 마치 위성(새틀라이트)처럼 나타나는 부위다.

미니새틀라이트 DNA는 모계와 부계로부터 각각 절반씩 받아 조합이 결정된다. 이 사실을 바탕으로 가나 여성과 아들의 미니새틀라이트 패턴을 비교해 가족 관계를 확인할 수 있었다. 유전자 지문법의 결과가 법정에서 결정적인 증거로 채택된 최초의 사례였다. 제프리스의 연구 성과는 1985년 《네이처》에 발표돼 큰 관심을 모았다.

하지만 미니새틀라이트 DNA 검사는 몇 가지 한계가 있었다. 예를 들어 분석에 많은 양의 순수한 DNA가 필요했기 때문에 소량으로 채취되거나 손상된 샘플에는 적용하기 어려웠다. 또한 염기가 10개보다 짧은 DNA 조각은 분석이 불가능했다.

이 문제는 1983년 개발된 PCR(중합효소 연쇄 반응) 기술로 해결할 수 있었다. DNA 중합효소를 이용해 소량의 DNA를 반복적으로 증폭시킴으로써, 짧은 시간 내에 원하는 DNA 영역을 대량으로 확보할 수 있는 혁신적인 기술이다.

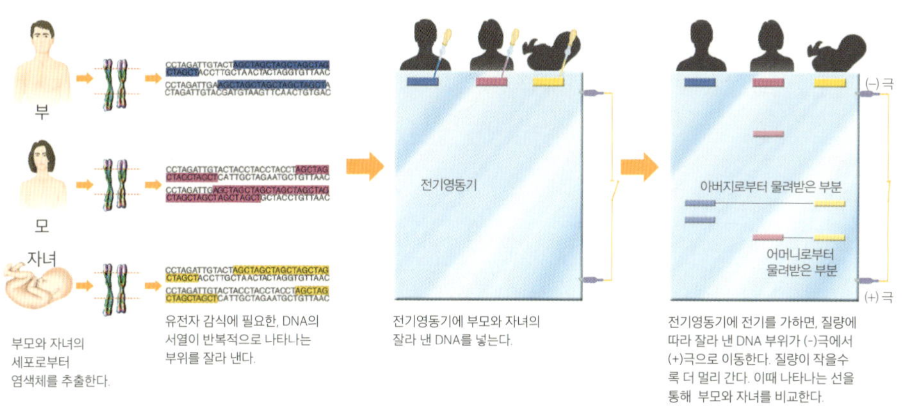

부모와 자녀의
세포로부터
염색체를 추출한다.

유전자 감식에 필요한, DNA의
서열이 반복적으로 나타나는
부위를 잘라 낸다.

전기영동기에 부모와 자녀의
잘라 낸 DNA를 넣는다.

전기영동기에 전기를 가하면, 질량에
따라 잘라 낸 DNA 부위가 (-)극에서
(+)극으로 이동한다. 질량이 작을수
록 더 멀리 간다. 이때 나타나는 선을
통해 부모와 자녀를 비교한다.

<그림 1> 유전자를 이용한 친자 확인 방법   (출처: 최재천 외, 2013, 184~185)

PCR 기술 덕분에 반복 단위가 2~7개로 매우 짧은 염기서열인 STR (Short Tandem Repeat)에 대한 분석이 가능해졌다. STR은 미니새틀라이트 DNA와 마찬가지로 사람마다 고유의 반복 횟수 패턴을 가지며, 부모로부터 절반씩 물려받는다(그림 1 참조).

물론 STR 분석만으로 친자 확인이 어려운 경우도 있다. 대표적으로 부모 가운데 어느 한쪽의 DNA를 확보하기 어려운 상황에서 그렇다. 이럴 때는 Y염색체나 미토콘드리아 DNA 분석을 보완적으로 활용한다. Y염색체는 아버지에서 아들로만 전달되기 때문에, 부계 유산 상속권을 확인할 때나 남성 간 형제 관계를 증명하는 경우에 사용된다. 반면 미토콘드리아 DNA는 어머니를 통해서만 전달되므로 입양아의 친모 확인이나 여성 간 자매 관계 입증에 유용하다.

그러나 유전자 지문법이 100% 완벽하지는 않다. 검사 과정에서 발생할 수 있는 샘플의 오염이나 기술적 오류, 또는 STR 데이터를 변별하는 능력의 한계 때문에 오판이 생길 수 있다.

만일 친자 검사에서 잘못된 결과가 나온다면, 당사자와 가족은 심리적으로 엄청난 타격을 받을 것이다. 최근 사회적으로 관심을 모은 오판의 사례들을 살펴보자.

2023년 6월 30일 미국 코네티컷주 브리지포트 고등법원은 DNA 검사 오류로 친자 관계가 부정확하게 판별된 사건에서 유전자 검사 기관이 원고에게 250만 달러의 배상금을 지급하라고 판결했다. 2015년 원고가 진행한 유전자 검사에서 "친자 확률 0%"라는 잘못된 결과가 나와, 원고가 자녀와 함께 지낼 기회를 잃게 된 사건이었다. 이후 다른 검사 기관에서 나온 "친자 확률 99%"라는 결과를 바탕으로 소송이 진행됐고, 18개월의 법정 다툼 끝에 원고가 친부임이 최종적으로 인정됐다.

2025년 4월 미국 뉴욕주 용커스에 거주하는 28세 여성은 DNA 친자 검사 결과를 믿고 임신 20주에 낙태를 결정했다. 약혼자가 아닌 다른 남성이 태아의 생물학적 아버지라고 판정됐기 때문이었다. 이후 데이터 처리 과정에서 오류가 있었던 사실이 드러나 해당 판정은 잘못된 것으로 밝혀졌다. 하지만 이미 돌이킬 수 없는 선택이 이뤄진 상황이었다. 피해 여성은 검사 기관을 상대로 소송을 제기했으며, 정신적 충격과 약혼 관계의 파탄으로 심한 후유증을 겪게 됐다.

범인 검거에도 활발히 적용

유전자 지문법은 범인을 색출하는 데에도 활발히 사용되고 있다. 1985년 가나 이민자 사건 판결이 내려진 영국 레스터셔주에서, 이듬해에 미니새틀라이트 기법이 또 하나의 사건을 해결하는 데 결정적 역할을 수행했다. 이번에는 범인을 찾는 용도였다.

1983년 레스터셔주의 한 마을에서 15세 소녀가 강간 후 목이 졸려 살해된 사건이 발생했다. 경찰은 피해자의 옷과 신체에서 정액 샘플을 채취해 수사에 나섰으나, 당시의 제한적인 기술로는 범인을 특정할 수 없었다.

이후 1986년 인근 마을에서 또 다른 15세 소녀가 살해됐으며 사건 현장에서 정액이 채취됐다. 일단 경찰은 범행 수법이 유사하다는 이유에서 두 사건이 동일범의 소행인 것으로 판단했다. 그리고 수사를 통해 A를 용의자로 특정했다. 그런데 A는 1986년 사건에서 강간 혐의는 인정했지만 살해 혐의는 부인했다. 또한 자신은 1983년 사건과는 무관하다고 강력하게 주장했다.

이때 제프리스는 미니새틀라이트 기법을 이용해 정액의 DNA를 분석했다. 그 결과 두 사건에서 발견된 정액 샘플이 동일인의 것이라는 사실을 밝혔다. 하지만 용의자 A의 DNA와는 고유 패턴이 일치하지 않았다. A가 강간 혐의를 인정했다고는 해도 경찰은 A를 용의선상에서 제외할 수밖에 없었다.

이후 경찰은 레스터셔 지역 내 16~34세 남성 5,000여 명으로부터 혈액과 타액을 채취해 DNA를 분석하기 시작했다. 그러다 1987년 8월경 경찰은 B가 자신의 샘플 대신 친구의 것을 제출하도록 부탁했다고 술집에서 얘기한 사실을 전해 들었다. 경찰은 즉시 B의 샘플을 채취해 미니새틀라이트 기법을 적용했다. 그 결과 범죄 현장에서 발견된 정액 DNA와 동일한 패턴이 확인됐다. 바로 B가 범인이었다. 유전자 지문법이 범인을 잡는 데 사용된 최초의 사례였다.

이후 등장한 PCR 기술은 범인 색출에서 국제적인 표준 기법으로 자리 잡았다. 다만 비교 대상이 확보되지 않으면 그 용도는 크게 제한된다. 예를 들어 1985년 가나 이민자 사건에서는 친자 확인을 위한 비교 대상이 명확히 존재했기 때문에 유전자 지문법이 효과를 발휘할 수 있었다. 반면 범죄 사건에서 피의자의 DNA를 확보하지 못하거나 대조할 샘플이 없는 경우, 수사가 난항에 빠질 수 있다.

한편 유전자 지문법은 개인의 민감한 유전 정보를 수집해 저장한다는 점에서 사회적 논란의 대상이 되기도 한다. 가령 대규모로 수집된 DNA 정보가 당초 수사 목적 외에 다른 용도로 사용되거나 제3자에게 유출될 가능성이 있다. 또한 개인의 동의가 없는 상태에서 DNA 정보가 어딘가에 저장될 수도 있다. 따라서 식별을 위해 DNA 정보를 수집하고 활용하는 경우, 개인 정보 보호를 위한 법적 규제 장치가 명확하게 마련돼 있어야 한다.

단백질 생산 영역 너머에 새겨진 지문

여기서 한 가지 짚고 넘어갈 사항이 있다. 유전자 지문법에서의 '유전자'는 과학계에서 설명해 온 코딩 DNA, 즉 단백질을 생산하는 염기서열을 의미하는 것이 아니다. 이와는 무관한 논코딩 DNA 영역에서의 반복 서열을 가리킨다. 실제로 미니새틀라이트 DNA는 텔로미어 외에 염색체 전반에 폭넓게 분포한다. 또한 많은 STR 영역은 그 기능이 알려지지 않은 인트론에 존재한다(3장 표 1 참조). 흥미롭게도 인간 개개인의 고유한 정체성은 오랫동안 과학계에서 연구의 초점이 돼 온 코딩 DNA 바깥에 지문처럼 존재하고 있는 것이다.

이 사실을 염두에 둔다면 한편으로는 유전자의 의미가 19세기 멘델 시절로 다시 돌아가는 느낌을 받는다. '부모로부터 대물림되는 물질' 정도의 개념이다. 그런데 당시 이 개념에는 부모의 생물학적 특성을 물려받는다는 의미가 분명히 있었다. 이와 달리 개인을 식별하는 유전자는 생물학적 특성을 결정하는 단백질 생산과는 직접적으로 관련이 없다. 물론 최근에는 정크 영역의 DNA도 단백질 생산에 관여한다는 사실이 조금씩 밝혀지고 있지만 말이다. 요약하면 유전자 지문법에서의 '유전자'는 '생물학적 특성을 제외하고 부모로부터 대물림되는 DNA 영역'이라고 할 수 있다.

병원 유전자 검사, 엄격한 절차와 까다로운 해석

이 연구는 무료이며 참여는 선택사항입니다. 이 안내문에는 여러분과 아기가 참여할지 결정하는 데 도움이 될 많은 정보가 담겨 있습니다. 결정을 내리기 전에 의료진 및 가족과 충분히 상의하시기 바랍니다…… 이 연구는 신생아의 유전체를 조사해 유전 질환을 조기에 발견하고 치료할 수 있는지 확인하기 위한 것입니다.

최근 영국 정부가 임산부와 그 배우자를 대상으로 제공한 팸플릿의 일부다. 2022년 12월 영국의 국민보건서비스와 지노믹스 잉글랜드(Genomics England)는 신생아의 유전병을 진단하기 위한 대규모 연구를 시작한다고 공식 발표했다. 프로젝트 이름은 '신생아게놈프로그램(Newborn Genomes Programme)' 또는 '세대 연구(Generation Study)'라 불린다(그림 2 참조).

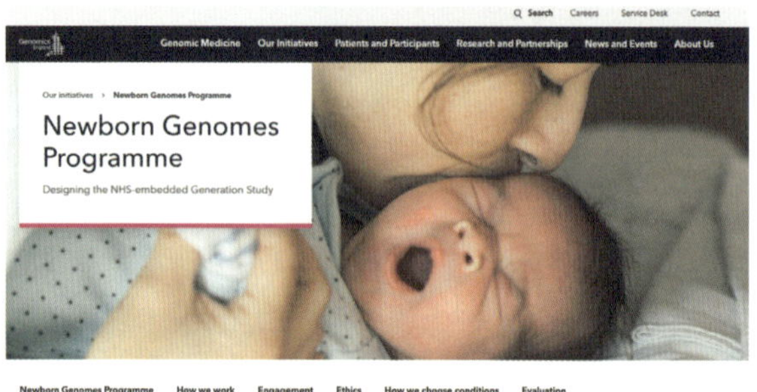

<그림 2> 영국에서 출범한 신생아게놈프로그램

영국 신생아게놈프로그램의 공식 홈페이지다. 이 프로그램은 신생아들의 유전체를 분석해 유전성 희귀질환을 조기에 진단하고 예방하는 것을 목표로 개발됐다. 홈페이지에는 프로그램의 취지, 실행 방식, 참여자 안내, 윤리적 고려 사항 등이 안내돼 있고, 유전체 정보 활용의 사회적·과학적 의미도 소개돼 있다.

(출처: https://www.genomicsengland.co.uk)

프로젝트의 목표는 매년 10만 명의 신생아 유전체를 검사해 200개 이상의 유전병을 조기에 진단하는 것이다. 예비 부모의 참여 동의가 이뤄지면 병원은 탯줄이나 신생아의 발뒤꿈치 채혈(heel prick)을 통해 확보한 샘플에서 유전자 변이를 탐색한다. 의심 질환이 발견되면 한 달 내에 결과를 통보한다. 영화 '가타카'에는 갓 태어난 아기의 발뒤꿈치에서 피 한 방울로 즉시 각종 진단 결과를 알아내는 장면이 등장한다. 이에 비해 현실에서는 유전체 전반에 대한 면밀한 조사가 이뤄지기 때문에 시간이 좀 더 많이 소요된다.

신생아 유전체를 검사하는 이유

사실 신생아의 염기서열을 분석해 질환을 진단한다는 아이디어는 인간게놈프로젝트 초안이 발표되던 때부터 공개적으로 제시됐다. 2001년 국제 콘소시엄을 이끌던 콜린스는 한 언론 매체와의 인터뷰에서, 향후 20년 내에 아기의 DNA 염기서열로부터 일종의 '분석 기록표'를 만들어 낼 것이라고 예측한 바 있다.

발뒤꿈치 채혈 검사는 이미 1960낸 말부터 영국을 비롯한 여러 나라에서 신생아를 대상으로 시행돼 왔다. 초기에는 선천성 갑상선 기능 저하증 같은 대사질환이 검사 대상이었으나, 점차 겸상적혈구빈혈이나 낭포성섬유증 같은 유전 질환까지 그 범위가 확대됐다. 최근까지 영국에서 행해진 검사 질환의 수는 최소 9개 이상이었다. 검사는 의무 사항은 아니지만 부모가 특별하게 반대하지 않는 한 모든 신생아에게 권장되고 있다.

이에 비해 신생아게놈프로그램은 진단 질환의 수를 대폭 확대했다. 진단의 대상은 원인 유전자가 명확하게 밝혀진 단일유전질환에 해당한다.

또한 참여자는 희망 의사를 밝힌 예비 부모로 한정된다.

2024년 초 영국 정부는 전국의 병원과 협력 체제를 구축하며 본격적으로 참여자 모집에 나섰다. 최근까지 500건 이상의 샘플을 분석했으며, 2026년 말까지는 10만 명 목표를 순조롭게 달성할 것으로 예상한다.

미국에서도 유사한 프로젝트가 시도됐다. 2022년 9월부터 뉴욕주 보건부와 뉴욕시 6개 병원이 협력해 일명 '가디언 스터디(Guardian Study, Genomic Uniform-screening Against Rare Disease In All Newborns)'라는 프로젝트를 진행했다. 10만 명의 신생아를 대상으로 450여 개의 유전 질환을 조기에 발견하는 일이 목표였다.

2023년 7월까지 10개월간 신생아 5,555명 중 4,000명의 부모가 실제로 프로젝트에 참여했다. 그 결과 120명의 신생아에서 유전 질환이 확인됐는데, 이 중 110명은 기존의 발뒤꿈치 채혈 검사로는 진단될 수 없었던 사례였다. 판정된 질환에는 중증 복합 면역결핍증(SCID)이나 심장질환(QT 증후군)과 같은 희귀질환이 포함됐다.

신생아 유전체 검사는 질환의 조기 발견과 적절한 치료로 생명을 구하고 삶의 질을 향상시킬 수 있다는 점에서 중요한 의미를 지닌다. 예를 들어 간단한 비타민 복용만으로도 심각한 대사질환에서 호전된 사례가 보고된 바 있다. 그러나 치료가 어려운 질환이 발견될 경우, 부모는 별다른 해결책 없이 그 결과를 받아들여야 하는 고통을 겪을 수 있다.

영국의 신생아게놈프로그램은 이런 우려를 염두에 두고 검사 대상 질환의 조건을 엄격하게 선별하는 지침을 마련했다. 연구가 충분히 이뤄져 치료가 가능하다는 전제 아래에서 5세 이전에 발병 가능성이 높은 질환만 검사 대상에 포함시키며, 성인기에 발병하는 유전자 변이는 검사에서 제외하고 있다.

하지만 검사 비용이 걸림돌이다. 현재 수준에서 신생아 1명당 유전체 염기서열 분석에 약 900달러가 소요되는데, 이를 연간 10만 명 기준으로 보면 약 9,000만 달러(약 1,260억 원)가 필요하다는 계산이 나온다. 이 때문에 과학계 일각에서는 치료가 불가능한 유전 질환이 여전히 많은 상황에서, 잠재적 이익에 비해 과도한 비용을 투입하는 것이 타당한지 의문을 제기하고 있다.

뱃속 태아는 물론 예비 부모의 보인자 검사도

신생아에 비해 뱃속 태아에 대한 유전자 검사는 좀 더 오랜 역사를 가지고 있다. 1950년대 과학계는 다운증후군의 원인이 21번 염색체가 3개이기 때문이라는 사실을 발견했다. 이후 임신부의 양수에서 염색체 이상을 판별하는 검사가 도입됐다.

예비 부모에 대한 유전자 검사 역시 시행되기 시작했다. 주로 부모가 단일유전질환의 보인자인지 여부를 확인하는 데 중점을 둔다. 예를 들어 겸상적혈구빈혈은 열성 유전에 해당하므로, 부모가 모두 보인자인 경우 태아에서 발병할 확률은 25%에 달한다. 부모 중 한 사람만 보인자일 경우에는 질환이 발생하지 않지만, 태아 역시 보인자가 될 가능성은 50%에 이른다(1장 그림 6 참조).

예비 부모의 보인자 판별 검사는 임신 계획 단계에서 중요한 참고 자료가 된다. 특히 사촌 간 결혼이 흔한 국가에서는 보인자 검사가 큰 의미를 가진다. 사우디아라비아가 대표적인 사례로 꼽힌다. 실제로 인간게놈 프로젝트의 초안이 발표된 시점에 사우디아라비아는 세계에서 열성 질환 발생률이 가장 높은 국가로 기록됐다.

그러나 부모가 유전자 검사 결과를 근거로 출산 여부를 결정하는 일은 다양한 생명윤리 문제를 야기한다. 가령 유전적 선별이 보편화될수록 사회적 압력이 부모의 결정에 크게 영향을 미칠 수 있다. 예를 들어 사우디아라비아 정부는 2004년부터 결혼을 앞둔 예비 부모를 대상으로 겸상적혈구빈혈과 지중해빈혈에 대한 보인자 검사를 의무화했다. 결과가 나쁘게 나온 사람들에게는 헤어지거나 자식을 낳지 않는 것이 좋다고 알렸다. 이 정책을 통해 6년간 해당 질환의 발병률이 현저히 감소했고, 고위험 혼인 건수 역시 약 60% 줄어들었다. 하지만 보인자라는 이유만으로 개인의 결혼 선택권이 침해받는 것이 타당한지에 대한 논란이 발생할 수밖에 없었다.

절대위험도를 둘러싼 오해 세 가지

한동안 단일유전질환에 머물던 유전자 검사는 점차 암이나 당뇨병같이 인류에게 흔하게 나타나는 복합 질환에도 활발히 적용되기 시작했다. 복합 질환의 발생에는 다양한 유전자와 환경 요인이 동시에 작용하기 때문에 단일유전질환보다 타깃 유전자를 식별하는 과정이 훨씬 복잡하고 어렵다.

초기 연구자들은 복합 질환을 유발하는 유전자를 밝히기 위해 단일유전질환의 경우와 마찬가지로 가계 중심의 연구를 진행했다. 그 대표적인 발견 사례로 졸리가 2013년 5월 14일《뉴욕 타임스》칼럼에서 언급한 브라카 유전자를 들 수 있다.

1990년대 중반 과학자들은 17번과 13번 염색체의 특정 유전자 부위에서 변이가 발생할 경우 유방암과 난소암의 발병 위험이 증가한다는 사실을 밝혀냈다. 원래 이 유전자들은 암의 발생을 억제하는 역할을 수행한다고 알려져 있었다. 이들은 각각 브라카1(BRCA1)과 브라카2(BRCA2)로 명명됐다. 여기서 브라카(BRCA)는 '유방암에 대한 감수성이 있는 유전자(BReast CAncer susceptibility gene)'의 약자이고, '감수성(susceptibility)'은 변이가 발생했을 때 특정 질병이 발생할 가능성을 의미한다.

하지만 가계는 가까운 친족으로 제한된 집단이기 때문에 그 분석 결과를 일반화하기는 어려웠다. 이 한계를 극복하기 위해 다양한 인구 집단을 대상으로 한 '코호트 연구(cohort study)'가 도입됐다. 코호트는 원래 고대 로마 군단의 편제 단위를 뜻하는 말인데, 현대 학계에서는 '일정한 특성을 공유하는 집단'이라는 의미로 쓰인다.

초기 코호트 연구는 특정 유전자 변이 집단을 장기간 추적해 해당 집단 내에서의 질병 발생률, 즉 '절대위험도(Absolute Risk)'를 산출하는 데 주로 초점을 맞췄다. 브라카 유전자 변이에 대한 코호트 연구 역시 활발하게 진행됐다. 졸리의 사례를 통해 절대위험도의 개념을 살펴보자.

졸리는 유전자 검사 결과 브라카1 변이를 가졌다는 사실을 알게 됐다. 졸리의 어머니는 브라카1 변이 보유자였고, 56세에 난소암으로 사망했다. 이모 역시 변이 보유자였으며, 졸리가 칼럼을 쓴 지 2주 후 61세의 나이에 유방암으로 사망했다. 졸리는 코호트 연구로 유방암 발병 확률이 87%에 달하며, 유방을 절제함으로써 그 확률이 5%로 줄어들었다고 칼럼에서 밝혔다. 여기서 87%나 5%라는 값이 바로 절대위험도다.

일반적으로 절대위험도란 특정 위험 요인을 가진 사람이 일정한 기간 동안 질환에 걸릴 확률로, 다른 말로는 '누적발생률(cumulative incidence)'이라고 한다. 그리고 코호트 연구에서 도출된 발병 확률은 졸리의 말처럼 딱 떨어지는 숫자가 아니라 일정한 범위로 제시된다. 실제로 브라카1 변이가 유방암을 일으키는 절대위험도는 60~80%로 제시된다. 이 말은 브라카1 변이를 가진 여성 수천~수만 명을 10~20년간 추적한 여러 코호트 연구를 종합한 결과, 유방암에 걸린 사람이 60~80%로 집계됐음을 의미한다. 졸리가 언급한 87%는 학계에 보고된 여러 결과 가운데 최대치에 해당했다.

그런데 일반인에게는 절대위험도의 의미가 부정확하게 해석될 수 있다. '절대'라는 말이 우리가 흔히 알고 있는 '무조건 확실함'이라는 뜻으로 다가올 수 있기 때문이다. 그 결과 몇 가지 오해가 생길 수 있다.

첫째, 인간 모두에게 보편적으로 적용된다는 생각이다. 하지만 절대위험도는 정상 집단과의 상대적 비교 없이 특정 변이의 보유 집단만을 추적해서 얻은 결과다. 예를 들어 브라카1 변이 보유 여성의 절대위험도는 '조사 집단에서 장기간에 걸쳐 유방암에 걸릴 확률'을 의미할 뿐, 변이가 없는 여성에 비해 얼마나 위험한지를 알려 주는 지표는 아니다. 또한 코호트 연구 대상이 어떤 특성을 가진 인구 집단인지가 중요하다. 가령 백인 여성을 대상으로 계산된 절대위험도를 다른 인종의 여성에게 그대로 적용하는 것은 부적절하다. 인구 집단별로 발병의 원인은 생활 습관이나 환경 요인 등이 다양하게 작용할 수 있기 때문이다. 게다가 절대위험도는 집단 전체의 평균값이므로, 개인별 실제 위험도는 제시된 범위보다 더 높거나 낮을 수 있다.

둘째, 한 가지 유전적 특성이 위험 발생의 유일한 원인이라는 인식이다. 그러나 브라카1 변이는 유방암의 발생에 관여하는 다양한 변이 가운데 하나일 뿐이다. 유방암의 발생에는 브라카1 변이와 다른 유전자들의 상호작용이 복잡한 양상으로 영향을 미칠 수 있다. 최근까지 유방암에 확실하게 관련됐다고 알려진 유전자는 10여 개이고, 실제로는 이보다 많을

것으로 예측되고 있다. 따라서 60~80% 발병의 유일한 원인이 브라카1
의 변이라고 생각하면 안 된다.

셋째, 질환과 관련된 모든 유전자 변이가 부모로부터 대물림된다
는 판단이다. 하지만 과학계에서는 유방암의 경우 부모로부터 물려받
은 변이로 인해 발생하는 비율을 5~10% 정도로 추산하고 있다. 나머지
90~95%는 '비유전성' 유방암에 해당하고, 그 발병 원인은 다양하다. 정
상 유전자를 갖고 태어났지만 세포 분열에서의 오류나 방사선 노출 같
은 환경 요인 등으로 인해 후천적으로 변이가 생길 수 있다. 유전자 변이
외에도 초경이 빠르거나 폐경이 늦은 경우, 또는 피임약이나 호르몬제를
오래 복용한 경우에도 유방세포의 증식을 촉진하는 에스트로겐이 오래
분비된 탓에 유방암에 걸릴 수 있다.

직관적이면서도 모호한 상대위험도

그렇다면 브라카1 변이를 가진 여성은 정상 여성에 비해 유방암에 걸릴
위험이 얼마나 높을까? 이 비교 수치는 '상대위험도(Relative Risk)'라 부르는
데, 정상 집단에 비해 위험이 몇 배 높은지를 직관적으로 보여 주는 값이
다. 상대위험도는 두 집단의 절대위험도를 비교해서 산출할 수 있다. 유
방암의 예를 들면, 정상 여성의 절대위험도는 10~12%이고 브라카1 변이
보유 여성의 절대위험도는 60~80%이다. 이 값들을 비교하면 변이 보유
여성은 정상 여성에 비해 5~8배 높은 상대위험도를 가진다는 것을 알 수
있다.

6장에서 언급했듯이, 졸리가 칼럼을 쓴 주요 목적은 유전자 검사에 특
허가 등록돼 있어 비용이 너무 비싸다는 문제를 제기하기 위한 것이었다.

하지만 일반인들에게는 이보다는 당장 유방암이 발생하지 않았는데 예방 차원에서 유방을 절제했다는 사실이 더 낯설게 다가왔을 것이다. 당시 의학계에서도 유전자 검사만으로 수술을 결정한 일을 놓고 우려와 비판의 목소리가 있었다. 다만 브라카1 변이의 절대위험도와 상대위험도 수치는 의학적으로 높은 발병 가능성을 의미했기 때문에, 누구라도 명확하게 입장을 표명하기에 어려운 면이 있었다.

이후 2015년 3월 24일 자 《뉴욕 타임스》에 실린 졸리의 또 다른 칼럼, "앤젤리나 졸리 피트: 수술 일기(Angelina Jolie Pitt: Diary of a Surgery)"는 예전보다 더욱 큰 사회적 논란을 일으켰다. 이번에는 난소와 나팔관을 절제한 수술에 대한 경험담이었다. 졸리는 브라카1 변이가 난소암을 일으킬 확률이 있다는 이유에서 수술을 결정했다. 그런데 이번에는 그 수치에 대한 이해가 간단치 않았다.

브라카1 변이를 보유한 여성의 경우, 난소암 발생의 절대위험도는 30~50% 정도로 추정됐다. 유방암에 비해서는 절반 정도로 낮은 값이다. 그리고 정상 여성이 평생 난소암에 걸리는 절대위험도는 1~2%다. 그렇다면 브라카1 변이의 상대위험도는 무려 15~50배에 달한다는 계산이 나온다. 상대위험도만 본다면 브라카1 변이 보유자에게 유방암에 비해 훨씬 큰 위협으로 다가올 수 있는 것이다.

이처럼 상대위험도에서 '몇 배 위험'이라는 표현은 일반인에게 오해를 불러일으킬 수 있다. 만일 정상인의 절대위험도가 매우 낮을 경우라면 단순히 '몇 배'라는 수치가 실제로는 큰 위험을 의미하지 않을 수 있다. 극단적으로 절대위험도가 0.00001%이고 상대위험도가 100배로 나왔을 때, 변이 보유자가 실제로 발병할 가능성이 크다고 보기는 어려울 것이다. 따라서 상대위험도를 해석할 때는 기본적으로 절대위험도를 함께 고

  DNA는 어떻게 나를 설계하는가?

려해야 한다.

또한 절대위험도와 마찬가지로 주의할 사항이 있다. 상대위험도 역시 인종이나 환경 요인 등 연구 대상 집단의 특성에 따라 결과가 달라질 수 있다. 그리고 집단 전체의 평균값이 제시되기 때문에, 개인별로는 다른 수치가 나올 수 있다.

의학계에서는 졸리의 두 번째 수술을 두고 깊은 고민이 이어졌다. 예방의 중요성을 무시할 수는 없지만, 난소와 나팔관을 절제하는 수술은 조기 폐경, 심혈관질환, 골다공증 등 심각한 부작용을 초래할 수 있기 때문이었다. 이에 비해 일반인 입장에서는 위험도가 높다는데 실제로 얼마나 위험하다는 것인지, 또는 예방적 수술이 정말 필요한 것인지와 같은 의문과 우려가 복잡하게 뒤섞여 나타났다. 한편에서는 졸리의 칼럼이 소개될 때마다 전 세계 여성의 유방 및 난소 절제 수술이 증가한 '졸리 효과(Jolie Effect)' 현상이 보고되기도 했다.

졸리의 선택은 유전자 변이와 암 예방에 대한 사회적 논의를 촉진한 것이 사실이다. 동시에 절대위험도와 상대위험도 해석의 복잡함, 그리고 예방적 수술의 득실에 대한 논란도 불러일으켰다.

또 하나의 헷갈리는 위험도, 오즈비

한편 상대위험도를 구하기 위해 변이 집단과 정상 집단의 절대위험도를 각각 측정하기에는 상당한 시간과 비용이 소요된다. 따라서 많은 경우에는 유전자 변이 집단과 정상 집단을 '먼저' 모집하고, 각 집단에서 질병 발생군과 비발생군을 비교하는 방식을 활용한다. 이를 '코호트 내 환자군-대조군 연구(nested case-control study)'라 부른다. 코호트 연구와 기존의 환자군-대조군 연구를 결합한 형태다.

원래 환자군-대조군 연구는 특정 질환을 중심으로 환자군과 대조군을 먼저 모집한 뒤, 이들 집단에서 위험 요인을 탐색했다. 하지만 이 방법은 질환의 원인인 유전자 변이를 찾는 데 몇 가지 한계를 갖고 있었다. 우선 통계적으로 유의미한 결과를 얻기 위해 각 집단의 수를 충분히 확보하기 어려웠다. 또한 질환의 원인은 워낙 다양하기 때문에 이 가운데 발병 요인을 특정하기가 쉽지 않았다. 하지만 최근에는 환자군과 대조군의 유전체를 단기간에 대규모로 비교하는 연구가 등장함으로써 이 같은 한계를 어느 정도 극복할 수 있게 되었다. 4장에서 언급한 GWAS가 그것이다.

일반적으로 GWAS는 환자군과 대조군의 유전체에서 SNP를 비교해, 환자군에서 좀 더 높은 빈도로 나타나는 변이를 찾아내려는 연구다(그림 3 참조). '코호트 내 환자군-대조군 연구'에서처럼 특정 코호트를 먼저 선정하는 경우는 물론, 환자군과 대조군을 먼저 선정한 후 위험 인자를 찾는

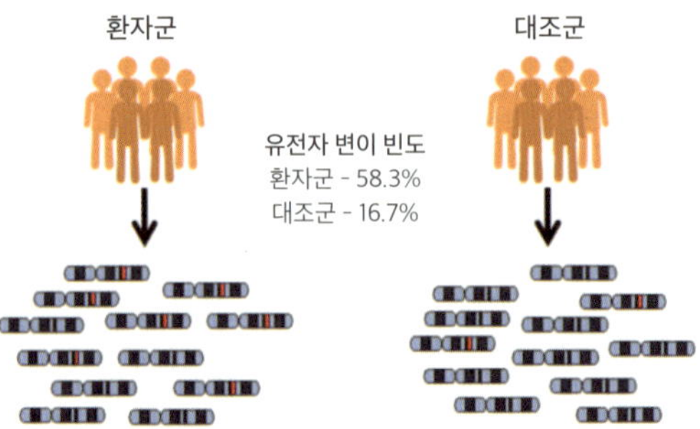

<그림 3> GWAS의 기본 탐색 방법

특정 질병을 가진 환자군과 대조군으로부터 유전체의 염기서열 정보를 얻은 후 변이(SNP)의 빈도를 조사한다. 환자군의 변이 빈도(58.3%)가 대조군(16.7%)보다 통계학적으로 유의미하게 차이가 있다면, 이후 더욱 정밀한 과정을 거쳐 환자군에서만 나타나는 주요 SNP가 무엇인지를 탐색한다.
(출처: https://www.ebi.ac.uk)

경우도 있다. 여기서는 후자를 가리켜 '전통적 환자군-대조군 연구'라 칭하겠다.

그런데 상대위험도는 전통적 환자군-대조군 연구에서는 얻을 수 없다. 두 집단을 임의의 수로 모집했기 때문에 위험 요인을 가진 사람 중 '실제로' 몇 %가 질환에 걸렸는지를 직접 계산할 수 없기 때문이다. 대신 전통적 환자군-대조군 연구에서는 각 집단에서 위험 요인에 노출된 사람 수를 노출되지 않은 사람 수로 나눈 값인 오즈(Odds)를 구하고, 이들을 비교해 오즈비(Odds Ratio, OR)를 산출한다. 바로 이 대목에서 해석의 난관이 발생한다. 일반인은 상대위험도에 비해 오즈비의 의미를 직관적으로 파악하기 어렵기 때문이다.

예를 들어 브라카1 변이를 가진 여성에게 "당신이 유방암에 걸릴 확률은 정상 여성에 비해 7배 높다"고 상대위험도를 알려 줄 수 있다. 이에 비해 오즈비의 경우는 "당신이 유방암에 걸릴 오즈는 정상 여성의 오즈에 비해 7배 높다"라고 표현한다. 이 말의 정확한 의미는 유전의학 분야의 전문가가 아니면 알기 어렵다.

현재 우리가 유전자를 검사한다면 기존의 연구 상황에 따라 그 결과는 상대위험도와 오즈비가 함께, 또는 오즈비만 별도로 제시된다. 검사를 받는 당사자로서 두 가지 값의 차이를 알 필요가 있기 때문에, 다소 복잡하지만 기본적인 산출 방식을 짚고 넘어가 보자.

GWAS를 통해 비만을 일으키는 SNP가 무엇인지 알아내려는 상황을 가정한다. 〈표 1〉을 바탕으로 상대위험도와 오즈비의 계산 방식을 비교해 보자.

상대위험도를 구하기 위해서는, 한 집단에서 SNP가 T인 사람과 G인 사람을 구분하고 각각에서 비만인과 정상인의 수를 확인해 질병 발생 확

<표 1> 비만 유발 SNP 발굴을 위한 집단 모집 사례

유전형(SNP) \ 표현형	비만인	정상인	합계
T	a	b	a+b
G	c	d	c+d
합계	a+c	b+d	a+b+c+d

률을 계산한다. 예를 들어 T의 상대위험도는 T 보유자 전체(a+b)에서 비만인의 수(a)가 차지하는 비율을, G 보유자 전체(c+d)에서 비만인의 수(c)가 차지하는 비율로 나눈 값이다. 즉,

$$\frac{a/(a+b)}{c/(c+d)}$$

이다. 이 수치는 "T 보유자가 비만일 확률은 G 보유자가 비만일 확률의 몇 배다"로 해석된다.

이에 비해 오즈비는 비만인과 정상인 집단 각각에서 T와 G 보유자의 수를 이용해 계산한다. 먼저 T 보유자가 비만으로 나타날 오즈를 구해보자. T 보유자가 비만일 확률은 a/a+b이고 비만이 아닐 확률은 b/a+b이므로, 이를 나눈 값인 오즈는 줄여서 a/b에 해당한다. 같은 방식으로 계산하면 G 보유자가 비만으로 나타날 오즈는 c/d이다. 오즈비는 이들 오즈의 비율을 나타내는 것이다. 즉,

$$\frac{a/b}{c/d}$$

이다. 이 수치는 "T 보유자가 비만일 오즈는 G 보유자가 비만일 오즈의 몇 배다"로 해석된다.

코호트 내 환자군-대조군 연구에서는 상대위험도와 오즈비를 모두 얻

을 수 있다. 하지만 전통적 환자군-대조군 연구에서는 환자군과 대조군을 몇 명 모으느냐에 따라 상대위험도가 달라져 버린다. 따라서 오즈비만 유의미한 값으로 해석될 수 있다.

오즈비는 특정 유전자 변이와 질환과의 '연관성'을 어느 정도 알려 주는 값이다. 그런데 연관성을 넘어 유전자 변이가 질환의 '직접적 원인'이라는 점을 밝히려면 별도의 추가 연구가 필요하다. 예를 들어 알츠하이머병의 원인 유전자로 널리 알려진 APOE의 경우 오즈비가 3~6으로 비교적 높게 보고됐지만, 미국에서 추가적인 코호트 연구를 수행한 결과 발병 예측 정확도는 10%에 불과했다는 보고가 있다.

따라서 의료 기관에서 오즈비는 유전자 검사의 임상적 가치를 판단할 때 고려하는 기본 항목의 하나일 뿐이다. 그 수치에 대한 판단은 학계에서 대체적으로 수용되는 위험도 지침을 의료 현장에서 제각기 참조해 이뤄지고 있다.

질환 유전자 이름에 대한 대중의 오해

이상과 같은 질환에 대한 유전자 검사에서 '유전자'는 반드시 단백질 생산을 담당하는 코딩 DNA만을 의미하지 않는다. 예를 들어 헌팅턴병은 4번 염색체의 코딩 영역에서 세 염기(CAG)가 비정상적으로 많이 반복돼 발생한다. 반면 지적 장애나 발달 지연을 유발하는 취약 X 증후군 같은 일부 단일유전질환이나 다양한 복합 질환에서 논코딩 영역의 변이가 원인이 되는 사례가 계속 보고되고 있다.

한편 질환 유전자에 대한 검사가 활발해지면서 과학자들은 질환과 관련된 유전자를 발견할 때마다 새로운 이름을 부여했다. 과학계에서 유전자 명명의 방식은 매우 다양하다. 관련 질환의 이름, 해당 염기서열의 위치나 구조적 특징 등이 발견자의 선택에 따라 유전자명에 포함된다. 문제는 이들 전문용어를 일반인에게 설명하기 어려운 탓에, 편의상 질환의 이름을 붙여 유전자를 지칭하기 시작했다는 점이다. 이로 인해 일반인이 질환 유전자의 개념을 잘못 이해할 가능성이 생겼다.

단일유전질환의 경우에는 과학계와 일반인의 이해가 크게 다르지 않다. 예를 들어 헌팅턴병의 유전자 이름은 HTT다. 이는 병을 유발하는 단백질(HunTingTin)의 약자로, 처음 병을 발견한 인물인 헌팅턴(Huntington)에서 유래했다. 또한 겸상적혈구빈혈과 관련된 공식 유전자 이름은 HBB인데, 적혈구를 구성하는 베타 헤모글로빈(Hemoglobin Beta)에 이상이 생기면 발병한다는 의미에서 명명됐다. 이들을 각각 헌팅턴병 유전자, 겸상적혈구빈혈 유전자라 해도 별다른 문제가 없다.

이에 비해 복합 질환에서는 상황이 달라진다. 예를 들어 알츠하이머병을 일으키는 유전자 APOE는, 지질 대사와 신경계 기능에 필수적인 단백질(APOlipoprotein E)을 만든다는 의미에서 명명됐다. 과학계에서는 APOE 외에도 다양한 유전자가 알츠하이머병에 연관된다는 사실을 인식하고 있다. 또한 APOE에 변이가 생긴다고 해서 무조건 발병하지 않는다는 점도 잘 알고 있다. 하지만 일반인에게 설명할 때 APOE를 '알츠하이머병 유전자'라고 부름으로써, APOE가 해당 질환의 유일하거나 대표 격인 원인 유전자라고 오해하게 만들 수 있다. 브라카의 경우는 아예 이름에 질환 이름이 포함돼 있어 오해가 더 커질 수 있다. 브라카(BRAC)에 '유방암(BReast CAncer)'이라는 말이 적시돼 있기 때문이다. 과학계에서 질환과 '연관된' 유전자로 분류된 것이, 대중적으로는 질환을 직접 '결정짓는' 유전자로 인식될 수 있다는 의미다.

유전자 명칭에 대한 오해는 법률 용어로부터도 비롯될 수 있다. 2005년 1월 1일부터 시행된 국내 생명윤리 및 안전에 관한 법률(생명윤리법)의 사례를 살펴보자.

2000년대 초반 한국 사회는 국가 차원에서 시급히 대처해야 할 생명윤리 사안들에 직면해 있었다. 그 한 가지는 당시 상업적으로 무분별하게 시행되고 있던 유전자 검사에 대한 통제였다. 비만이나 치매 같은 난치병의 발생 가능성은 물론 개인의 지능이나 성격 등에 대해 과학적으로 검증되지 않은 유전자 검사가 성행하고 있었기 때문이다.

당시 생명윤리법 제2조 제6항은 유전자 검사의 목적을 개인식별 외에는 "특정한 질병 또는 소인(素因)의 검사 등"으로 한정했다. 또한 제25조 제1항에서는 "유전자 검사 기관은 과학적 입증이 불확실하여 검사 대상자를 오도(誤導)할 우려가 있는" 검사를 해서는 안 된다고 하면서, 그 사례로 "신체 외관이나 성격에 관한 유전자 검사"를 적시했다.

2007년에는 대통령령으로 금지하거나 제한하는 20개 항목과 해당 유전자가 생명윤리법 시행령으로 공표됐다. 여기서 '항목'은 질환이나 개인의 특성을 의미했고, '유전자'는 해당 항목을 유발하는 다양한 유전자 가운데 과학적으로 검증되지 않은 특정 유전자를 뜻했다(표 2 참조).

우선 '금지 항목'으로 지정된 질병과 유전자는 그 과학적 연관성이 매우 불확실하기 때문에 의료 기관조차 검사해서는 안 되는 영역이었다. 또한 체력, 호기심 등과 같이 질병과 무관한 개인 특성은 설령 유전자와의 연관성이 일부 있다 해도 주로 사람이 성장해 온 환경에 의해 형성된다고 알려져 있어 바로 "신체 외관이나 성격에 관한" 경우에 해당했다. 이들 항목과 유전자에 대한 검사를 금지하기 위해 대통령령에는 해당 유전자 검사를 "어떠한 경우에도 실시해서는 아니 된다"고 명시돼 있었다.

<표 2> 생명윤리법 시행령(2007.10.4)의 검사 금지 및 제한 항목과 유전자*

금지 항목/유전자

<질병>
고지질혈증(고지혈증)/LPL, 고혈압/앤지오텐시노겐(Angiotensinogen), 골다공증/VDR 또는 ER, 당뇨병/IRS-2 또는 Mt16189, 비만/UCP-1·Leptin·PPAR-gamma·ADRB3(B3AR), 우울증/5-HTT, 천식/IL-4 또는 beta2-AR, 폐암/CYP1A1

<개인 특성>
알코올 분해/ALDH2, 장수/Mt5178A, 지능/IGF2R 또는 CALL, 체력/ACE, 폭력성/SLC6A4, 호기심/DRD2 또는 DRD4

제한 항목/유전자

강직성척추염/HLA-B27, 백혈병/BCR/ABL, 신장(래리-웨일 연골뼈형성이상증)/PHOG/SHOX, 암/p53, 유방암/BRCA1 또는 BRCA2, 치매/Apolipoprotein E

* 밑줄은 2017년 삭제, 질병과 개인 특성 분류는 필자

이에 비해 '제한 항목'으로 지정된 복합 질환들은 특정 유전자의 변이로 인해 발병 가능성이 크지만 종합적인 의학적 소견 아래에서 그 진단이 신중하게 이뤄져야 하는 목록들이었다. 따라서 이들 항목에 대한 검사는 고위험군이나 발병자를 대상으로 한 확진성 판정, 또는 치료 후 환자 상태 관찰 등에 한해 담당 의사만이 행할 수 있다는 제한 조건이 명시돼 있었다.

그런데 일반인의 입장에서는 전문용어로 표기된 유전자명보다는 항목명이 직관적으로 와닿을 수 있다. 가령 '제한 항목/유전자'에 제시된 'BRCA1 또는 BRCA2'는 '유방암 유전자', 'Apolipoprotein E'는 '치매 유전자'라고 단순히 인식되기 쉽다. 누군가 의도한 것은 아니겠지만 사회에서는 편의상, 어쩌면 불가피하게 '항목'의 이름이 '유전자' 이름으로 불릴 수 있게 된 것이다.

DTC 유전자 검사, 개인 취향에서 질병 유사 항목까지

자녀가 축구선수가 되기를 원하십니까?

유전자 검사로 가능성을 확인해 보세요.

미국과 호주에서 실제로 등장한 적이 있는 홍보 문구다. 특정 유전자를 분석해 아이의 운동 능력이나 스포츠 잠재력을 예측한다고 주장하며 검사를 권유하는 내용이다.

물론 조금만 생각해 보면 상식적으로 말이 되지 않는다. 운동 능력은 개념 자체가 모호할 뿐 아니라 성장 과정에서 음식 섭취나 훈련의 정도 같은 후천적 요인에 의해 형성된다는 사실이 잘 알려져 있다.

하지만 부모로서는 자녀의 재능을 조기에 발견하고 이를 개발할 기회를 놓치고 싶지 않을 것이다. 꼭 믿지 않아도 어떤 내용인지 확인하고 싶은 지적 호기심도 발동할 수 있다. 특히 각종 홍보 문구에 소개되는 '과학적 검사'라는 표현이 눈길을 사로잡는다.

최근 국내외에서 일반인에게 질병 외에 다양한 개인 특성을 알려 주는 유전자 검사를 수행하는 기업들이 속속 등장했다. 이 검사는 의료 기관을 거치지 않아도 쉽게 받을 수 있다는 의미에서 '소비자 대상 직접 시행 (Direct To Consumer, DTC) 유전자 검사'라고 불린다.

12개에서 190개까지 확대된 검사 항목

DTC 유전자 검사는 2007년 미국의 23앤미(23andMe)와 아이슬란드의 디코드(deCODE)가 설립되면서 본격적으로 시작됐다. 대표적으로 23앤미는 개인 유전자 분석 시장을 선도하며 한동안 큰 성공을 거두었다. 초기에는 유전병과 관련된 정보를 제공하는 데 주력했지만, 점차 웰니스 특성의 분석 같은 다양한 서비스를 포함하며 사업 영역을 확장했다.

한국에서도 유사한 서비스를 제공하는 기업들이 등장했다. 2024년 현재 보건복지부로부터 검사 역량을 인증받은 DTC 기관은 14개다. 이들이 국내에서 각종 웹사이트나 유튜브 채널을 통해 유전자 검사를 소개하는 장면을 쉽게 확인할 수 있다.

소비자 입장에서 검사 방식은 매우 간단하다. 타액이나 머리카락 같은 샘플을 DTC 기관에 보내면 회사 웹사이트에서 분석 결과를 알려 준다. 비용은 업체마다 다양한데, 검사 종류에 따라 수만~수십만 원이 필요하다(그림 4 참조).

세계 각국은 고유의 사회문화적 상황에 맞춰 서로 다른 방식으로 DTC 유전자 검사를 허용하고 있다. 아직은 DTC 유전자 검사가 시행된 기간이 비교적 짧기 때문에 외국의 현황을 종합해 정리하기에는 자료가

서비스를 신청하면 주소지로 시료를 채취하는 '키트'가 배달된다.

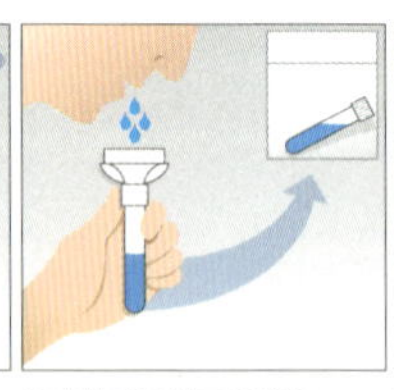
용기에 침을 담고 뚜껑을 닫으면 뚜껑 아래 비닐이 찢어지면서 안에 있는 효소용액이 침과 섞이면서 세포(침에 있는 백혈구)를 파괴해 DNA가 추출된다.

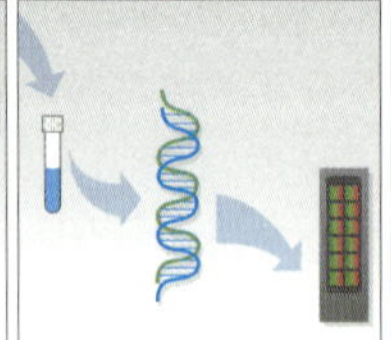
이 시료를 업체로 보내면 DNA를 정제한 뒤 잘라 SNP칩으로 분석한다.

결과가 나왔다는 연락을 받으면 인터넷에 접속해 자신의 게놈 정보를 열람한다.

<그림 4> DTC 유전자 검사 과정

현재 미국과 유럽에서 수십만 원의 비용으로 행해지는 개인게놈 분석 서비스는 SNP 유전자형 분석을 토대로 한다.
(출처: 최재천 외, 2013, 147)

충분치 않아 보인다. 따라서 원론적 논의나 외국과의 비교보다는 한국형 DTC 유전자 검사의 현황을 바로 살펴보도록 하자.

국내에서 유전자 검사의 종류와 기관에 대해서는 생명윤리법에 규정돼 있다. 2024년 4월 25일 공개된 보건복지부고시에 따르면, 국내 유전자 검사의 영역은 검사 목적에 따라 크게 다섯 범주로 나뉜다. 먼저 의료 기관의 목적은 〈범주 1〉 질병의 진단 및 치료, 〈범주 2〉 질병의 예측, 그리고 〈범주 5〉 개인식별 및 친자 확인에 해당한다. 이에 비해 DTC 기관의 목적은 〈범주 3〉 영양, 생활 습관, 신체적 특징 등에 따른 질병의 예방과 〈범주 4〉 유전적 혈통 찾기에 한정된다.

생명윤리법에 따라 국내 DTC 기관은 의료 기관과 마찬가지로 대통령령으로 금지된 유전자 검사를 할 수 없다. 주로 〈표 2〉에서 '개인 특성'으로 분류된 항목과 유전자가 그것이다.

하지만 이 말은 법으로 금지된 검사를 제외하면 개인 특성과 관련된 다른 검사가 얼마든지 가능하다는 의미이기도 했다. 따라서 정부는 일정한 자격 요건을 갖춘 DTC 기관에 한해 과학적 검증이 어느 정도 이뤄진 유전자에 대해서만 검사를 허용할 필요가 생겼다.

이에 2015년 생명윤리법의 개정에 따라 2016년 6월 30일부터는 정부가 직접 DTC 유전자 검사 기관과 그 범위를 결정하기 시작했다. 그동안 대통령령으로 금지해 온 '네거티브 방식'과는 반대로 보건복지부장관이 필요하다고 인정할 때마다 유전자 검사를 허용하는 '포지티브 방식'의 규제가 시작된 것이다.

초창기 DTC 유전자 검사의 범위는 12개 항목과 46개 유전자로 한정됐다. 당시 12개 항목은 체질량지수, 중성지방 농도, 콜레스테롤, 혈당, 혈압, 색소침착, 탈모, 모발 굵기, 피부 노화, 피부 탄력, 비타민C 농도, 카페인 대사 등이었다. 이후 최근까지 DTC 기관의 신청에 따라 항목과 유전자 수는 대폭 확장돼 왔다. 2024년 7월에는 복지부의 인증을 받은 항목이 190개에 이르렀으며, 항목별 검사 유전자 수는 공개되지 않아 정확하지 않지만 많게는 수십 개에 달할 것으로 짐작된다.

이렇듯 검사 항목이 대폭 늘어나면서 일반인에게 각 항목별 유전자의 명칭을 어떻게 알려야 할지가 문제였다. 질환 유전자에서와 마찬가지로 과학계에서 사용되는 전문용어를 보여 주는 것은 의미가 없었다. 그 결과 식욕 유전자, 코골이 유전자, 와인 선호 유전자, 지구력 유전자 등 개인의 취향이나 신체적 특징과 관련된 수많은 웰니스 특성 앞에 유전자라는 말이 일상적으로 붙기 시작했다.

정부 입장에서는 유전자는 차치하고 항목만이라도 체계적으로 관리할 필요가 있었다. 그러나 급속히 확대되는 웰니스 허용 항목을 분류하는 일관된 기준을 마련하기가 어려웠을 것이다. 실제로 복지부는 2016년 분류 체계를 12개 항목으로 출발했다가 2020년에는 7개 영역 아래 70개 항목으로 개편했다. 2023년에 이르면 대분류 A(영양, 생활 습관, 신체적 특징에 따른 질병 예방)와 B(유전적 혈통 찾기) 가운데 A 하위에 네 가지 중분류(영양, 생활 습관, 신체적 특징, 기타), 그리고 각 중분류 하위에 다시 여러 소분류로 신청 항목들을 제시했다.

질병과 구분 모호한 '질병 유사 항목'

2024년 7월 공개된 보건복지부의 분류 체계는 이전의 대분류 체계를 유지하고 중분류와 소분류(ver 1.0)를 새롭게 〈가군〉, 〈나군〉, 〈다군〉 등 3개 중분류(ver 2.0)로 구분했다. 기존의 중분류에서는 대분류의 명칭을 단

<표 3> 국내 DTC 유전자 검사 항목의 분류 변화

대분류	중분류(ver 1.0)	소분류(ver 1.0)	중분류(ver 2.0)*
A. 영양 생활 습관 및 신체적 특징에 따른 질병의 예방을 위한 유전자 검사	1) 영양 관련	① 체내 대사 정보	<가군> 건강관리와 관련성 낮은 항목 (예) 와인 선호도, 모기 물리는 빈도, 왼손/오른손잡이 등 호기심에 기반한 항목
		② 특정 영양소 흡수 정보	
		③ 기타	
	2) 생활 습관 관련	① 식습관	<나군> 건강관리와 간접적 관련성이 있는 항목 (예) 비타민C 농도, 짠맛 민감도 등 일반적인 건강관리에서 고려될 수 있는 항목
		② 운동 습관	
		③ 행동 습관	
		④ 기타	
	3) 신체적 특징 관련	① 내면적 특징	<다군> 건강관리와 관련된 질병 유사 항목 (예) 콜레스테롤, 혈압, 혈당, 복부비만(엉덩이 허리 비율) 등 질병 예방을 위한 건강관리 차원에서 고려될 수 있는 항목. 단, 의사 처방하에 시행되는 질병 진단 지표는 신청 불가
		② 외형적 특징	
		③ 기타	
	4) 기타	기타	

B. 유전적 혈통을 찾기 위한 유전자 검사

* 신청한 중분류는 보건복지부에 의해 조정 가능

순히 나눠 나열한 데 비해, 이번에는 건강관리와의 관련 정도를 기준으로 구분한 것이다. 이를 정리하면 〈표 3〉과 같다.

여기서 주목할 점은 〈다군〉의 '질병 유사 항목'이 처음 명시됐다는 사실이다. 현행 법률에 따르면 국내 DTC 기관의 유전자 검사는 〈범주 3〉과 〈범주 4〉를 목적으로 시행할 수 있다. 그렇다면 〈표 3〉의 〈다군〉 설명에 단서로 제시돼 있듯이, 질병 유사 항목은 "의사 처방하에 시행되는 질병 진단 지표"는 제외되기 때문에, 의료 기관에서 시행되는 〈범주 1〉과 〈범주 2〉에 해당하지 않는 항목들일 것이다. 또한 〈가군〉과 〈나군〉의 항목들은 정의상

당연히 질병과는 상관이 없을 것이다.

그러나 2024년 7월 국가생명윤리정책원(https://nibp.kr)에 군별로 소개된 190개 항목의 상당수는 그렇지 않다는 사실을 보여 준다. 국내에서 공식적인 질병 명칭과 코드는 '한국표준질병사인분류(Korean Standard Classification of Diseases, KCD)'에 제시돼 있다. 그런데 DTC 유전자 검사에서 허용된 다수 항목은 KCD에 소개된 공식 질병 이름과 동일하거나 거의 유사했다. 이 내용을 정리하면 〈표 4〉와 같다.

먼저 질병 유사 항목에 해당하는 〈다군〉의 48개 항목 가운데 신체의 이상 증세를 의미하는 항목(표 4의 색깔 부분)의 상당 부분은 KCD에서 질병 코드로 표기돼 있는 항목들과 명칭이 거의 같다. 예를 들어 질병 유사 항목의 원형탈모 및 남성형탈모는 KCD 항목 가운데 원형탈모증 및 안드로젠 탈모증과 거의 같은 명칭이다.

국가생명윤리정책원 사이트에는 190개 항목 각각에 대한 정의도 소개돼 있다. 그런데 꽃가루 과민반응을 비롯한 각종 과민반응에 대해 "항원검사 등에 따른 병리적 알레르기와는 구분된다"고 나와 있을 뿐, 이를 제외하면 질병 유사 항목의 정의는 해당 질병의 개념과 별다른 차이가 없다. 심지어 이 같은 중복 양상은 〈표 4〉에서 확인되듯이 "건강관리와 관련성이 낮은 항목"으로 분류된 〈가군〉의 멀미, 색소침착, 기미/주근깨, 모발색상, 식욕 등과 "건강관리와 간접적 관련성이 있는 항목"인 〈나군〉의 입덧에서도 발견된다.

물론 동일한 명칭의 항목이라 해도 질병인지 아닌지는 의료 기관의 전문적 판단으로 이뤄지는 영역이다. 또한 동일한 명칭의 항목에서 DTC 유전자 검사에 허용된 유전자는 의료 기관의 유전자와 다를 것이다. 그럼에도 두 가지 개념의 차이가 무엇인지에 대한 설명이 불명확한 것은 사실

\<표 4\> DTC 유전자 검사 항목과 KCD 및 국가 건강검진 항목의 비교

DTC 유전자 검사 항목		KCD(한국표준질병사인분류) 항목	국가 건강검진 항목/대상 질환
가군	멀미	T75.3 멀미(비행기 멀미, 뱃멀미, 여행 멀미)	-
	색소침착	L81.0 염증 후 과다 색소침착, L81.3 밀크커피색 반점, L81.4 기타 멜라닌 과다 색소침착, L81.8 색소침착의 기타 명시된 장애(철 색소침착, 문신 색소침착)	-
	기미, 기미/주근깨	L81.1 기미, L81.2 주근깨	-
	모발색상	L67.1 모발색의 변화[백모증, 백발(조기), 모발의 이색소증 등], L67.8 기타 모발색 및 모발줄기 이상(모취약증)	-
	식욕	R63.0 식욕부진, F50.0 신경성 식욕부진, F50.1 비전형적 신경성 식욕부진, F50.8 기타 식사장애[성인 이식증(異食症), 심인성 식욕상실], F50.2 신경성 폭식증	-
나군	입덧	O21 임신 중 과다구토	-
	비타민A	E50 비타민A 결핍, E67.0 비타민A 과다증	-
	비타민B6	E53.1 피리독신 결핍(비타민B6 결핍)	-
	비타민B12	E53.8 기타 명시된 비타민B군의 결핍증(비타민B12 결핍 등)	-
	비타민D	E55 비타민D 결핍, E67.3 비타민D 과다증	-
	비타민E	E56.0 비타민E 결핍	-
	비타민K	E56.1 비타민K 결핍	-
	카르니틴	E71.3 지방산대사장애(근육 카르니틴 팔미틸트란스퍼레이스 결핍)	-
	칼륨	E87.5 고칼륨혈증, E87.6 저칼륨혈증	-
	타이로신	E70.2 타이로신대사장애(알캅톤뇨증, 고타이로신혈증, 조직 흑갈병, 타이로신혈증 등)	-
	셀레늄	E59 식사성 셀레늄 결핍	-
	엽산	D52 엽산결핍빈혈	-
	트립토판	E52 니아신결핍[펠라그라](니아신(-트립토판)결핍증 등), E70.8 방향족아미노산대사의 기타 장애(트립토판 대사장애 등)	-
	페닐알라닌	E70.1 기타 고페닐알라닌혈증	-
	히스티딘	E70.8 방향족아미노산대사의 기타 장애(히스티딘 대사장애 등)	-
	글라이신	E72.5 글라이신 대사장애	-

다 군	원형탈모, 남성형 탈모, 여성형탈모	L63.0 전체(두피)탈모증, L63.2 뱀 모양 탈모증, L63.8 기타 원형탈모증, L64 안드로젠 탈모증(남성형 대머리 포함), L64.0 약물 유발 안드로젠 탈모증, L64.8 기타 안드로젠 탈모증	-
	비만, 복부비만(허리엉덩이비율)	E66.0 과잉 칼로리에 의한 비만, E66.1 약물 유발 비만, E66.2 폐포 저환기를 동반한 초비만, E66.8 기타 비만(병적 비만), E66.9 상세불명의 비만(단순 비만)	-
	퇴행성 관절염증 감수성	M15-M19 관절증, M13.90 상세불명의 관절염, 여러 부위	-
	여드름 발생	L70.0 보통 여드름, L70.1 응괴성 여드름, L70.2 두창 모양 여드름, L70.3 열대성 여드름, L70.4 영아성 여드름, L70.5 찰상 여드름, L70.8 기타 여드름	-
	피부염증	L20-L30 피부염 및 습진	-
	생리통	F45.8 기타 신체형 장애(월경통 등)	-
	월경 주기	N92.0 규칙적 주기를 가진 과다 및 빈발 월경 N92.1 불규칙적 주기를 가진 과다 및 빈발 월경	-
	불면증	G47.0 수면 개시 및 유지 장애[불면증](만성, 급성), F51.0 비기질성 불면증	-
	코골이	R06.5 입호흡(코골기)	-
	이갈이	F45.8 기타 신체형 장애(이갈이 등)	-
	유당불내증	E73 젖당불내성 E73.0 선천성 젖당분해효소결핍 E73.1 이차성 젖당분해효소결핍 E73.8 기타 젖당불내성 E73.9 상세불명의 젖당불내성	-
	켈로이드성 흉터	L91.0 비대성 흉터(켈로이드 흉터, 켈로이드)	-
	알코올 의존성	F10.2 알코올의 의존증후군	-
	니코틴 의존성	F17.2 담배 흡연의 의존증후군	-
	꽃가루 과민반응	J30.1 화분에 의한 알레르기비염	-
	폐활량	R94.2 폐기능검사의 이상결과(감소된 폐활량 등)	-
	지방산 농도	E63.0 필수지방산 결핍, E71.3 지방산대사장애	-
	요산치	E79.0 염증성 관절염 및 통풍성 질환의 징후가 없는 고뇨산혈증(무증상 고뇨산혈증), M10 통풍	-
	골강도	M80-M85 골밀도 및 구조장애	-
	간 지방	K76.0 달리 분류되지 않은 지방(변화성)간(비알코올성 지방간질환)	혈청지오티, 혈청지피티, 감마지티피/간장질환
	혈당	R73혈당치 상승	공복 혈당/당뇨병

혈압, 수축기 혈압, 이완기 혈압	I95 저혈압, R03.0 고혈압의 진단 없이 혈압수치 상승, R03.1 비특이성 낮은 혈압수치 등 다수	혈압/고혈압
콜레스테롤, HDL 콜레스테롤 농도, LDL 콜레스테롤 농도	E78.0 순수 고콜레스테롤혈증, E78.00 가족성 고콜레스테롤혈증	HDL 콜레스테롤 농도, LDL 콜레스테롤 농도/ 이상지질혈증
철 저장 농도	E83.1 철대사장애(혈색소증)	혈색소/빈혈증
중성지방 농도	-	중성지방/이상지질혈증
허리둘레	-	허리둘레/비만
체질량지수	-	체질량지수/비만

이다. 더욱이 3개 군의 분류 기준 역시 모호하기 때문에 향후 DTC 기관의 신청 항목이 어느 군으로 정해질지도 예측이 어렵다.

또한 〈다군〉에 속한 항목(표 4의 색깔 없는 부분)의 상당수는 KCD에 등록된 질병 여부를 판단할 때 사용되는 기본적인 조사 항목에 해당한다. 예를 들어 간의 지방 비율에 대한 정보(간 지방)는 질병으로서의 지방간 판단에 중요한 기본 항목이다. 이 같은 양상은 체내 각종 영양소와 전해질 등의 농도에 해당하는 〈나군〉에서도 많이 확인된다. 생명윤리법에는 DTC 기관이 복합 질환에 대한 유전자 검사를 신청하지 못하게 규정돼 있지만, 복합 질환의 판단을 위한 기본 항목은 검사가 가능한 것이다.

한편 〈다군〉 항목의 일부에서는 대한민국 성인이 의무적으로 참여하는 국가 건강검진 항목들도 발견된다(표 4의 세 번째 열). 예를 들어 이상지질혈증과 같은 대사질환을 판단할 때 HDL 콜레스테롤, LDL 콜레스테롤, 중성지방, 그리고 이들의 합을 5로 나눈 값인 총콜레스테롤의 측정 결과를 중요하게 참고하는데, 이들 모두 DTC 유전자 검사 항목으로 허용돼 있다.

질병과 웰니스의 애매한 경계

사실 질병 유사 항목이라는 모호한 용어의 등장은 과거부터 예견된 것이었다. 2015년 개정된 생명윤리법은 DTC 기관에 '질병 예방'과 관련된 유전자 검사를 허용한다고 처음으로 명시했다. 따라서 질병 예방을 어떻게 정의할 것인지에 대한 판단이 DTC 유전자 검사의 허용 범위를 결정하는 주요 요소였다. 그러나 다음과 같은 이유에서 DTC 기관의 검사 범위를 규정하는 것은 쉽지 않은 일이었다.

첫째, 질병과 웰니스의 영역 구분이 현실적으로 어렵다. 흔히 질병은 삶의 질이 저하되고 죽음의 가능성이 높아지는 등 인간의 생리 기능이 정상 범위를 현저히 벗어난 상태를 의미한다. 이에 비해 웰니스는 질병을 제외한 거의 모든 개인 특성을 의미하는 포괄적인 개념이다. 따라서 비만이나 탈모처럼 질병과 웰니스의 경계에 있는 항목이 다수 존재할 수밖에 없다.

둘째, 질병 예방을 위한 '예측' 행위의 주체가 반드시 의료 기관이어야 하는지가 모호하다. 전통적으로 의료계에서는 환자(후보)의 질병을 확진하거나 치료 후 경과를 판단하는 등 더 이상의 질병 진전을 예방하는 목적으로 예측 유전자 검사를 시행해 왔다. 예를 들어 건강검진에서 면역세포 양의 측정이나 영상 촬영 등을 통해 암 발생의 조짐을 발견한 경우 유전자 검사는 그 확진을 위한 유력한 방편일 수 있다. 하지만 인간게놈프로젝트의 성과에 힘입어 병적 증상이 없는 건강한 사람 역시 유전자 검사를 통해 미래에 암에 걸릴 확률을 어느 정도 파악할 수 있게 됐다. 이 경우에도 유전자 검사의 목적은 질병 예방을 위한 예측이지만 환자가 아닌 사람을 대상으로 한 검사는 의료 기관의 중점 영역이 아니었다.

따라서 건강한 사람에 대한 질병 예측 유전자 검사는 DTC 기관이 맡는 것이 현실적으로 타당하다는 의견이 관련 업계와 소비자에 의해 지속적으로 도출돼 왔다. 질병 유사 항목은 이 같은 배경에서 복지부가 절충적인 대안으로 마련한 것으로 보인다. 복지부는 원칙적으로 DTC 기관의 검사가 의료 행위와 구분돼야 하고 그 허용 기준도 의료 기관에 비해서는 낮은 수준으로 적용된다는 입장을 취해 온 것으로 보인다. 하지만 웰니스 항목에 대한 신청이 계속 확대되는 상황에서, 해당 항목의 이름이 질병과 유사하거나 동일할 수밖에 없는 현실적인 문제를 해결하기 위해 질병 유사 항목이라는 모호한 분류 명칭을 도출했을 것이다.

DTC 기관은 정부 방침에 긍정적인 입장을 표하고 있다. 일례로 2024년 4월 보건복지부가 181개 항목을 허용한 이후 DTC 기관의 연합체가 소속된 한국바이오협회는 유전자 검사 항목을 기존의 헬스케어에서 질병 유사 항목으로 확대한 정부의 결정을 환영한다고 밝힌 바 있다.

한편 검사 항목에서의 용어 중복 현상은 〈표 2〉에 제시된 금지 항목에

〈표 5〉 대통령령으로 금지된 항목/유전자와 DTC 기관에 허용된 항목 비교

대통령령 금지 항목/유전자	DTC 기관의 유사 검사 항목
골다공증/VDR	〈다군〉 골강도, 골질량
당뇨병/Mt16189	〈다군〉 혈당
비만/UCP-1·PPAR-gamma·ADRB3(B3AR)	〈가군〉 지방음식 선호도, 탄수화물음식 선호도 〈나군〉 목둘레, 엉덩이둘레, 사지 제지방량, 식욕, 운동에 의한 체중감량 효과, 체중감량 후 체중 회복 가능성, 포만감 〈다군〉 복부비만(엉덩이 허리 비율), 비만, 제지방량, 체지방률, 체질량지수, 허리둘레
체력/ACE	〈가군〉 악력, 보행속도 〈나군〉 골격근량, 근력운동 적합성, 근육발달능력, 단거리 질주 능력, 발목 부상 위험도, 보행속도, 심폐지구력, 운동 후 회복능력, 유산소운동 적합성, 지구력운동 적합성, 허벅지 근육량 〈다군〉 심박수, 폐활량

서도 일부 발견된다. 이 말은 대통령령으로 금지된 항목에 대해 DTC 기관에서는 금지되지 않은 유전자로 검사가 가능함을 의미하기도 한다. 예를 들어 체력의 경우 의미가 포괄적인 데다 유전자만으로 그 상태를 설명하기 어려워 사회적 오남용이 우려됨에도 불구하고, 금지 유전자(ACE)가 아닌 다른 유전자를 이용하면 다양한 검사가 가능하다. 〈표 5〉는 DTC 유전자 검사 항목 가운데 대통령령 금지 항목과 비슷한 종류를 군별로 다시 정리한 것이다. 〈다군〉뿐 아니라 〈가군〉과 〈나군〉에서도 항목 명칭의 유사성이 발견된다는 점을 알 수 있다.

MBTI나 타로와 비슷?

그렇다면 DTC 유전자 검사는 과학적으로 얼마나 신뢰할 만할까? 정부는 DTC 유전자 검사 제도를 본격적으로 시행하면서 국민을 대상으로 여러 소개 문건과 홍보 영상을 제공해 왔다. 이들 자료에 소개된 DTC 유전자 검사의 의미와 한계를 살펴보자(국가생명윤리정책원. 2022.7, 8).

먼저 개인의 특성과 건강 상태는 유전자 외에도 생활 습관이나 환경의 영향을 받으므로, 유전자 검사 결과가 실제 상태를 직접적으로 설명해 줄 수 있는 것이 아니라고 알려 주고 있다. 다음에는 MBTI와 비교한 안내문이 나온다. 해당 내용을 그대로 확인해 보자.

예컨대, 최근 유행하는 MBTI 성격 검사를 통해 성향을 이해할 수는 있지만, 같은 유형이라고 해도 실제 성격은 다르며, 해당 검사에서 제공하는 네 가지 성향만으로 모든 사람들의 성격을 설명할 수 없는 것과 비슷합니다. 수많은 유전자 중에서 단지, 현재까지 알려진 특정 유전형에 대한 정보에 근거하여 설명하는 것이므로 그 정보가 바뀌면 결과에 대한 해석도 바뀔 수 있습니다.

이어 DTC 기관별로 동일한 샘플에 대해 다른 해석을 내릴 수 있다는 설명이 나온다. 그리고 또 다른 예를 들었다.

예컨대, 사주나 타로 등을 볼 때, 이를 설명해 주는 사람에 따라 해석이 달라 지는 것과 비슷하게 생각해 볼 수 있습니다.

국민에게 DTC 유전자 검사의 결과를 접할 때 주의해야 할 사항을 솔 직하고 진지하게 알려 주는 느낌이다. 다만 비교의 대상이 MBTI, 사주, 타로 등이라는 점에서 DTC 유전자 검사에 대한 신뢰감이 충분히 형성되 지 않는다.

하지만 DTC 기관의 유전자 검사 역시 의료 기관의 경우처럼 소비자에 게는 '과학적 검사'로 인식되기 쉽다. 복지부가 허용해 온 DTC 유전자 검 사는 관련 전문가 집단의 심사를 거침으로써 공신력을 갖췄기 때문이다. 실제로 2016년부터 유전자 검사가 허용될 때마다 복지부는 심사를 통과 한 DTC 기관의 이름과 검사 항목을 소비자에게 공개해 왔다.

물론 양 기관의 유전자 검사는 그 질적 수준에서 당연히 차이가 있을 것으로 짐작된다. 실제로 DTC 기관의 검사 인증에서 요구되는 상대위험 도나 오즈비의 수치, 또는 한국인에 대한 적합성의 기준 등 다양한 자격 조건은 의료 기관에 비해 전반적으로 낮게 설정돼 있다. 하지만 전문 지 식이 없는 일반인의 입장에서는 그 차이가 무엇인지 명확히 알기 어렵다.

8장

변형

크리스퍼 혁명과 유전자치료
기능이 향상된 맞춤형 아기는 실현될까?(2000~2020년대)

인간 유전자 검사의 궁극적인 목적은 난치성 유전 질환의 치료에 있다. 초창기에는 비정상적인 단백질의 기능을 억제하는 방식으로 치료제가 개발됐지만, 이보다는 코딩 DNA 영역 자체에 대한 직접적인 교정이 좀 더 근본적인 접근일 것이다. 2010년대에 등장한 유전체 편집 기술이 그 가능성을 현실로 만들고 있다. 특히 해당 분야에서 혁명적 성과로 일컬어지는 크리스퍼/카스9를 중심으로 새로운 기법들이 속속 개발되면서, 맞춤형 아기의 출생 소식이 들리는 한편 여러 단일유전질환에 대한 성공적인 치료 사례가 보고되기 시작했다. 염기 하나를 바꿔 병을 낫게 하고, 문제가 있는 염색체 하나를 통째로 제거할 가능성이 제시됐다. 치료는 신생아에서 성인에 이르기까지 다양한 대상에 적용되고 있다. 여기서 유전자는 질환을 일으키는 원인으로 규명된 코딩 DNA와 논코딩 DNA 전체를 포괄한다.

그러나 보통 사람이 감당할 수 없는 높은 치료 비용 때문에 그 사회적 혜택은 아직 커다란 장벽에 가로막혀 있는 실정이다. 유전체 편집 기술이 질환 치료를 넘어 인간의 특정 신체적 기능 향상에 활용될 것이라는 우려도 나온다. 영화 속에서나 나올 법한 맞춤형 아기가 조만간 현실에서 불쑥 등장할지 모른다. 그 활용 조건과 범위에 대해 사회 구성원들의 신중한 고민과 합의가 필요한 시점이다.

세 가지 유형의 맞춤형 아기

2018년 11월 중국의 한 과학자의 주장이 세계적인 논란을 일으켰다. 에이즈에 걸리지 않도록 유전자를 변형해 쌍둥이 아기를 출생시켰다는 것이다. 이전에 비해 훨씬 안전하고 경제적으로 생명체의 유전자를 변형할 수 있는 기술을 인간의 배아에 처음 적용했다는 주장이었다.

당시 대부분의 언론 매체는 아기의 특성을 쉽게 설명하기 위해 '맞춤형 아기(designer baby)'라는 명칭을 사용했다. 일반적으로 이 용어는 대중에게 부정적인 의미로 다가가기 쉽다. 원래 맞추는 행위를 의미하는 '디자인(design)'은 예술이나 건축 분야에서 인간의 목적에 따라 사전에 설계한다는 개념이었다. 이에 비해 이 용어가 인간 같은 생명체에 사용될 때는 흔히 창조주에 의한 설계라는 의미를 지닌다. 따라서 맞춤형 아기는 과학자가 창조주의 설계에 도전하는 '신 노릇하기(playing God)'의 결과물로 묘사되곤 한다. 이때 아기는 고객(부모)이 '원하는 특성을 갖추도록 주문된(made-to-order)' 제품처럼 여겨질 수 있다. 이 같은 부정적 인식을 바탕으로 맞춤형 아기에 관한 언론의 보도는 기존의 주요 사회적 이슈들을 제치고 당장 대중의 큰 관심을 집중시킨다.

누나를 위해 선택된 아기, 아담

하지만 새로운 생식기술 자체는 불임과 난치병의 치료가 절박한 부모에게 큰 희망을 제시해 온 것이 사실이다. 당장은 낯설다 해도 새로운 기술에 대한 정확한 이해를 바탕으로 세심한 고찰이 필요하다.

사실 맞춤형 아기라는 표현은 예전부터 언론 매체에서 간간이 등장해 왔다. 1978년 일명 '시험관아기'의 출생을 가능케 한 '체외수정-배아이식(In Vitro Fertilization-Embryo Transfer, IVF-ET)' 기법을 기반으로, 2000년대 들어 세 차례에 걸쳐 생식기술 분야에서 커다란 전환점이 마련됐다. 세 아기의 출생에는 각각 당대 첨단의 생명공학 기술이 적용됐다.

2000년 8월 미국에서 착상전유전자진단(Preimplantation Genetic Diagnosis, PGD)을 통해 아담이 태어났다. 당시 언론 매체는 아담에게 '최초의 맞춤형 아기'라는 명칭을 부여했다. PGD는 1990년대부터 의료계에서 불임이거나 유전 질환을 가진 부모를 위해 활용된 생식기술의 하나다. PGD를 적용하기 위해서는 IVF-ET 기법이 기본으로 필요하다. 체외 시험관에서 부모의 수정란을 8세포기까지 발달시킨 후 모친의 자궁에 이식하는 기법이다. PGD는 이 과정에서 여러 배아를 확보한 후 각각에서 일부 세포를 떼어 내 치명적인 질환 유전자를 가졌는지 여부를 검사하는 작업이다.

미국의 아담 역시 이 기법을 적용해 태어났다. 다만 아담에게 '최초'의 타이틀이 붙은 이유는 아담 자신이 아닌 타인, 즉 누나의 질환을 치료하기 위한 목적에서 태어났기 때문이다. 당시 6세였던 누나 몰리는 10세 이전에 사망할 가능성이 큰 '판코니 빈혈(Fanconi Anemia)'이라는 질환을 앓고 있었다. 가장 좋은 치료책은 면역거부반응이 없는 혈액 줄기세포(조혈모세포)를 이식하는 것이었다. 의료진은 부모의 여러 배아 가운데 몰리와 조직적합성이 일치하는 개체를 골라 임신을 시도했다. 이 과정에서 태어난 아담의 탯줄과 태반 혈액(제대혈)으로부터 조혈모세포를 추출해 몰리에게 이식함으로써 몰리의 생명을 구했다.

의학적 관점에서 생각하면 아담에게 적합한 명칭은 '조직을 기증한 아기'였다. 다른 사람의 질환 치료를 위해 혈액이나 장기를 기증하는 경우처럼, 누나에게 자신의 조혈모세포를 기증한 것이었기 때문이다. 이에 비해 언론 매체에서 널리 사용된 아담의 대중적 명칭은 특정 목적으로 여러 배아 가운데 선택됐다는 점에서 최초의 맞춤형 아기였다.

즉시 사회적 논란이 일어났다. 무엇보다 타인을 위해 태어난 아기의 정체성 문제가 부각됐다. 아기가 자라면서 자신의 출생 목적을 깨달았을 때 겪을 혼란감에 대한 우려였다.

예를 들어 2004년 출판된 조디 피콜트의 소설 『쌍둥이별(My Sister's Keeper)』은 영국에서 실제 논란이 됐던 유사한 맞춤형 아기의 사례를 모티브로 쓰인 작품이었다. 소설의 주인공 안나는 언니 케이트의 백혈병 치료를 위해, 부모가 PGD 기술로 조직적합성이 맞는 배아를 선택함으로써 태어난 아이다. 안나는 태어나면서부터 언니를 살리기 위해 제대혈을 제공했고, 이후 반복적으로 혈액과 조직, 심지어 신장까지 기증해야 할 상황에 처한다. 자신의 존재 이유에 혼란과 부담을 느끼던 안나는 열세 살 때 자신의 삶과 몸에 대한 결정권을 고민하게 된다. 결국 안나는 더 이상 자신의 신체를 언니의 치료에 사용하지 못하도록 부모를 상대로 법적 소송을 제기한다.

장애인 집단에서의 문제 제기도 뚜렷하게 도출됐다. PGD를 이용한 배아 선택은 자칫 열등하고 불완전한 유전자가 존재한다는 식의 잘못된 사회적 편견을 낳고, 그 결과 배아들이 무분별하게 제거될 수 있다는 주장이었다.

하지만 아담 개인에 대해서는 긍정적인 시각도 드러났다. 가령 영국의 경우 2002년과 2003년 아담과 동일한 임신 방법을 선택한 두 가족에 대한 기사에서, 장차 태어날 아기를 숭고한 영웅이라고 표현하는 일이 많았다. 또한 PGD를 이용한 배아 선택에 대한 대중의 우려는 점차 사라졌고, 주로 법적 타당성과 의학적 안전성에 대한 검토가 이뤄지기 시작했다.

특이한 점은 당시 사회에서 맞춤형 아기라는 말은, 아담의 경우와는 달리 '기능 향상을 위한 유전자 변형'으로 태어날 아기를 동시에 의미했다는 사실이다. 그 결과 한편에서는 아담이 부모가 원하는 대로 기능이 향상된 '주문 맞춤형 아기'의 시발점이라는 인식이 형성됐다. 이 때문에 PGD로 인해 인류는 불안한 미래를 향한 '미끄러운 경사길(slippery slope)'에 들어섰다는 경고가 나오기도 했다.

세 부모 아기 또는 미토콘드리아 기증 아기

이후 맞춤형 아기는 다시 한번 세계 언론 매체에 등장했다. 2016년 6월 멕시코에서 태어난 아브라힘이 그 주인공이었다. 아브라힘은 부모 외에 제3의 여성으로부터 난자의 세포질을 제공받았다. 친모의 난자 세포질에 분포하는 비정상적인 미토콘드리아를 물려받지 않게 하기 위해서였다.

수정란에서 미토콘드리아는 난자에만 분포하므로, 만일 모친의 미토콘드리아 유전자에 이상이 있으면 그 자손은 모두 관련 질환을 물려받는다. 비정상적 미토콘드리아는 불임의 원인이 되기도 한다.

1990년대 미국의 여러 불임 클리닉에서는 미토콘드리아 질환을 치료하기 위해 정상인의 난자 세포질을 환자의 난자에 이식하는 일이 진행됐다. 그 결과 치료받은 산모들로부터 20여 명의 아기가 태어날 수 있었다. 하지만 배아 단계부터 정상과 비정상의 미토콘드리아가 섞여 있었기 때문에 출생 후에도 질환이 발생할 가능성은 여전히 존재했다. 그래서 2001년 미국 정부는 이 기법의 적용을 금지했다.

아브라힘의 모친은 미토콘드리아 유전자의 이상으로 중추 신경계를 손상시키는 '리 증후군(Leigh syndrome)'을 앓을 위험이 있었고, 실제로 몇 차례 유산을 경험하기도 했다. 그런데 아브라힘이 세계적인 주목을 받은 이유는 부작용의 가능성이 줄어든 새로운 기법이 적용됐기 때문이다. 미토콘드리아 유전자가 정상인 제3의 여성으로부터 난자를 얻고 내부의 핵을 제거한 뒤, 여기에 아브라힘 모친의 난자 핵을 이식한 것이다. 그 결과 모친의 비정상적인 미토콘드리아가 아기에게 전달될 위험은 사라졌다.

2016년 12월 영국 인간수정배아관리국(HFEA)은 이 기법의 생식적 사용을 세계에서 처음 공식적으로 허가했고, 2019년 4월 첫 아기가 태어났다. 당시 영국 정부는 모계를 통해 치명적인 유전 질환이 전달되는 경우에 한해 '미토콘드리아 기증(mitochondrial donation)'을 허가한다고 명시했다. 그렇다면 의학적으로 아브라힘에게 적합한 명칭은 '미토콘드리아를 기증받은 아기'였다. 이에 비해 언론 매체에서 많이 사용된 명칭은 '세 부모 아기(three-parent baby)' 또는 '맞춤형 아기'였다.

영국 정부는 '세 부모 아기'라는 표현이 완전히 잘못된 것이라는 입장이었다. 배아의 유전체에서 미토콘드리아 DNA가 차지하는 '양적' 비중이 0.1% 이하에 불과하기 때문에, 이를 기증한 제3의 여성을 생물학적 모친이라고 부를 수 없다는 이유에서였다.

하지만 0.1%라 하더라도 유전자의 '질적' 관점에서 중요한 비중을 차지하기 때문에 생물학적 모친은 두 명으로 봐야 한다는 주장이 지속적으로 제기됐다. 또한 제3의 여성은 미토콘드리아만이 아니라 세포질 전체를 기증했다. 그런데 보통 세포질은 핵 유전자와 상호작용을 수행하면서 수정란의 초기 분열에 중요한 영향을 미친다. 이 사실은 제3의 여성이 기여한 바가 생물학적으로 중요하다고 볼 수 있는 또 하나의 근거였다.

한편 아브라힘은 미토콘드리아 질환을 피하기 위한 의학적 조치를 통해 태어났다는 점에서 맞춤형 아기로 불리기도 했다. 하지만 동일하게 맞춤형 아기라 불렸던 아담과는 분명히 차이가 있었다. 아담은 여러 배아에서 '선택돼' 태어났지만, 아브라힘은 원래 모친으로부터 받아야 할 미토콘드리아 유전자가 결과적으로 '변형돼' 출생했기 때문이다.

그럼에도 아브라힘 개인은 불임과 난치병 치료의 관점에서 아담의 경우와 마찬가지로 비판의 대상이 아니었다. 사회적 우려 역시 주로 미래에 발생할 기능 향상용 유전자 변형 아기를 향하고 있었다. 당시 많은 언론 매체에는 그 가능성을 지적한 '미끄러운 경사길'이라는 표현이 반복적으로 등장했다.

"유전체 편집으로 태어났다"

2018년 중국에서 태어난 아기에게도 맞춤형이라는 명칭이 붙었다. 같은 해 11월 중국의 과학자 허젠쿠이는 홍콩에서 열린 제2회 국제 인류유전자편집회의 개회를 하루 앞두고 최초로 크리스퍼/카스9(CRISPR/Cas9)라 불리는 유전체 편집 기술(genome-editing technology)을 이용해 쌍둥이 여자 아기를 출생시켰다고 주장했다. 쌍둥이 아기의 이름은 루루와 나나(가명)로 불렸다.

허젠쿠이는 에이즈를 일으키는 바이러스(HIV)에 양성 반응을 보인 불임 부모 7쌍의 수정란에 크리스퍼/카스9 기술을 적용, 한 쌍에서 HIV가 세포에 침투하는 관문인 단백질(CCR5)을 없애는 데 성공했다고 밝혔다. 쌍둥이 아기가 HIV를 보유했다 해도 침투 자체가 차단됐기 때문에 발병의 위험이 원천적으로 제거됐다는 것이다.

유전체 편집 기술은 2000년대 중반 이후 최근까지 생물의 유전체를 예전에 비해 매우 정확하고 효율적으로 변형할 수 있는 수단으로 인식돼 왔다. 하지만 이 기술을 인간의 수정란이나 생식 세포에 적용하는 행위는 안전성과 윤리 문제로 인해 국제적으로 금기시돼 왔다. 기술적 불안전성 문제가 완전히 해결되지 않은 상태에서 유전자를 변형했을 때, 아기는 평생에 걸쳐 잘못 변형된 유전자를 갖게 될 가능성이 있고 그 유전자는 후손에게도 계속 전달될 것이기 때문이었다. 허젠쿠이는 이런 분위기에서 독자적으로 실험을 감행해 '질병 유전자가 제거된 아기'를 출생시켰다고 주장한 것이다. 당시 언론 매체는 '맞춤형 아기'를 비롯해 '크리스퍼 아기', '유전체 편집 아기' 등의 표현을 쏟아냈다.

루루와 나나는 유전체의 99.9%에 해당하는 핵 유전자의 일부를 변형했다는 점에서 과거의 맞춤형 아기에 비해 세계적으로 가장 활발한 논란을 야기했다. 이들은 아담이나 아브라힘의 출생에서 공통적으로 우려된 미래의 기능 향상용 맞춤형 아기와 가장 가까운 사례로 인식됐다. 심지어 부모가 변덕스럽게 아기의 사소한 특징마저 선택할 수 있는 상황을 예고하는 존재로 여겨지기도 했다.

하지만 긍정적인 입장도 도출됐다. 난치병 치료의 목적이라면 그 적용이 허용될 필요가 있다는 주장이었다. 그 근거들은 이렇다. 실제로 여러 설문 결과를 보면 치료 목적으로 새로운 생식기술이 등장할 때마다 대중은 전반적으로 수용적인 입장을 취해 왔다. 또한 자식의 질병 치료를 위한 부모의 시도를 누구도 막을 권리는 없다. 게다가 기능 향상과 질병 치료의 경계가 실제로는 명확하지 않기 때문에 맞춤형 아기라는 이름으로 우려와 반대 의견을 표하는 일은 부적절한 면이 있다. 만일 기술적 안전성만 충분히 확보된다면 난치병 치료를 위한 유전체 편집 기술을 받아들여야 하지 않을까?

아담, 아브라힘, 그리고 루루와 나나는 모두 불임과 난치병 치료를 목적으로 출생한 아기들이었다. 이들에게 적용된 PGD, 미토콘드리아 대체, 크리스퍼/카스9 등은 첨단 생식기술의 일종이었기에, 각각의 전문적 개념은 대중에게 쉽게 전달될 수 없었다. 언론 매체가 이들 모두를 동일하게 맞춤형 아기라고 표현한 것은 한편으로 대중의 직관적 이해에 도움을 줄 수 있었지만, 다른 한편으로 세 유형에 대한 구별을 어렵게 하거나 오해를 유발할 수 있었다.

유형별로 이슈를 제각기 파악해야

먼저 아담에게 맞춤형 아기라는 명칭이 부여된 이유는 특정 목적을 위한 부모의 배아 선택이었다는 점에 있으며, 여기서 특정 목적은 '타인'의 질환 치료였다. 언론 매체는 바로 타인에 방점을 찍고 맞춤형 아기라는 표현을 사용했다. 그런데 특정 목적이 '자신'의 질환 예방인 경우에도 배아 선별로 태어난 아기를 맞춤형 아기라고 부르지 못할 근거가 없다. 하지만 언론 매체에 익숙해진 일반인은 PGD에 의한 배아 선별 행위 자체를 맞춤형 아기의 핵심 조건으로 인식할 수 있다. 그렇다면 현실에서 PGD를 통해 매년 태어나는 수천 명의 아기 모두를 맞춤형 아기라 불러야 마땅할 것이다.

아브라힘의 사례도 마찬가지다. 제3의 여성에게 미토콘드리아 유전자를 제공받았기 때문에 아기의 유전자가 원래와는 다르게 변형된 것이 사실이다. 하지만 이런 관점이라면 1990년대부터 난자 세포질을 제공받아 출생한 아기들도 모두 맞춤형 아기라 불러야 한다.

루루와 나나는 기능 향상용 유전자 변형에 대한 우려가 가장 뚜렷하게 부각된 사례였다. 그러나 분명한 점은 이들이 그런 이유로 태어난 아기가 아니었다는 사실이다. 에이즈라는 난치병의 발생을 사전에 차단하려는 목적이었을 뿐이다.

한편으로 아담은 더 이상 맞춤형 아기라 불리지 않고, 다른 한편으로 아직 등장하지 않은 미래의 아기가 여전히 부정적 프레임 속에서 맞춤형 아기라는 이름으로 대중에게 소개되고 있다. 언론 매체에서 '미끄러운 경사길', '신 노릇하기' 등의 경고성 표현을 줄곧 제시함으로써 대중에게 윤리적 경각심을 일깨워 왔다는 점은 긍정적으로 평가할 만하다. 하지만 과거부터 반복돼 온 자극적 표현으로 인해, 대중은 완벽한 인간의 출현과 같은 영화 속 상황만을 떠올리며 막연하게 반대 견해를 가질 수 있다.

언론 매체는 향후 새로운 아기가 등장할 때마다 흥미를 끌기 위한 새로운 명칭을 만들기보다 의학적 의미와 윤리적 이슈를 개별적으로 정확히 알리는 데 중점을 둬야 한다. 오히려 맞춤형 아기라는 명칭이 전제하는 유전자결정론의 문제점을 지적하면서, 현실에서 맞춤형 아기는 허구적 개념이라는 점을 설명할 필요가 있다.

가령 영화 '가타카'는 유전체 편집과 배아 선별이 일상화돼 부모가 자녀의 성별, 외모, 건강, 지능 등 원하는 특성을 선택할 수 있는 미래 사회를 그리고 있다. 주인공 빈센트는 자연 임신으로 태어나 여러 유전적 결함과 질병 위험을 안고 살아간다. 이에 비해 그의 동생 안톤은 인공수정과 유전체 편집을 통해 부모의 우수한 유전자만을 물려받고 결함과 질병 관련 유전자가 모두 제거된 채 태어난다. 영화에서 의사는 "자연 임신을 천 번 해도 이런 아기는 얻을 수 없다"고 장담한다.

하지만 신체 기능은 물론 질환에 관여하는 유전자는 한 개가 아니라 다수이며, 이들은 다양한 환경 속에서 복잡한 상호작용을 거치며 인체 생리작용을 조절한다. 아무리 유전자를 정확히 변형한다 해도 질환을 제대로 치료하기 힘든 현실에서, 부모가 지능이나 외모를 마음대로 선택할 수 있다는 발상 자체는 비과학적 사고의 결과일 뿐이다.

한편 국내 언론 매체에서는 약간 다른 결의 보도가 나오기도 했다. 서구 사회와 유사하게 경고성 표현은 루루와 나나에 이를수록 빈번하게 표출되고 맞춤형 아기에 대한 부정적 프레임이 강도 높게 나타났다. 하지만 관련 연구가 국내에서 진행된 경우에는 오히려 긍정적 프레임을 제시하며, 한국이 안전성 문제를 먼저 해결함으로써 외국보다 앞서 맞춤형 아기의 실현에 성공해야 한다는 식의 경쟁 논리를 내세우기도 했다. 맞춤형 아기에 대한 국내 독자들의 혼란감이 더욱 커질 수 있음을 시사하는 대목이다.

질병 치료와 기능 향상의 구분 기준 필요

1978년 최초의 시험관아기가 태어났을 때 세계적으로 윤리적 반발이 거셌다. 하지만 지금까지 시험관 시술로 태어난 아기는 1,300만 명을 넘는다. IVF 기술을 개발한 로버트 에드워즈(Robert Edwards, 1925~2013)는 수많은 불임부부의 고통을 해결해 준 공로로 2010년 노벨 생리·의학상을 수상했다. 아담의 출생을 가능케 한 PGD에 의한 배아 선별은 현재 엄격한 기준을 충족한다는 전제 아래 시행되고 있다. 아브라힘에게 적용된 미토콘드리아 기증 방식이나 루루와 나나를 출생시킨 유전체 편집 기술도 불임과 난치병 치료의 목적이라면 초창기보다 우호적 여론이 점차 우세해질 가능성이 있다.

한편 '가타카'에서와 같은 기능 향상용 아기는 기술적으로 실현되기도 어렵겠지만, 설령 가능하다 해도 사회적으로 강한 반대 여론에 부딪힐 것이다. 그러나 한 가지 해결해야 할 어려운 과제가 남아 있다. 질환 치료와 기능 향상을 구분하는 기준을 마련하는 일이다. 예를 들어 선천적으로 근육이 약한 아이에게 근육 성장 유전자를 변형하는 일은 질병 치료로 받아들여질 수 있지만, 아이의 운동 능력이 보통 아이보다 높아진다면 이는 기능 향상에 해당할 것이다. 이처럼 실제 적용 단계에서는 치료적 목적과 기능 향상 사이의 경계가 모호해질 수밖에 없다. 7장에서 살펴본 것처럼 질병과 웰니스 간 구분이 어렵다는 문제와 비슷하다. 사회적 우려에 앞서, 과학계를 비롯한 다양한 사회 구성원이 그 경계의 기준을 마련하기 위한 충분한 숙고와 사회적 합의를 도출해야 할 시점이다.

유전체 편집의 최전선, 크리스퍼/카스9

루루와 나나를 태어나게 했다고 알려진 크리스퍼/카스9는 사실 이전부터 일반인에게 어느 정도 익숙한 용어였다. 2010년대 전후로 과학계에서 개발된 유전체 편집 기술 가운데 하나다. 미국의 《사이언스》와 영국의 《네이처》를 비롯한 세계 유수의 과학 전문지들은 한 해 최고의 기술이나 10대 기술에 유전체 편집 기술을 연달아 선정해 왔다. 기술 자체의 개발 속도도 상당히 빨라 관련 학계의 전문가가 아니고서는 제때 의미를 파악하기 어려울 정도였다. 각종 언론 매체에서도 앞다퉈 유전체 편집 기술을 통해 이뤄 낸 새로운 성과를 소개해 왔다.

그렇다면 유전체 편집 기술은 어떤 장점으로 세계적인 관심을 받게 됐을까? 그 이유를 설명하기 위해서는 먼저 전통적으로 사용되던 유전자 재조합 기술을 소개할 필요가 있다. 흔히 GMO라 불리는 생명체를 만드는 기술이다. 우리말로는 유전자 재조합 생명체, 유전자 변형 생명체, 또는 유전자 조작 생명체 등으로 번역돼 사용되는데, 모두 같은 의미다. '외래' 유전자가 삽입되거나 기존의 유전자 기능이 제거된 생명체를 가리킨다. 이같이 유전자를 '넣고 빼는' 기술은 이미 1970년대부터 활발히 개발돼 왔다.

1970년대 개발된 유전자 재조합 기술

세계인이 수십 년 동안 섭취해 온 유전자 변형 콩이나 옥수수를 예로 들어 보자. 미생물에서 제초제 성분을 분해하는 단백질을 만들어 내는 유전자를 찾아 콩과 옥수수의 종자에 삽입한다. 이 유전자가 기능을 잘 발휘하도록 박테리아와 바이러스 등에서 작동 시작을 지시하는 프로모터, 작동 완료를 명령하는 터미네이터 등의 유전자들을 얻어 함께 삽입한다. 그 결과 콩과 옥수수는 제초제를 뿌려도 잘 견딘다.

몇 년 전 미국에서 상업화가 승인된 '슈퍼연어'도 유사한 원리로 만들어졌다. 대서양연어의 성장을 촉진하기 위해 왕연어의 성장호르몬 유전자를 삽입했다. 프로모터는 바다뱀장어에서 얻었는데, 영하의 온도에서도 얼지 않아 슈퍼연어의 몸에서는 1년 내내 성장호르몬이 생산된다. 보통 연어는 겨울에 프로모터의 활동이 중단돼 성장호르몬이 생산되지 않는다. 그래서 슈퍼연어의 성장 속도는 보통 연어에 비해 두 배나 빠르다.

유전자 재조합 기술이 개발된 결정적 계기는 유전자의 특정 염기서열을 정확히 잘라 내는 효소가 생물체 내에서 발견된 일이었다. 이 효소를 이용하면 과학자가 원하는 특정 부위의 유전자를 잘라 내거나 새로운 유전자를 원하는 위치에 삽입할 수 있다.

예를 들어 당뇨병 환자를 효과적으로 치료하려면 우리 몸속의 인슐린을 실험실에서 대량으로 만들어 낼 필요가 있다. 이를 위해서는 먼저 대량의 유전자를 생산해야 한다. 여기에 대장균 같은 박테리아가 동원된다. 대장균은 보통 30분에 한 번 분열하기 때문에 하루만 지나도 수백만 배로 개체수가 늘어난다. 따라서 인간의 인슐린 유전자를 대장균에 넣으면 대장균이 분열을 거듭하면서 인슐린이 대량으로 생산될 수 있다.

이 일이 실현되려면 유전자를 자르고 붙이는 역할을 하는 '가위'와 '풀'이 필요하다. 생물학에서는 해당 가위를 제한효소, 풀을 접합효소(연결효소)라고 부른다(그림 1 참조).

유전자 재조합 기술의 개발에 결정적인 역할을 한 베르너 아르버(Werner Arber, 1929~), 해밀턴 스미스(Hamilton O. Smith, 1931~1925), 대니얼 네이선스(Daniel Nathans, 1928~1999) 등 세 명의 과학자에게 1978년 노벨 생리·의학상이 수

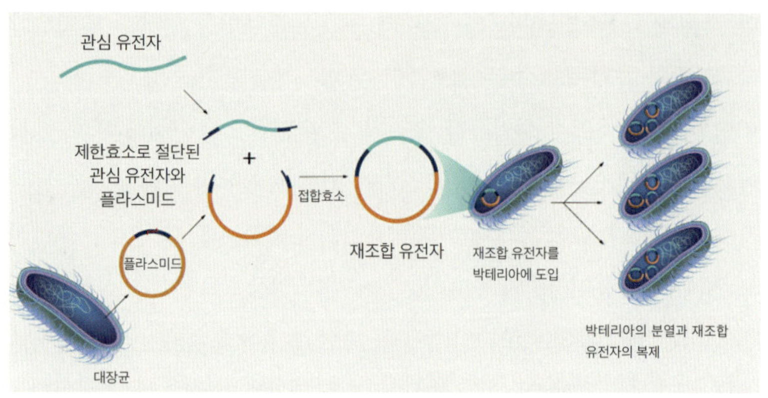

<그림 1> 유전자 재조합 기술을 이용한 인슐린 생산 과정

유전자 재조합 기술을 이용해 인슐린을 대량으로 만들어 내는 과정을 보여 주는 그림이다. 먼저 사람의 인슐린 유전자를 제한효소(가위)로 잘라 낸다. 그리고 플라스미드라고 불리는 대장균의 작은 원형 DNA도 같은 제한효소로 절단한다. 이후 접합효소(풀)를 사용해 잘라 낸 인슐린 유전자를 플라스미드에 붙인다. 이렇게 만들어진 재조합 플라스미드를 다시 대장균에 넣으면, 대장균이 분열하면서 대량의 인슐린이 생산된다.
(출처: https://www.genome.gov)

여됐다. 당시 접합효소의 존재는 이미 알려져 있었으나, 이들이 제한효소를 발견함으로써 과학계는 원하는 유전자를 정밀하게 절단하고 재조합하는 일을 실현할 수 있게 됐다.

하지만 제한효소를 이용한 유전자 재조합 기술은 주로 대장균 같은 박테리아에서 사용됐을 뿐, 인간을 포함한 동물의 진핵세포에는 적용하기 어려웠다. 제한효소가 인식하는 염기서열은 불과 4~6개로 짧다. 이들 염기서열은 인간 유전체 곳곳에 수백만 군데 존재하기 때문에, 제한효소를 세포에 넣으면 유전체가 거의 분해되다시피 한다. 그 결과 세포가 죽게 되거나 외부 유전자가 원하는 위치가 아니라 무작위로 삽입될 수 있다. 결국 유전자 재조합 기술의 적용은 일종의 '확률 게임'에 가까웠기 때문에 인간의 질병 치료에는 시도할 수 없었다.

실제로 1980~1990년대의 초기 연구에서 박테리아에서처럼 제한효소를 활용해 인간 세포에 외래 유전자를 넣으려 했다가 실패한 사례들이 있다. 대부분의 경우 삽입 위치를 통제하지 못해 유전자가 비정상적으로 발현되거나 세포 생존에 필수적인 유전자의 기능이 망가지는 일이 벌어졌다.

10년 만에 3세대 유전체 편집 기술 개발

2010년대에 개발된 유전체 편집 기술은 불과 10여 년 만에 세 차례의 진화를 거치면서, 이전보다 훨씬 효율적이고 정밀한 유전자 변형을 가능하게 했다. 이른바 징크-핑거 뉴클레아제(ZFNs, Zinc-Finger Nucleases), 탈렌(TALEN, Transcription Activator-Like Effector Nucleases), 그리고 크리스퍼/카스9의 등장이었다. 이들은 영어 명칭이 상당히 복잡하지만 기능적으로는 크게 두 부위로 나눌 수 있다. 첫째는 유전체 내에서 특정 위치를 정확히 인식하는 영역이고, 둘째는 그 위치의 DNA를 절단하는 '인공 제한효소(뉴클레아제)'다. 바로 가위의 역할을 담당하는 부위들이다. 잘라진 DNA를 다시 붙이는 풀의 역할은 세포 내에 원래 존재하는 접합효소가 자연스럽게 해낸다.

사실 유전체 편집 기술에 대한 대중적 명칭은 문화권마다 제각기 만들어졌다. 가령 미국 언론 매체에서는 주로 편집(editing)이라 부르는 반면, 프랑스와 이탈리아에서는 교정(correction)을 많이 사용한다. 국내에서는 '유전자가위'라는 표현이 흔히 등장하는데, 사실 1970년대에 개발된 유전자 재조합 기술 역시 가위의 기능에서 출발한 것이므로 다소 혼동될 여지가 있다. 하지만 일반인은 이미 1970년대에 제한효소가 발견돼 인공적으로 만들어졌다거나 가위라는 말이 쓰였다는 사실을 알기 어렵다. 이런 상황에서 가위의 속성, 즉 원하는 부위를 '정확하게' 자르는 기능이 당시에 비해 월등하게 개선됐기에 이를 강조하기 위해 다시금 동일한 표현이 등장한 것으로 보인다.

세 종류의 유전체 편집 기술은 모두 특정 유전자를 과거에 비해 효율적으로 '넣고 빼는' 기술이라는 점에서 동일하다. 작동 원리와 효과 면에서 일부 차이가 있을 뿐이다.

먼저 징크-핑거 뉴클레아제에서 징크-핑거는 생체에 존재하는 단백질의 일종으로, 아연(징크) 이온을 함유하고 있고 처음 발견했을 때 마치 손가락(finger)처럼 보여 이름이 붙었다. 인체에는 700여 종류의 징크-핑거 유전자가 있다고 알려졌다. 뉴클레아제는 DNA의 연결 부위를 분해하는 효소다. 과학자들은 징크-핑거가 특정 염기 부위를 인식한다는 점에 착안해, 다양한 염기 부위를 찾아가 잘라 낼 수 있도록 여러 종류의 징크-핑거를 만들어 냈다.

이에 비해 탈렌은 목표 지점을 정확하게 인식하는 능력을 높였다. 징크-핑거 뉴클레아제는 단백질 하나가 특정 염기 3개를 인식하는 데 비해, 탈렌은 단백질 하나가 특정 염기 1개를 인식하도록 개발됐다.

이들에 비해 크리스퍼/카스9는 인식 부위가 단백질이 아니라 RNA라는 점이 큰 특징이다. 원래 크리스퍼/카스9는 박테리아의 면역 체계를 지칭하는 개념이었다. 이 용어는 여러 단어의 약자로 구성돼 있는데, 유전체 편집 기술 가운데 가장 주목받고 있으므로 그 의미를 좀 더 자세히 살펴보자.

크리스퍼의 영어 이름은 'Clustered Regularly Interspaced Short Palindromic Repeats'이다. 이 난해한 용어를 편의상 두 부분으로 나눠 살펴보자.

먼저 '짧은(Short) 회문적(Palindromic) 반복 구조(Repeats)' 부분이다. 회문(回文)이란 보통은 앞뒤 또는 위아래를 바꿔 읽어도 동일한 낱말이나 문장을 의미한다. 예를 들어 'eye', '다들 잠들다' 등이 회문이다. 그런데 크리스 퍼에서 회문은 박테리아의 DNA 염기 배열에서 순서를 앞뒤로 뒤집었을 때 본래 염기와 상보적으로 결합하는 염기가 나타나는 구조를 의미한다. DNA 회문의 예를 들면 AGGCCT인데, 뒤집으면 각 염기와 결합해 짝을 짓는 TCCGGA 배열을 이룬다. 1987년 박테리아에서 이런 배열이 짧은 구성으로 반복돼 나타난다는 사실이 처음 학계에 보고됐다.

다음으로 회문 사이에 '주기적 간격으로(Regularly) 공간을 차지하며 (Interspaced) 모여 있는(Clustered)' 부분이다. 흥미롭게도 이곳의 염기는 박테리

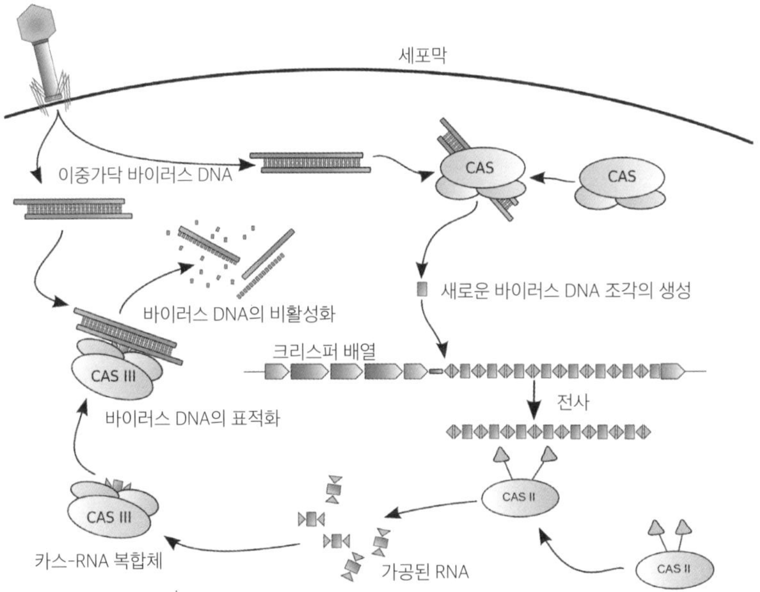

<그림 2> 박테리아의 크리스퍼 방어 메커니즘

바이러스 DNA가 박테리아 내부로 들어오면, 그림 오른쪽처럼 일부 바이러스 DNA 조각은 박테리아의 크리스퍼 배열에 새롭게 저장된다. 이후 같은 바이러스가 다시 침입하면 저장된 DNA 정보가 RNA로 전사돼 카스(단백질)와 결합한다. 이 복합체는 그림 왼쪽처럼 침입한 바이러스 DNA를 인식해 정밀하게 절단함으로써 박테리아가 자신을 보호할 수 있도록 한다.
(출처: https://commons.wikimedia.org)

아 고유의 것이 아니라 박테리아의 천적인 바이러스의 20여 개 염기였다.

2000년대 들어 크리스퍼가 박테리아에서 어떤 기능을 수행하는 DNA 부위인지가 밝혀졌다. 바이러스가 DNA를 박테리아 안으로 주입해 감염을 시도하면, 드물게 살아남은 박테리아가 바이러스 DNA의 일부 조각을 자신의 회문 배열 중간중간에 저장한다. 이후 동일한 바이러스가 다시 침입할 경우, 박테리아에 저장된 바이러스 DNA로부터 RNA가 전사돼 특정 단백질과 결합한다. 이 단백질이 바이러스 DNA를 식별해 생화학적으로 절단시킴으로써 박테리아를 보호한다. 여기서 단백질은 크리스퍼와 연관돼 있다는 의미에서 카스(CAS, Crispr ASsociated)라는 이름이 붙었으며, 숫자 9는 단백질의 한 종류를 가리킨다(그림 2 참조).

박테리아 방어 체계 모방한 인공 크리스퍼

요약하면 크리스퍼/카스9는 박테리아가 바이러스의 공격에 대응하기 위해 만들어진 자연적 면역 체계를 의미하는 것이며, 이를 발견한 과학자가 동료들에게 관련 내용을 최대한 상세하게 알리기 위해 만든 용어였다. 박테리아의 크리스퍼/카스9는 기능적으로 바이러스 DNA를 분해하는 부위(카스9), 그리고 카스9와 결합해 바이러스 DNA까지 도달하는 부위(RNA)로 구분된다. 인공 크리스퍼/카스9는 이 두 가지 부위가 박테리아의 그것과 유사한 구조와 기능을 갖도록 만들어졌다. 즉 특정 유전자의 기능을 정지시키기 위해 그 염기서열을 분해하는 단백질(카스9)을 만들고, 여기에 해당 염기서열까지 도달하도록 안내하는 gRNA(guide RNA)를 제작해 연결한 것이다.

유전체 편집 기술은 기존의 유전자 재조합 기술의 한계를 크게 뛰어넘었다고 평가받는다. 몇 가지 대표적인 특징을 살펴보자.

먼저 유전자 인식의 정확도가 상당히 높아졌다. 인식할 수 있는 염기의 수가 4~6개에서 20개 내외로 대폭 확장된 것이다. 한 생명체의 유전체 내에서 20개 정도의 염기가 동일하게 배열돼 있는 유전자는 극히 드물다.

덕분에 살아 있는 세포에서 직접 유전자를 변형시킬 수 있게 됐다는 점도 큰 특징이다. 기존 제한효소의 경우와 달리 세포에 도입했을 때 유전체가 무작위로 잘릴 일이 없어졌기에, 인체 세포의 치료나 동식물의 개량에 효과적으로 활용될 수 있다.

유전자를 잘라낼 수 있는 규모도 훨씬 커졌다. 인간이 원하지 않는 유전자의 기능을 없애고 싶을 때, 과거에는 크기가 너무 커서 일부만 변형시킬 수 있었던 데 비해 이제는 유전자 자체를 '지워 버리는' 일을 할 수 있다. 단적인 예로 고양이에 알레르기 반응을 보이는 사람이 있다면 고양이의 배아에서 알레르기 유발 유전자를 통째로 없애면 된다.

유전체 편집 기술 가운데 특히 크리스퍼/카스9에는 '혁명'이란 수식어가 붙곤 한다. 인식 부위가 기다란 단백질 사슬에서 염기로만 나열된 간단한 RNA로 바뀜으로써, 다른 유전체 편집 기술에 비해 도구의 제작이 훨씬 간편해졌기 때문이다. DNA의 특정 염기를 인식해야 할 때마다 일일이 길고 복잡한 단백질을 만들어야 하는 번거로움이 사라졌다. DNA 염기에 달라붙는 RNA를 간단히 만들어 카스9에 붙이면 제작이 완료되는 것이다. 이에 따라 제조 단가도 크게 줄어들었다. 한때 징크-핑거 뉴클레아제의 제조에 5,000달러가 필요했던 데 비해 크리스퍼/카스9에는 30달러면 충분했다.

2020년 노벨 화학상은 크리스퍼/카스9 개발에 기여한 공로로 두 명의 여성 과학자에게 수여됐다. 에마뉘엘 샤르팡티에(Emmanuelle Charpentier, 1964~), 제니퍼 다우드나(Jennifer A. Doudna, 1964~)가 그 주인공이었다(그림 3 참조).

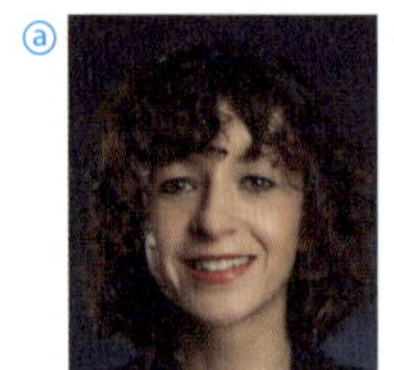

<그림 3> 2020년 노벨 화학상 수상의 업적, 크리스퍼/카스9

2020년 노벨 화학상의 영예를 안은 에마뉘엘 샤르팡티에ⓐ와 제니퍼 다우드나ⓑ. 당시 노벨상 위원회는 DNA의 특정 부위를 '가위'로 잘라 내는 이미지로 이들의 업적을 상징적으로 표현하기도 했다ⓒ. 실제 크리스퍼/카스9의 작동 원리 역시 일반인이 이해하기 쉽게 소개했다ⓓ. (출처: https://www.nobelprize.org)

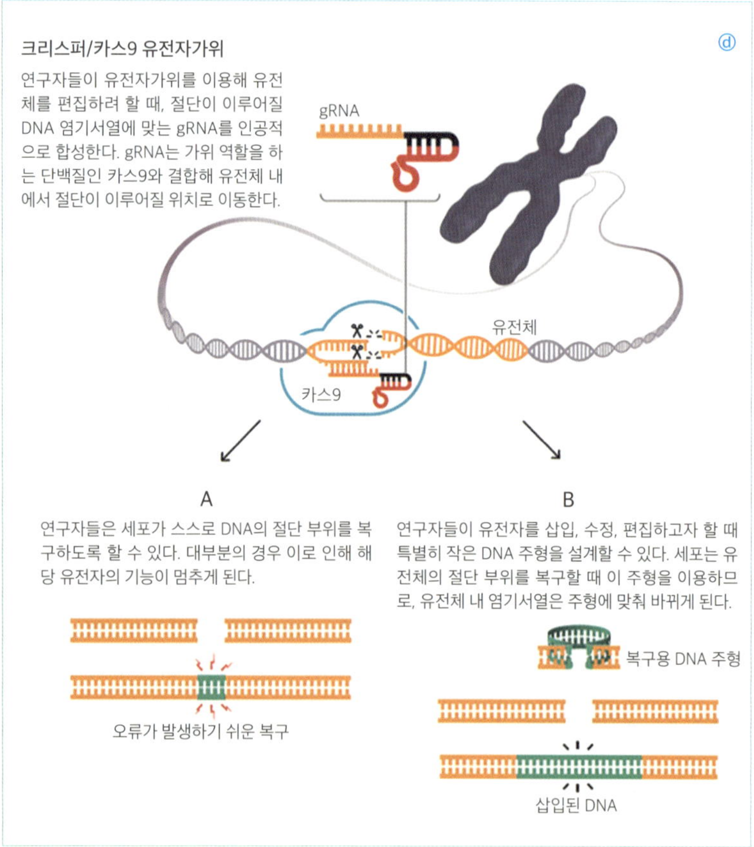

크리스퍼/카스9 유전자가위

연구자들이 유전자가위를 이용해 유전체를 편집하려 할 때, 절단이 이루어질 DNA 염기서열에 맞는 gRNA를 인공적으로 합성한다. gRNA는 가위 역할을 하는 단백질인 카스9와 결합해 유전체 내에서 절단이 이루어질 위치로 이동한다.

 DNA는 어떻게 나를 설계하는가?

본격화되는 인간 유전자치료

크리스퍼 기술의 등장으로 동물, 식물, 미생물 분야에서는 이미 상당한 변화가 일어났다. 농작물의 내병성 강화, 가축 품종 개량, 미생물의 산업적 활용 등 다양한 분야에서 크리스퍼 기술은 빠르고 정확한 유전체 편집 도구로 자리 잡았다.

그러나 인간에게 이 기술을 직접 적용하는 일은 신중을 기할 수밖에 없다. 인간의 유전체는 다른 생명체에 비해 훨씬 복잡할 뿐 아니라 한 번의 편집이 돌이킬 수 없는 결과를 초래할 수 있기 때문이다. 또한 표적이 아닌 다른 부위가 비의도적으로 변형되는 '오프타깃(off-target)' 효과 등 여러 기술적 불완전성에 대한 우려가 충분히 해소되지 않았다. 특히 생식 세포나 배아 단계에서의 유전체 편집은 한 개인의 치료를 넘어 미래 세대의 유전적 특성에 지대한 영향을 미칠 수 있는 일이다.

단일유전질환에서 성공 사례 보고

그럼에도 크리스퍼 기술은 단일유전자의 변이로 인해 발생하는 희귀질환 치료에서는 현실적인 희망을 제시하고 있다. 1개 또는 소수의 염기 변이를 정상으로 고치는 일이 실현될 수 있기 때문이다.

실제로 최근 몇 년 사이 세계 각국에서 크리스퍼를 활용한 유전자치료의 성공 사례가 잇따라 보고되고 있다. 일부 환자들은 크리스퍼에 기반한 치료를 통해 오랜 질병에서 벗어나기도 했으며, 임상시험 단계에서도 고무적인 결과들이 속속 발표돼 왔다. 물론 아직은 안전성과 장기적 효과에 대한 추가 연구가 필요하지만, 인간의 유전자치료에 새로운 가능성이 열리고 있는 것은 사실이다. 언론 매체와 학술지에 보고된 몇 가지 사례를 살펴보자.

미국에서는 기존의 크리스퍼 기술을 한 단계 발전시킨 염기 편집(base editing) 기법이 겸상적혈구질환 치료에 성공적으로 적용된 첫 사례가 언론 매체에 보도됐다. 기존 크리스퍼 방식과 달리 DNA의 이중가닥을 절단하지 않고도 특정 염기 하나만을 변환함으로써 훨씬 정밀하게 변이를 교정하는 기법이다.

20세 환자 브레이든 밥티스트는 어릴 때부터 겸상적혈구빈혈과 그 합병증을 겪으며 입원을 반복하는 삶을 살아왔다. 그러다 2023년 10월 한 임상 연구에서 그의 조혈모세포를 채취해 염기 편집 기법으로 질환 유전자를 교정했다. 기존의 병든 세포는 화학요법으로 제거하고, 교정된 조혈모세포를 몸에 주입했다. 치료 이후 밥티스트는 작은 움직임조차 고통을 유발하던 예전의 증상이 사라졌으며, 매일 운동을 할 정도로 건강을 되찾았다고 한다.

또한 미국에서 개발된 새로운 유전자치료 기법이 희귀질환을 앓고 있는 아기에게 적용돼 큰 주목을 받았다. 여기에는 아기에게서만 나타나는 특정 변이에 맞춰 6개월 만에 개발된 '맞춤형 크리스퍼 기반 염기 편집기'가 활용됐다. 아기는 간에서 암모니아를 해독하는 데 필수적인 효소 유전자에 결함이 있어 혈중 암모니아가 위험한 수준으로 축적되는 대사질환을 앓고 있었다. 기존의 식이요법과 약물 치료만으로는 생명을 지키기 어려웠다. 연구진은 아기의 유전자 변이에 적합한 염기 편집기를 신속하게 설계해 생후 7개월부터 세 차례 투여했고, 그 결과 아기는 점차 건강을 회복해 퇴원할 수 있었다. 이 사례는 2025년 5월 의학 분야의 세계적 학술지《뉴잉글랜드 저널 오브 메디신(New England Journal of Medicine)》에 발표됐다.

일본에서는 유전체 편집 기술의 적용 범위를 염색체 수준으로 확장한 사례가 보고됐다. 최근 일본 미에대 연구진은 크리스퍼 기법을 이용해 다운증후군의 원인인 21번 염색체의 과잉 복제본을 제거하는 데 성공했다고 밝혔다. 연구진은 다운증후군 환자의 피부세포를 유도만능줄기세포(iPS 세포)로 전환한 뒤, 여기에서 21번 염색체 3개 중 1개를 제거하는 방법을 개발했다. 그 결과 최대 37.5%의 세포에서 과잉 염색체가 성공적으로 제거됐으며, 이들의 증식 속도와 유전자 발현 양상은 정상세포와 유사했다. 과거에는 환자의 염색체를 직접 없애는 치료법이 없었지만 이제 그 실현 가능성이 제시된 것이다. 연구 결과는 2025년 2월 《미국국립과학원회보(Proceedings of the National Academy of Sciences)》에 게재됐다.

초고가의 비용 부담, 장기적 관찰도 필요

한편으로 과학자들은 크리스퍼 기술의 등장을 계기로 과학기술의 민주화가 이뤄지고 있다고 곧잘 이야기한다. 이전에는 막대한 연구비와 대형 장비를 갖춘 제도권 연구실에서만 유전자 변형이 가능했지만, 이제는 상대적으로 손쉽게 해당 실험에 접근할 수 있게 됐기 때문이다.

그러나 과학계에서 '사용의 민주화'가 실현되는 일과 그 혜택이 사회 구성원에게 골고루 돌아가는 일은 전혀 다른 차원의 문제다. 단적인 예로, 첨단 치료에서 소비자가 감당해야 할 비용이 상상을 넘어서는 수준이라는 사실을 떠올릴 수 있다. 실제로 최근 언론 매체들은 유전자치료가 일부 환자에게 혁신적인 변화를 가져다주고 있음에도, 그 높은 가격이 사회적 형평성과 접근성 면에서 큰 장벽으로 작용하고 있음을 지적하고 있다. 의료계 역시 유전자치료를 위시한 정밀의료가 맞춤형 치료를 제공한다는 점은 인정하면서도, 그 비용과 가치에 대해서는 지속적으로 논쟁을 벌이고 있다.

예를 들어 2023년 미국에서 처음 승인된 크리스퍼 기반 치료제인 카스게비(Casgevy)는 한 차례의 투여만으로 겸상적혈구빈혈을 치료할 수 있는 획기적인 신약으로 주목받고 있다. 환자의 조혈모세포를 추출해 유전체를 편집한 뒤 이를 환자에게 정맥주사로 투여하는 방식이다. 그런데 치료 비용이 약 220만 달러(약 30억 원)에 달한다.

바이러스 벡터를 이용한 기존의 유전자치료제 역시 상황이 다르지 않다. 정상 유전자를 병든 세포에 전달하기 위해 무해하게 처리된 바이러스를 운반체로 활용하는 방식이다. 예를 들어 졸겐스마(Zolgensma)는 척수성 근위축증 환자에게 결함 유전자를 대체할 정상 유전자를 바이러스에 붙여 정맥주사로 주입한다. 카스게비와 마찬가지로 한 번의 투여로 치료를 시도하는 약제인데, 비용이 200만~220만 달러(약 27~30억 원)로 책정돼 있다. 특히 졸겐스마의 개발 과정에는 납세자와 자선단체 등의 공공 자금도 투여됐기 때문에, 이 같은 고비용에 대해 사회적 비판이 이어질 수밖에 없었다.

더욱이 이런 치료제들이 환자의 질병을 얼마나 회복시키는지 장기적으로 신중하게 관찰할 필요가 있다. 단기간에 효과가 나타난다 해도 시간이 지나면서 예상치 못한 부작용이 발생하거나 치료 효과가 지속되지 않을 가능성을 배제할 수 없기 때문이다. 예를 들어 카스게비의 치료 과정에서는 환자에게 강도 높은 화학요법을 적용하며 기존의 병든 혈액세포를 제거해야 한다. 이 때문에 면역력이 떨어지거나 출혈이 발생하는 등의 부작용이 생길 수 있다. 졸겐스마의 경우에는 투여 후 간 기능에 심각한 문제가 발생할 수 있는데, 실제로 간독성으로 인해 중증 부작용이 생겨 사망으로 이어진 사례가 보고된 바 있다. 얼핏 생각하면 주사를 한 번만 맞으면 끝나는 것처럼 보이지만, 실제로는 환자에게 상당한 신체적 부담을 안겨줄 수 있다.

한편으로는 난치병 치료 목적이 아니라 인간의 일부 기능을 향상하기 위해 유전체 편집 기술이 사용될 가능성도 제기되고 있다. 유전자 도핑(gene doping)이 그 한 가지 사례다.

유전자 도핑이란 경기력 향상을 목적으로 특정 유전자를 인위적으로 변형하거나 주입해 근력, 지구력, 회복력 등을 비정상적으로 높이는 행위를 말한다. 실제로 동물실험에서 미오스타틴 유전자의 발현을 억제해 근육이 과도하게 발달한 '슈퍼쥐'나 '슈퍼돼지'가 만들어졌다. 그래서 스포츠계에서는 올림픽 참가 선수들이 유전자치료 기술을 악용할 수 있다는 경고가 꾸준히 나오고 있다.

물론 약물 도핑과 달리 유전자 도핑은 신체에 변화가 생길 때까지 오랜 시간이 소요된다. 따라서 단기간 내 경기력을 향상하는 효과는 현재 기술 수준에서 실현되기 어렵다. 아직까지 스포츠 분야에서 공식적으로 유전자 도핑이 적발된 사례도 없다. 그럼에도 세계반도핑기구(WADA)는 2004년부터 유전자 도핑을 금지 목록에 올리고 이에 대한 탐지 기법을 개발해 왔다. 특히 적혈구 생성 촉진 인자, 인슐린 유사성 성장 인자, 미오스타틴 억제 인자 등 경기력에 직접적으로 영향을 줄 수 있는 유전자들이 도핑에 활용될 가능성이 크다.

최근 유전체 편집 기술에 대한 과학계의 성과를 떠올려 보면, 국제 스포츠계가 유전자 도핑을 가까운 미래에 현실화될 문제로 간주하는 이유가 이해된다. 예를 들어 아르헨티나의 비영리 연구 기관인 키론 바이오텍(Kheiron Biotech)은 우승 경력이 있는 경주마를 복제해 배아를 얻은 후, 크리스퍼 기술로 미오스타틴 유전자의 기능을 없앤 망아지 다섯 마리를 선보였다. 보통의 말보다 근육의 양과 달리는 속도를 향상시키기 위해서였다. 하지만 아르헨티나의 관련 협회에서는 이들 경주마의 경기 출전을 금지한다고 공식 선언했다. 크리스퍼 기술의 적용으로 고유의 육종 전통이 훼손될 뿐 아니라 선수와 산업계 종사자들에게 경제적 위협이 될 수 있다는 우려 때문이었다.

인간 적용 범위에 대해 사회적 합의가 필요

이제 유전체 편집 기술이 인간에게 활발히 적용되는 날이 머지않은 듯하다. 하지만 새로운 과학기술이 등장할 때 사회 구성원들이 그 사용으로 인한 이점과 위험을 충분히 이해하고, 만일 사용한다면 그 조건과 범위를 어떻게 설정할지에 대해 논의하며 합의에 이르는 일이 중요하다. 아무리 첨단의 과학기술이라 해도 사회 구성원들이 부정적인 견해를 갖고 있다면 애초의 목표를 달성하기 어렵다.

물론 견해는 다양하게 전개될 것이다. 특히 유전체 편집 기술이 어떤 목적으로 어느 생명체에 적용되느냐에 따라 입장은 엇갈릴 수밖에 없다. 이 기술이 적용될 상황별로 사회적 합의를 제각기 도출해야 할 필요성이 제기되는 대목이다. 단순히 전반적으로 유전체 편집 기술에 찬성하거나 반대하는 입장을 취하는 것은 현실에서 별다른 의미가 없다.

가령 뚜렷한 대안이 없는 성인의 난치병에 대한 적용이라면 대체로 큰 거부감 없이 받아들일 수 있지 않을까? 이에 비해 배아 수준으로 기술 적용이 확대되는 일에 대해서는 많은 사회적 논란이 예상된다. 어떤 상황에서든 환자와 가족에게는 놓칠 수 없는 간절한 기회라는 점도 중요하다.

다만 허젠쿠이처럼 독단적인 판단 아래 실험을 감행하는 일은 지양돼야 한다. 그는 국제적인 윤리 지침을 위반했기에 과학계에서 배척당하고 결국 수감되기에 이르렀다. 그런데 최근 그가 또 다른 프로젝트로 복귀를 시도하고 있어 논란을 예고하고 있다. 이번에는 미래 세대에서 알츠하이머병을 예방하는 연구를 추진하겠다고 밝힌 것이다. 한 개인의 연구가 사회 전체에 미치는 파장이 얼마나 클 수 있고, 과학기술의 개발에 대한 사회적 논의가 왜 중요한지를 다시 한번 일깨워 주는 사례다.

9장

합성

생명의 설계와 제조를 꿈꾸다

인간게놈의 '읽기'에서 '쓰기'로의 전환(2000~2020년대)

21세기 생명공학의 최전선에는 '합성생물학'이 있다. 바이러스 유전체의 복원에서 시작해 최소 유전자만으로 구성된 박테리아의 합성, 그리고 효모 염색체의 재조립에 이르기까지, 합성생물학은 점점 복잡한 생명체의 제조에 끊임없이 도전해 왔다. 최근에는 인간게놈 전체를 컴퓨터로 설계하고 직접 합성하는 대규모 국제 프로젝트가 본격 출범했다. 합성되는 유전자나 유전체는 기본적으로 코딩 DNA와 논코딩 DNA 전체를 가리키되, 여기에 자연에 없던 새로운 염기서열이나 조절 요소가 추가된다. 또한 설계 목적에 따라 유전자는 부품, 장치, 시스템 각각 또는 전체를 아우르는 유동적인 의미를 갖는다.

이제 과학계는 기존의 유전자 검사나 유전체 편집에서처럼 주어진 유전자를 해석하고 변형하는 수준에 그치지 않고, 목적에 맞는 새로운 생명 시스템을 처음부터 설계해 구현하는 시대를 열고 있다. 이 과정에서 파생되는 윤리적·사회적·생태적 이슈에 대해 인류의 고민은 더욱 깊어지는 한편, 자연과 인공의 경계가 희미해지면서 과연 '생명이란 무엇인가'에 대한 근본적인 질문을 다시금 우리 앞에 제기한다.

인간게놈을 '합성'하는 프로젝트

네안데르탈인을 낳아 줄 대리모를 모집합니다.

2013년 1월 세계 언론 매체에서 난데없어 보이는 발언을 앞다퉈 보도해 세간의 눈길을 끌었다. 발언의 당사자는 미국 하버드대 의대 교수인 조지 처치(George Church)였다. 당시 그는 독일의 한 언론과의 인터뷰에서 네안데르탈인의 화석 뼈에서 일부 유전자를 추출했다고 밝혔다. 그리고 확보한 염기서열 정보를 바탕으로 실험실에서 유전자를 합성해 인간 줄기세포에 이식하는 과정을 여러 차례 반복하겠다는 계획을 소개했다. 그 결과 네안데르탈인과 매우 유사한 유전자를 가진 줄기세포를 얻어 수정란을 만들 수 있다는 설명이었다.

과정이야 어찌 됐든 처치의 말이 맞는다고 가정하자. 누군가 수정란을 이식받아 출산해야 할 텐데, 실현이 가능한 일일까? 이 대목에서 문제의 발언이 나왔다. 처치는 자신의 계획을 실현해 줄 대리모가 필요하다며, 세계 여성 가운데 지원해 주는 사람이 있으면 좋겠다고 말했다.

즉시 사회적 지탄이 쏟아졌다. 네안데르탈인의 대리모를 구한다는 발상 자체가 큰 문제인 데다, 만일 태어난다 해도 약 40만 년 전부터 3만 년 전에 생존했던 네안데르탈인이 현재 지구 환경에 적응해 살 수 없을 것이기 때문이다. 왜 네안데르탈인을 복원해야 하는지도 의문이었다.

2025년 영국에서 본격 가동된 인간게놈 합성 프로젝트

비난이 거세지자 처치는 즉시 공개적으로 사과했다. 최신의 생명공학 분야를 소개하려는 취지였을 뿐, 실제로 그런 시도를 하려는 것은 아니라고 했다. 사실 처치의 인터뷰는 당시 발간된 자신의 저서 『Regenesis: How Synthetic Biology will Reinvent Nature and Ourselves』를 설명하면서 이뤄졌다. 제목에 처치가 소개하고 싶던 용어가 등장한다. '합성생물학(Synthetic Biology)'이었다. 큰 제목인 'Regenesis'는 우리말로 재생이나 재탄생 정도의 의미겠지만, 성경의 창세기를 뜻하는 'Genesis'를 염두에 둔다면 '새로운 창세기'로 번역해도 무리가 없을 것 같다. 그렇다면 책의 제목은 『새로운 창세기: 합성생물학이 자연과 우리 자신을 어떻게 다시 만들어 낼까』다. 꽤 의미심장하게 다가오는 표현이다.

2016년 처치는 또 한 번 화제의 중심에 섰다. 수십 명의 과학자와 함께 인간게놈의 합성을 제안하는 글을 《사이언스》에 게재하면서였다. 제목은 "게놈프로젝트-쓰기(The Genome Project-Write)"였다. 기존의 인간게놈프로젝트가 약 30억 개 염기서열에 대한 '읽기(read)'였다면, 이제는 이들 정보를 이용해 실물로 만들어 내자는 의미에서 붙인 이름이었다. 과거 네안데르탈인의 경우처럼 하나의 개체를 생성하려는 것이 아니라, 세포 내 23개 염색체의 염기를 모두 합성해 낸다는 구상이었다.

이 제안은 한동안 세간에서 잊힌 듯하다가 2025년 영국에서 '인간게놈 합성 프로젝트'가 공식적으로 출범하면서 다시 한번 세계의 주목을 받게 됐다. 6월 26일 영국의 웰컴 트러스트는 인간 유전체를 인공적으로 설계하고 합성하는 대규모 국제 프로젝트 'SynHG(Synthetic Human Genome)'의 본격적인 착수를 선언했다. 이 프로젝트는 2016년 제안된 '게놈프로젝트-쓰기'의 연장선에 있었지만, 개념 수준에 머무르던 당시와 달리 5년간 약 1,000만 파운드(약 186억 원)의 연구비와 국제 협력 체계가 마련된 실질적 사업이라는 점에서 큰 관심을 끌었다.

프로젝트는 인간 유전체를 처음부터 합성 가능한 '코드'로 재구성하고 설계하는 일에서 출발한다. 기존의 생명공학이 이미 존재하는 유전자를 해석하고 부분적으로 수정하는 데 초점을 맞춘 것과는 근본적으로 다른 접근이다. 예를 들어 유전체 편집 기술을 활용한 유전자치료는 기존의 유전체 내에서 결함이 있는 유전자를 찾아내 일부를 고치거나 외래 유전자를 덧붙이는 국소적 수정 방식이었다. 반면 인간게놈 합성 프로젝트는 애초에 결함이 없는 유전 정보를 컴퓨터에서 설계하고, 이 정보를 바탕으로 새로운 살아 있는 세포까지 만드는 것을 목표로 삼는다. 유전체의 '편집'에서 '설계'로 패러다임이 전환되고 있는 것이다.

인간게놈 합성 프로젝트는 생명 유지에 필수적인 유전자의 작동 원리와 상호작용을 전체 시스템 차원에서 이해하려는 시도이기도 하다. 만약 프로젝트가 성공적으로 완수된다면, 특정 기능에 최적화된 인공 세포를 제작하는 일이 가능해질 것이다.

한편 웰컴 트러스트는 이 프로젝트가 인간의 정체성, 생명의 경계, 유전자 차별, 생식 세포 편집 등과 같은 중대한 사회적 이슈를 야기할 수 있다는 점을 인식하고 있다고 밝혔다. 그래서 초기 단계부터 ELSI 연구를 병행하겠다는 방침을 분명히 했다. 기술의 개발만큼이나 사회적 수용성과 논의의 투명성을 중시하는 과학기술 거버넌스 모델을 표방했다는 점에서 주목할 만하다.

생명체를 레고 블록처럼 조립하는 공학

20세기 생명공학은 주로 생명체의 기본 단위인 세포를 분자 수준에서 분석하는 분자생물학, 그리고 그 연구 결과를 응용하는 유전공학을 중심으로 발전해 왔다. 그러나 21세기에는 여기에 컴퓨터과학, 나노공학 등 첨단 과학기술이 접합되면서 생명체를 종합적으로 이해하고 응용하려는 흐름이 나타났다. '시스템생물학(Systems Biology)'과 합성생물학이 그것이다.

시스템생물학은 생명 현상의 기본 원리를 규명하는 데 중점을 둔다는 점에서 '과학'의 영역에 가깝다. 유전체학, 전사체학, 단백질체학, 대사체학 등 여러 오믹스 분야의 지식과 기술을 활용해 세포 내 다양한 성분들의 상호작용을 밝히고자 한다. 다시 말해 생명의 복잡한 네트워크를 단일유전자나 단백질 같은 단일 요소가 아니라, 그 전체적인 상호작용과 동적 변화를 통합적으로 이해하려는 분야다.

이에 비해 합성생물학은 이름만 보면 기존 생물학의 한 분야처럼 느껴진다. 하지만 실제로는 시스템생물학에서 얻은 지식을 토대로 생명체를 인위적으로 설계해 제작하려 한다는 점에서 '공학'의 성격이 강하다. 즉 단순히 DNA 조각을 이어 붙이는 수준이 아니라, 진짜 생명체처럼 작동하는 새로운 시스템과 기능을 구현하는 데 초점을 둔다.

실제로 합성생물학을 이끌기 시작한 인물들 중 상당수는 공학자였다. 2003년 미국 매사추세츠공대(MIT) 컴퓨터과학 및 인공지능 실험실에서 활동하던 톰 나이트(Tom Knight)와 드루 엔디(Drew Endy)는 생명체의 기본 기능을 수행하는 인공물을 개발하는 데 열중하고 있었다. 이 일이 실현되면 마치 레고 블록을 조립하는 것처럼 간단한 작업을 거쳐 생명체를 만들 수 있을 것이라고 생각했다.

이들은 아이디어를 실현할 새로운 학문 분야를 합성생물학이라 명명하면서 2004년 MIT에서 첫 국제학술대회를 개최했다. 행사 참가자들은 스스로를 '합성생물학 연구자'라고 칭하면서 새로운 학문 분야를 세상에 알리는 데 주력하기 시작했다.

그런데 합성생물학이라는 용어 자체는 정의를 내리기가 꽤 까다롭다. 아직 연구자들 사이에서도 다양한 개념이 제시되고 있어서 세계적으로 통일된 정의가 확립된 상태가 아니다.

당시 국제학술대회를 운영하던 '합성생물학 컨소시엄'은 합성생물학의 정의를 다음과 같이 제시했다. 첫째, 자연 세계에 존재하지 않는 생물 구성 요소와 시스템을 설계하고 제작하는 일, 둘째, 자연 세계에 존재하는 생물 시스템을 재설계해 제작하는 일이었다. 상당히 포괄적인 개념이다. 이렇게 봐서는 기존의 생명공학 분야와의 차별성이 무엇인지 알기 어려운 게 사실이다.

합성생물학이 미래 생태계에 미칠 영향을 논의하고 있는 생물다양성협약에서도 그 개념을 포괄적으로 파악하고 있다. 과학 분야에서 추상적인 개념을 관찰이나 실험이 가능하도록 구체화한 정의를 '조작적 정의(operational definition)'라 부른다. 생물다양성협약에서는 합성생물학에 대한 조작적 정의를 다음과 같이 제시했다(SCBD, 2022).

유전물질, 생물체 그리고 생물 체계에 대한 이해, 설계, 재설계, 제조 그리고/또는 변형을 용이하게 하고 가속화하기 위한 과학, 기술 그리고 공학을 결합하는 현대 생명공학 기술의 추가적 개발이면서 새로운 차원의 분야.

생물 '부품'의 표준화가 관건

그럼에도 합성생물학은 방법론 면에서 기존 생명공학과 뚜렷이 구별되는 특징을 지닌다. 나이트와 엔디가 제시한 '부품(part)'과 '표준화(standardization)'라는 개념은 그 차이를 단적으로 보여 준다.

합성생물학자들은 유전자가 단백질을 합성하는 복잡한 과정을 종종 전자공학에서 사용되는 단순한 논리회로로 구현하려 한다. 예를 들어 다양한 입력 요소(전사 인자, 화합물, 신호 분자, 빛, 온도 등)가 프로모터를 활성화하거나 억제하고, 이후 코딩 DNA 부위로부터 mRNA에 유전 정보가 전달되는 과정을 전자공학의 논리 게이트(AND, OR, NAND, XOR 등)를 차용해 컴퓨터에서 모델링한다.

모델링 후에는 실물로 유전자 회로를 구현한다. 합성생물학자들은 실제 단백질 합성 과정을 단순화하기 위해 다양한 생체 요소를 부품, 장치(device), 시스템(system) 등으로 구분한다. 여기서 부품은 유전 정보를 통해 생물학적 기능을 수행하는 기본 단위를 의미한다. 예를 들어 단백질 합성의 시작을 알리는 프로모터, 프로모터와 결합하는 RNA 중합효소, 단백질 합성을 억제하는 오퍼레이터, 리보솜에서 mRNA가 결합하는 부위, 단백질 합성의 종료를 알리는 터미네이터 등이다. 이들 부품이 모여 상대적으로 좀 더 확장된 기능을 수행하는 단위를 장치와 시스템이라고 부른다.

이 대목에서 합성생물학에서 상정하는 유전자의 개념이 드러난다. 인간게놈프로젝트 이후 논코딩 DNA 영역에서도 단백질 생성과 연관된 기능이 밝혀지긴 했지만, 과학계에서 공식적인 유전자의 개념은 여전히 코딩 DNA를 가리킨다. 이에 비해 합성생물학에서는 논코딩 DNA 영역은 물론 인공적으로 설계된 염기서열이나 조절 요소까지 단백질 생성에 관여하는 모든 기능적 요소를 유전자로 간주하는 경향이 있다. 또한 부품, 장치, 시스템 등 특정 기능을 수행하는 요소 각각 또는 전체가 유전자라 불릴 수 있다. 생명체의 어떤 특성을 설계하느냐에 따라 유전자를 구성하는 요소의 범위가 유동적으로 변할 수 있다는 의미다.

부품화와 동시에 필요한 작업은 표준화다. 누구나 같은 재료로 동일한 실험 결과를 도출할 수 있어야 하기 때문이다. 엔디는 합성생물학 분야를 자동차 산업에 비유하며 표준화의 중요성을 강조했다. 세계 어디에서든 표준화된 볼트와 너트를 구할 수 있었기 때문에 자동차 산업에서 기술 혁신이 가속화될 수 있었다. 마찬가지로 합성생물학 분야에서 부품, 장치, 시스템을 표준화한다면 연구자 누구라도 원하는 생명체를 발전적으로 합성해 낼 수 있으리라는 설명이다.

실제로 합성생물학계에서 표준화된 부품들은 2005년 엔디가 설립을 주도한 '바이오브릭재단(Biobricks Foundation)'에서 관리하고 있다. 이 재단은 매사추세츠주 법률에 따라 등록된 비영리 조직으로, 합성생물학이 상업적 목적으로 독점되는 상황에 대비하기 위해 출범했다. 바이오브릭재단은 초창기부터 표준 생물학 부품 목록(Registry of Standard Biological Parts)이 담긴 웹사이트를 만들어 해당 정보를 상세하게 공개하고 있다(그림 1 참조).

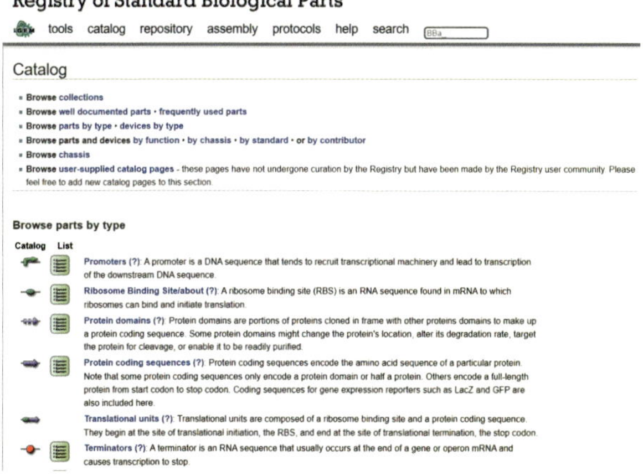

<그림 1> 표준 생물학 부품 목록의 일부

바이오브릭재단에서 관리하고 있는 부품 목록의 일부다. 그동안 표준화를 거친 유전자 요소의 염기서열과 기능을 부품, 장치, 시스템 수준에서 공개하고 있다.
(출처: https://parts.igem.org/Catalog)

합성생물학의 등장에는 유전자 합성 기술의 혁신적인 발전이 기여한 바가 크다. 이를 단적으로 보여 주는 데이터가 '칼슨 커브(Carlson Curve)'다. 롭 칼슨(Rob Carlson)은 미국의 생명공학자이자 기술시장 분석가로, 합성생물학과 바이오경제 분야에서 선구적인 인물로 알려져 있다. 그는 2000년대 초부터 DNA 염기서열의 분석 및 합성 기술의 발전 속도와 비용 변화를 추적해 시각적으로 일목요연하게 정리한 그래프를 제시해 왔다.

최근까지의 보고에 따르면, 유전자 합성과 관련된 비용 절감과 개발의 속도는 지난 10여 년간 더욱 가속화되고 있다. 예를 들어 2010년대 초에는 염기 한 쌍을 합성하는 데 1달러가 소요되고 1,500개 염기쌍을 만드는 데 4주일이 걸렸다. 하지만 최근에는 염기 한 쌍당 제작 비용이 0.01달러 미만으로 떨어졌고, 수십만~수백만 개 염기쌍의 유전자도 며칠 만에 합성할 수 있을 정도로 개발 속도가 크게 향상됐다(그림 2 참조).

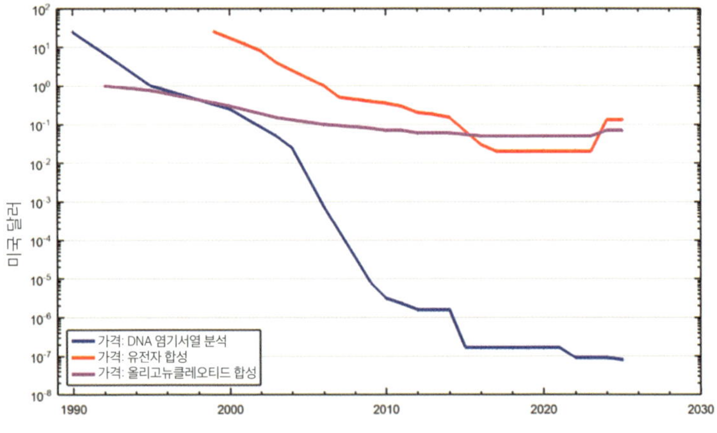

<그림 2> DNA 염기서열 분석과 합성의 속도 및 비용 추이

DNA 염기 하나를 분석하는 비용은 1990년대 수십 달러에서 10^{-7}달러까지 떨어졌다(파란 선). 이에 비해 염기 15~25개로 구성된 짧은 올리고뉴클레오티드를 합성하거나(보라 선) 이들을 대량으로 이어 길게 합성하는 데(빨간 선) 소요되는 염기쌍당 가격은 대략 0.001달러에서 0.00001달러 사이로 추정된다.
(출처: https://www.synthesis.cc/synthesis)

유전자 합성 기술의 생산성은, 4장에서 소개한 염기서열 분석의 경우처럼 반도체 분야의 '무어의 법칙'에 비견될 만큼의 추세를 보이고 있다. 실제로 DNA 합성 단가는 2000년대 이후 1~2년마다 2배씩 하락했고 생산성은 2~3년마다 2배씩 증가했다. 전체적으로 염기 한 쌍당 합성 비용이 20년 만에 수만 배 이상 저렴해진 것이다(그림 3 참조).

유전자 합성 서비스를 제공하는 기업의 수도 증가했다. 2007년에는 전 세계적으로 45개 내외였던 기업이 최근에는 수백 개로 증가해 활발하게 경쟁을 벌이고 있다. 이제는 연구자가 온라인 플랫폼에 염기서열을 입력하면 수일 내에 합성된 유전자 조각이나 전체 유전체가 배송되는 일이 일상화됐으며, 간단한 올리고뉴클레오티드 정도의 합성은 대학 실험실에서도 직접 구현할 수 있을 만큼 기술이 보편화됐다.

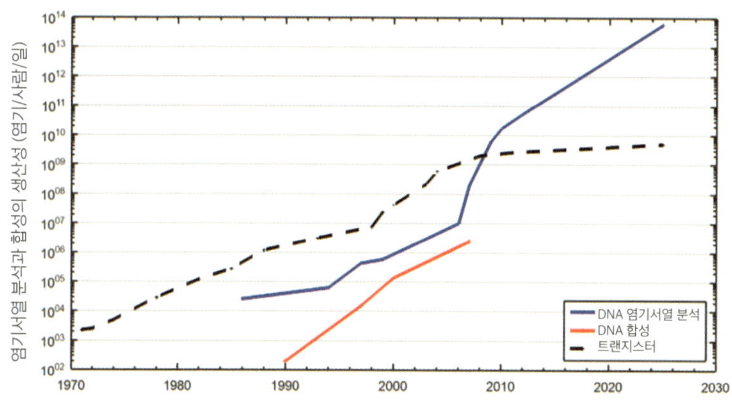

<그림 3> DNA 염기서열 분석과 합성의 생산성 추이

DNA 염기서열의 분석과 합성의 생산성은 사람이 하루에 처리할 수 있는 염기 수로 측정되는데, 이를 반도체 생산성의 지표인 무어의 법칙(검은 점선)과 비교해 나타낸 그림이다. 최근 몇 년 동안 DNA 염기서열 분석의 생산성은 무어의 법칙보다 훨씬 빠르게 향상됐다(파란 선). DNA 합성의 생산성도 민간에서 개발된 제조기를 통해 크게 증가했을 것으로 예측된다. 하지만 2008년 이후 새로운 합성 장비나 성능에 대한 자료는 공식적으로 발표되지 않았다(빨간 선).
(출처: https://www.synthesis.cc/synthesis)

바이러스에서 최소 세포까지

인간게놈을 합성하는 프로젝트가 출범할 정도라면, 그동안 합성생물학 분야에서 얼마나 많은 성과가 도출됐을까? 기존의 생명공학과 구분되는 합성생물학만의 성과를 골라내기는 쉽지 않지만, 인간 외의 생명체 게놈을 합성해 온 사례는 검토할 만하다.

먼저 생물과 무생물의 중간쯤의 존재로 알려진 바이러스 게놈의 합성 사례를 살펴보자. 사실 바이러스의 유전체 합성은 과학계에서 그다지 새로운 소식이 아니다.

1997년 미국 워싱턴DC 군사력병리학연구소의 제프리 타우벤버거(Jeffrey Taubenberger)는 1918년 스페인독감으로 사망한 사람의 조직에서 바이러스 RNA 조각들을 추출해 전체 염기서열을 알아냈다. 스페인독감 바이러스는 1918~1919년 전 세계에서 2,000만~5,000만 명을 사망시킨 무시무시한 바이러스였다. 그런데 바이러스의 게놈을 합성해 세포에 주입하자 바이러스가 활동을 시작했다. 한때 지구에서 사라진 바이러스가 2005년에 이르러 실험실에서 부활한 것이다. 합성된 게놈의 상세한 염기서열과 복원 과정은 《네이처》와 《사이언스》에 보고됐다.

다른 사례로 2002년 미국 뉴욕주립대 에커드 위머(Eckard Wimmer)의 연구 성과를 들 수 있다. 위머는 자연에서 바이러스를 얻지 않고 이미 알려진 소아마비 바이러스의 염기서열 정보를 바탕으로 실험실에서 게놈 전체를 합성했다. 이렇게 만들어진 인공 바이러스를 생쥐에 주입하자, 자연 상태의 소아마비 바이러스와 거의 동일한 감염 효과를 나타냈다. 이 연구는 기존의 염기서열 정보만으로 새로운 바이러스를 만들어 낸 최초의 사례로 평가받는다.

바이러스 게놈의 합성은 최근까지 계속 이어져 왔다. 대표적인 사례가 2019년 전 세계를 공포에 떨게 했던 코로나19 바이러스다. 팬데믹 초기에 과학자들은 약 3만 개 염기로 구성된 단일가닥의 바이러스 RNA 전체를 인공적으로 합성하는 데 성공했다. 이는 코로나19 변이 연구를 비롯해 백신과 치료제 개발에 핵심 도구로 활용됐다.

자동차 섀시에 해당하는 인공 박테리아

다음으로 박테리아의 게놈을 합성한 사례다. 대표적으로 합성생물학 분야의 대표 주자로 알려진 벤터의 업적을 살펴보자. 3장에서 셀레라를 설립해 국제컨소시엄과 경쟁하며 인간게놈프로젝트를 독자적으로 완성했다고 소개한 인물이다.

2021년 3월 29일 실험실에서 드디어 '진정한' 생명체를 합성했다는 소식이 생명과학 국제 학술지 《셀(Cell)》에 보고됐다. 2010년부터 관련 연구를 수행해 온 미국 크레이그 벤터 연구소(J. Craig Venter Institute)가 거둔 성과였다. 그동안 벤터 연구진은 특정 미생물의 유전체를 실험실에서 합성해 '최소 세포(minimal cell)'를 만들어 왔다. 특이한 점은 전체 게놈의 합성이 컴퓨터상에서 설계됐다는 사실이었다.

최소 세포는 생명 유지에 필수 기능인 대사와 복제만을 수행할 수 있도록 설계된 인공 세포를 말한다. 최소 세포는 흔히 '섀시(chassis)'라고도 불리는데, 자동차에서 섀시는 엔진, 동력 전달 장치, 브레이크, 바퀴 등 운행에 필요한 최소한의 구조물을 의미한다. 즉 최소 세포는 다양하게 설계된 유전자 회로들이 삽입된 채 무수한 분열을 거치며 인간에게 유용한 물질을 단기간에 대량으로 생산할 수 있는 도구로 활용될 수 있다.

벤터 연구진은 이미 2010년 실험실에서 최초로 인공 미생물을 제작했다고 《사이언스》에 보고해 주목을 받은 바 있다. 연구에 사용된 미생물은 소의 폐에 염증을 일으키는 박테리아의 일종인 마이코플라스마 마이코이데스로, 약 1,000개의 유전자를 갖고 있다. 연구진은 이 박테리아의 108만여 개 염기서열을 컴퓨터에서 설계하고 이를 실험실에서 합성했다. 그리고 또 다른 박테리아인 마이코플라스마 카프리콜럼의 유전체를 모두 제거한 후 여기에 합성 게놈을 이식했다. 그 결과 단백질을 생산하고 자기복제가 가능한 인공 세포가 만들어졌다. 자연에는 없던 새로운 종류의 박테리아가 실험실에서 등장한 것이다.

당시 벤터 연구진은 인공 유전체를 이식한 새로운 종을, 실험실(laboratory)에서 탄생시켰다는 의미에서 마이코플라스마 라보라토리엄(laboratorium)이라고 명명했다. 대중용으로는 신시아(Synthia) 또는 벤터의 이름을 딴 'JCVI-syn1.0'이라는 별칭도 붙였다(그림 4 참조).

이제 최소 세포를 제작하기 위해서는 박테리아의 생존, 즉 대사와 복제

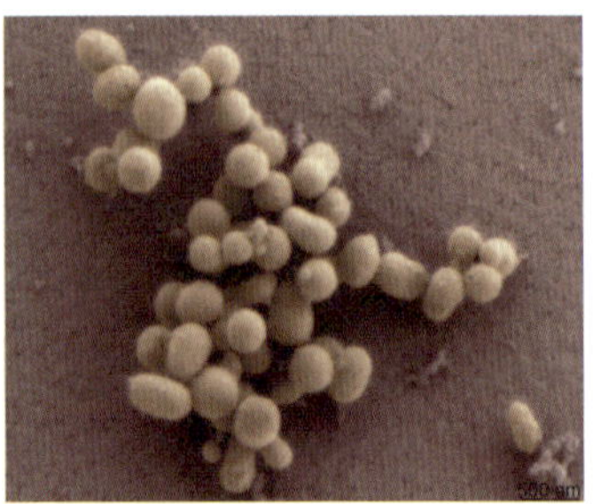

<그림 4> 2010년 벤터 연구진이 합성한 박테리아(JCVI-syn1.0)

2010년 인공 미생물을 합성을 주도한 크레이그 벤터와 해밀턴 스미스ⓐ. 스미스는 유전자 재조합 기술 개발에 기여한 공로로 1978년 노벨 생리·의학상을 수상한 인물이다. 당시 고성능의 전자 현미경으로 표면이 선명하게 촬영된 JCVI-syn1.0이다ⓑ. 외형적으로는 자연의 박테리아와 거의 유사하다.

(출처: 크레이그 벤터 연구소, https://www.jcvi.org/)

에 반드시 필요한 유전자만을 골라내는 일이 남아 있었다. 2016년 연구진은 최소 세포를 개발하는 데 성공했다고 《사이언스》에 발표했다. 유전자를 하나씩 제거하며 박테리아의 생존을 반복적으로 관찰한 끝에 예전보다 유전자가 절반 가까이 줄어든 박테리아를 만든 것이다. 이렇게 등장한 새로운 박테리아는 'JCVI-syn3.0'이라는 이름으로 불렸으며, 그 게놈은 단 473개의 유전자로 구성돼 있었다(그림 5 참조).

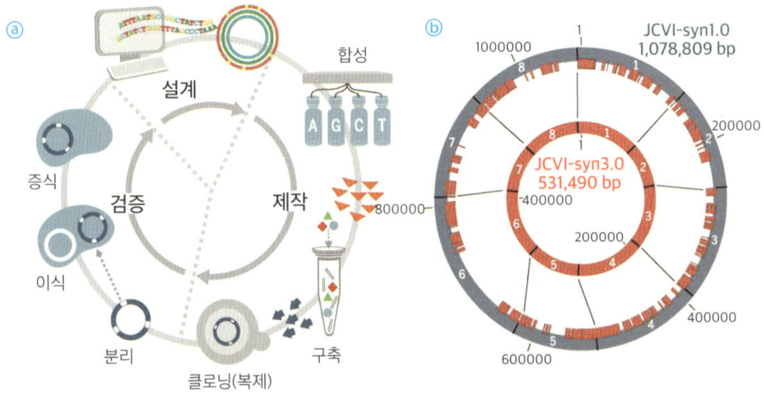

<그림 5> 2016년 벤터 연구진이 공개한 최소 세포(JCVI-syn3.0)의 제조 과정

ⓐ 컴퓨터에서의 유전체 설계, 염기서열 합성과 복제를 통한 제작, 그리고 유전체 이식을 통한 생존력 검증의 순환 과정을 나타내는 그림이다. 각 주기가 끝날 때마다 어떤 유전자가 생존에 필요한 것인지를 평가한다.

ⓑ JCVI-syn1.0(회색)의 유전체에서 생존에 필수적인 유전자만을 선별해 JCVI-syn3.0(빨간색) 유전체를 만든 과정을 보여 준다. 회색 원 내부의 빨간 막대가 1.0버전으로부터 3.0버전에 남겨진 유전자들이다.

ⓒ JCVI-syn3.0을 약 1만 5,000배 확대해 전자현미경으로 촬영한 모습이다. 이 세포는 473개의 유전자만을 갖고 살아갈 수 있도록 설계됐지만, 이 가운데 149개의 기능은 밝혀지지 않았다.

(출처: Clyde A. Hutchison et al., 2016)

하지만 이 최소 세포의 유전자 중 약 1/3은 여전히 그 기능이 알려지지 않은 상태였다. 연구진은 어떤 유전자가 생존에 필수적인지는 알아냈지만, 왜 필수적인지는 설명하지 못한 것이다.

이후 벤터 연구진은 최소 세포의 행동 양식을 좀 더 면밀히 연구한 끝에 2021년 그 성과를 《셀》에 발표했다. 이번에는 JCVI-syn3.0에 세포 분열에 필요한 유전자 7개를 추가한 'JCVI-syn3A'를 만들었다. 그리고 박테리아가 실제로 어떻게 움직이고 증식하며 세포 분열을 수행하는지를 고해상도 현미경과 컴퓨터 시뮬레이션을 통해 관찰했다. 그 결과 연구진은 최소 세포가 불규칙하면서도 자기조직적인 방식으로 분열한다는 점을 알아내는 한편, 이 과정에 유전자 7개가 핵심적으로 관여한다는 사실을 확인했다.

연구진은 여전히 필수 유전자들의 기능을 완전히 밝혀내지는 못했다. 하지만 생명의 최소 단위를 정의하고 설계하려는 합성생물학의 실현 가능성을 입증한 것은 사실이다.

인공 효모를 넘어 미니 생명체로

벤터 연구진이 박테리아에서 최소 세포를 합성하는 동안, 합성생물학의 도전은 한 단계 더 복잡한 생명체로 옮아갔다. 그 대표적인 사례는 효모(yeast)의 게놈을 합성하는 프로젝트였다. 박테리아가 대체로 하나의 염색체에 비교적 적은 유전 정보를 가진 반면, 효모는 16개의 염색체를 지닌 진핵생물로서 인간을 비롯한 고등 생명체와 같은 계통에 속한다.

'합성효모 게놈프로젝트(Synthetic Yeast Genome Project)'는 2006년에 공식 출범했다. 효모의 학술 명칭(*Saccharomyces cerevisiae*)에서 머리글자를 따

'Sc2.0 프로젝트'라고도 부른다. 이보다 앞서 진행된 'Sc1.0 프로젝트'에서는 실험실에서 많이 사용되는 야생형 효모의 표준 염기서열 정보를 확보했다(그림 6 참조).

Sc2.0 프로젝트의 목표는 Sc1.0의 성과를 바탕으로 불필요해 보이는 유전자나 반복서열을 제거하는 등 다양한 변형을 가해 인공 게놈을 합성하는 일이었다. 연구진은 효모의 염색체를 하나씩 설계하면서, 기존 게놈보다 구조를 단순화하고 안정성을 높여 연구와 산업적 활용이 가능하도록 수천 건의 변형을 시도했다. 예를 들어 게놈에서 불필요하게 이동하는 트랜스포존과 단백질을 암호화하지 않는 인트론을 대폭 없애는 한편, 염색체 일부를 재배치할 때 필요한 짧은 DNA 조각을 염색체에

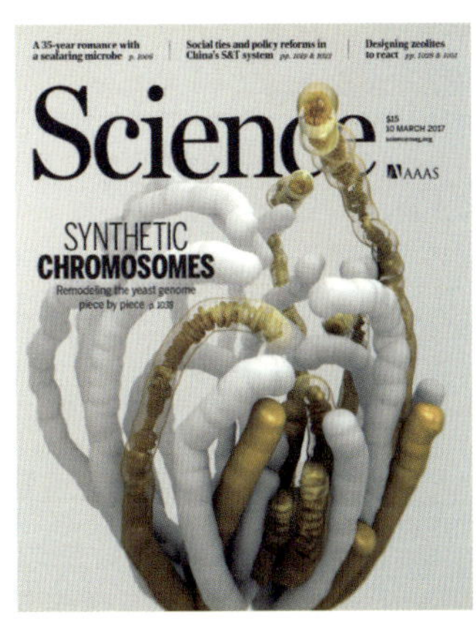

<그림 6> 2017년 3월 합성효모 게놈프로젝트 2.0을 소개한 《사이언스》 표지
효모 유전체의 가상 입체 구조를 표현한 그림이다. 흰색 부분은 원래 존재하는 염색체이고, 금색 부분은 인공적으로 설계된 합성 염색체들로 전체 효모 염색체의 약 1/3을 차지한다. 염색체 내에 DNA가 구불구불하게 묘사돼 있다.
(출처: 《사이언스》)

추가했다. 특히 효모 여기저기에 흩어져 있는, tRNA를 생성하는 DNA 부위 275개를 모아 새롭게 제조한 17번째 염색체(네오크로모솜, neo-chromosome)에 배치한 시도가 독특했다. 차후 인공 효모에서 단백질 생산을 유도할 때 tRNA를 효과적으로 사용하기 위한 준비 작업이었다.

이어 연구진은 서로 다른 합성 염색체를 가진 효모들을 반복적으로 교배함으로써 최종적으로 최대 7.5개의 합성 염색체를 가진 효모, 즉 전체 DNA의 50% 정도가 인공적으로 구성된 효모를 만들어 냈다. 이 결과는 2023년 11월 《셀》을 비롯해 여러 학술지에 발표됐는데, 당시 《셀》의 표지는 Sc2.0의 성과를 기념하는 일러스트로 장식됐다(그림 7 참조).

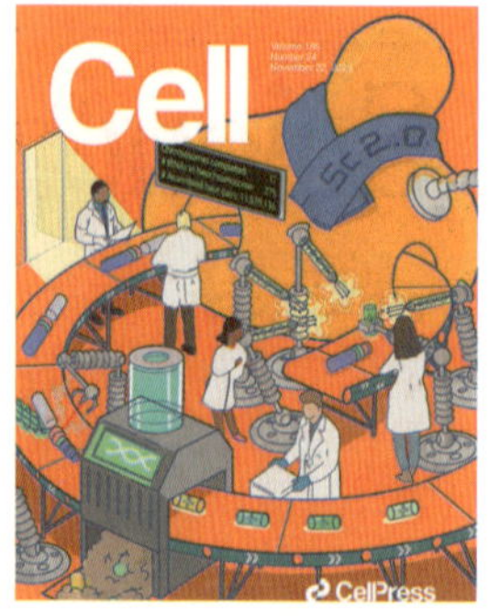

<그림 7> 2023년 11월 합성효모 게놈프로젝트 2.0의 완성을 기념한 《셀》 표지

효모의 게놈 합성 프로젝트(Sc2.0) 완성을 기념하면서 대규모 연구의 현장을 상징적으로 그려낸 표지다. 연구자들이 컨베이어 벨트 위에서 다양한 DNA 조각을 설계해 조립하고 불필요한 부품은 폐기하는 모습은 합성생물학의 특징적인 연구 방법을 보여 준다. 다양한 인종과 성별의 과학자들은 국제적 협업의 의미를 담고 있다. 가운데 상단 모니터의 표기(완성된 염색체 17개, 네오크로모솜에 모인 tRNA 275개, 합성된 염기쌍 1,153만여 개)는 이번 프로젝트의 주요 성과를 나타낸다.
(출처: 《셀》)

이후 2024년 유럽에서는 기존의 합성생물학 연구를 한 단계 더 확장하는 대규모 프로젝트인 'MiniLife'가 출범했다. 유럽연구위원회(ERC)의 지원 아래 약 1,300만 유로(약 210억 6,000만 원)의 규모로 6년에 걸쳐 진행되는 국제 프로젝트였다.

MiniLife의 목표는 이전까지 합성생물학 분야에서의 시도들과는 근본적으로 달랐다. 예를 들어 벤터 연구진이 만든 최소 세포(JCVI-syn3A)는 자연계 박테리아의 유전체를 극한까지 단순화해 설계한 것이었고, Sc2.0 프로젝트는 기존 효모의 유전체를 인공적으로 재조립하고 최적화하는 데 집중했다. 이들은 공통적으로 자연에 존재하는 생물의 생체분자를 참고해 새로운 형태로 재구성하려는 시도였다. 반면 MiniLife는 기본적인 화학물질만으로 실험실에서 완전히 새로운 생명 시스템을 구현하는 일에 도전한다. 지구에 처음 생명이 태어났을 때의 '원시세포(protocell)'를 인공적으로 만들어 내려는 것이다. 기존 생명체에 들어 있는 DNA나 단백질 같은 생체분자의 사용을 최소화하는 한편, 화학적으로 단순한 분자, 가령 이산화탄소, 암모니아, 메탄, 수소 등 유기체를 구성하는 기본 분자를 활용해 핵산과 막으로 이뤄진 최초의 단세포 생물이 형성된 과정을 탐구한다.

상상을 뛰어넘는 성취와 우려

무엇을 상상해도 그 이상일 것이다.

합성생물학이 세상에서 어떤 역할을 할 수 있을지 설명할 때 곧잘 등장하는 표현이다. 인간의 유전체를 컴퓨터에서 설계하고 실험실에서 직접 합성하는 프로젝트가 완성된다면, 그 영향력은 우리의 상상을 뛰어넘을 만큼 크고 적용 범위 또한 매우 방대할 것이다.

가령 MiniLife는 그동안 이론과 추측에 머물러 있던 '생명의 정의'와 '생명이 탄생하는 최소 조건'을 실험으로 검증할 수 있는 길을 열고 있다. 그렇다면 실용적인 측면에서는 어떤 변화가 기대될까? 아직 그 미래를 누구도 구체적으로 예측하기는 어렵다.

여기서는 벤터 연구진이 만든 최소 세포를 바탕으로, 앞으로 전개될 만한 시나리오를 두 가지 방향으로 나눠 살펴보려 한다. 첫째, 박테리아에서 만든 최소 세포에 인간의 일부 유전자를 넣는 경우, 그리고 둘째, 아예 인간 세포 자체를 최소한의 유전자로 새로 만드는 상황이다. 두 방향은 서로 기술 수준과 의미가 다르겠지만, 인간게놈 합성의 영향이 어디까지 미칠 수 있는지를 대략이나마 가늠하게 해 줄 수 있다.

최소 세포가 인간 유전자를 갖춘다면?

먼저 벤터 연구진의 최소 세포를 응용하는 사례를 상상해 보자. 인간 세포에서는 특정 유전자가 다른 유전자들과 복잡한 상호작용을 하기 때문에, 그 고유의 기능을 찾아내기 어렵다. 하지만 최소 세포는 불필요한 유전자가 제거된 덕분에, 여기에 인간의 특정 유전자를 삽입하면 본연의 역할을 상대적으로 명확하게 추적할 수 있다. 가령 특정 질병과 관련된 유전자 고유의 기능을 밝히고 새로운 표적 치료의 단서를 발견할 수 있다.

또한 최소 세포는 효율적인 '생산 공장' 역할도 수행할 수 있다. 박테리아의 빠른 분열 속도로 인해 인간에게 필요한 희귀 치료용 효소, 암세포 항원 백신 등 기존의 시스템으로는 만들기 어려웠던 다양한 생체 물질을 대량으로 생산할 수 있다.

물론 기존의 유전자 재조합 기술이나 크리스퍼 기술로도 대량의 약물을 얻을 수 있다. 최소 세포와 이들 간의 중요한 차이는 '배경의 단순함'에 있다. 가령 유전자가 변형된 대장균은 여전히 수천 개의 자체 유전자와 복잡한 대사 경로를 지니고 있어, 삽입된 인간 유전자의 기능이 제대로 발현되기 어려울 수 있다. 반면 최소 세포는 필수 유전자 외의 요소가 대부분 제거됐기 때문에 단백질의 품질과 생산 효율이 높아진다.

다음으로 인간 세포에서 생존에 요구되는 필수 유전자들만을 조합해 만든 최소 세포를 떠올려 보자. 이 최소 세포는 박테리아의 경우와는 달리 인간 고유의 유전자 네트워크, 대사 경로, 신호전달 체계 등을 어느 정도 보유하고 있다. 따라서 특정 유전자의 기능이나 변이, 여러 유전자의 조합 등이 세포에 미치는 영향을 인간의 생리 환경에 가장 근접한 조건에서 분석할 수 있다. 그 결과 임상 현장에서 직접 관찰하기 힘든 유전자 변이의 효과나 약물에 대한 반응 등을 정밀하게 추적할 수 있다.

최근 미국 라이스대 연구진이 선보인 '스마트 세포'는 최소 세포의 응용 가능성을 보여 주는 한 가지 사례다. 2025년 1월 2일 자 《사이언스》에 게재된 논문에 따르면, 연구진은 단백질 인산화라는 세포 내 신호전달 과정을 유전자 회로 형태로 설계해 인간 세포에 삽입했다. 이렇게 제작된 스마트 세포는 염증 생성, 종양 성장, 혈당 수치 변화 등 다양한 질병 신호를 실시간으로 감지할 수 있으며, 위험 신호를 인식하면 불과 수 초에서 수 분 이내에 곧바로 치료 단백질을 생산한다.

만일 라이스대의 스마트 회로가 벤터의 최소 세포에 이식된다면, 이 세포는 단백질 생산 공장을 넘어 외부 환경을 인식하고 실시간으로 대응하는 지능형 시스템으로 작용할 수 있다. 예를 들어 세포 내 설계 회로가 특정 암세포 항원을 감지하면 면역반응에 필요한 항체를 즉각 합성할 수 있을 것이다. 또한 환경에 유해한 오염물질이 세포 주변에서 탐지될 경우, 스마트 회로가 이를 감지해 분해 단백질을 대량으로 생산할 수 있다.

나아가 스마트 회로가 인간 유래 최소 세포에 이식된다면, 개인마다 다르게 나타나는 질병 상태나 생리적 변화를 실시간으로 감지하고 치료 단백질이나 조절인자를 신속히 생산해 낼 수 있을 것이다. 즉 개별 환자의 상태에 최적화된 진단과 치료가 동시에 이뤄지는 차세대 합성 세포가 구현될 수 있다.

미생물과 세포의 어감 차이

이렇듯 합성생물학의 응용 범위는 무궁무진하지만, 인간게놈을 합성했을 때 발생하는 사회적 고민과 윤리적 문제 또한 매우 다양하고 복잡하게 전개될 것이다. 인간게놈 합성 프로젝트는 기존의 인간게놈프로젝트에서 다뤄지던 사회적 이슈를 한층 심화할 뿐 아니라 인간 존재와 생명의 본질적 의미에 대해 더욱 근본적인 성찰을 요구한다.

특히 '합성'이라는 행위 자체가 갖는 윤리적 문제가 두드러진다. 기존의 생명공학이 자연에 존재하는 유전자나 생명체를 변형하는 일에 집중한 데 비해, 인간의 게놈을 아예 새롭게 설계하고 제작하는 일은 '자연'과 '인공'의 경계가 무엇인지에 대한 고민을 불러일으킨다. 더불어 '생명의 창조 행위'와 '인간의 정체성'을 둘러싼 성찰적 질문들이 새롭게 부각된다. 어쩌면 "우리는 인간과 생태계를 어느 정도까지 만들어 낼 수 있는가?"와 같은 충격적인 물음이 사회에 던져질지도 모른다(그림 8 참조).

여기서 좀 더 근본적으로 짚어 볼 한 가지 사안이 있다. 그동안 합성생물학계에서 설계되고 제조된 미생물도 생물학적으로는 엄연한 생명체라는 점이다. 하지만 이 사실이 일반인에게는 그다지 큰 관심을 끌지 못하고 있다.

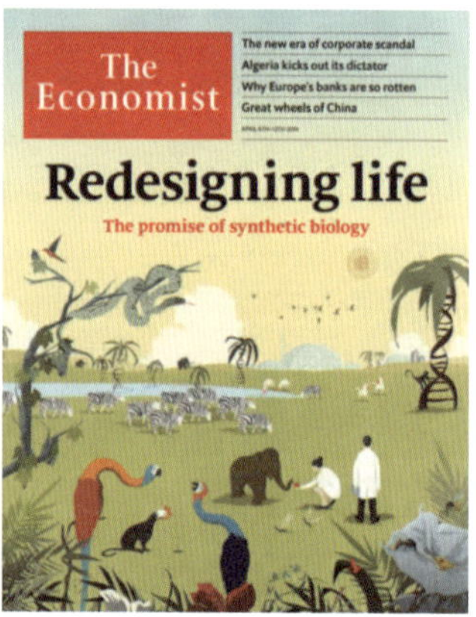

<그림 8> 합성생물학의 사회적 이슈를 표현한 《이코노미스트》 표지들
《이코노미스트(The Economist)》의 두 표지는 합성생물학이 불러올 과학적 혁신과 윤리적 논란을 상징적으로 드러내고 있다. 첫 번째 표지는 인간이 생명을 창조하는 신의 영역에 도전한다는 메시지를 전한다. 두 번째 표지는 인간이 자연을 새롭게 설계하는 미래상을 제시하며, 합성생물학이 생명체와 생태계, 나아가 인간 존재 자체에 미치는 영향과 그에 따르는 책임을 강조한다. (출처: 《이코노미스트》)

흔히 세균으로 번역되는, 단세포로 이뤄진 박테리아의 단수형인 박테리움(bacterium)은 '하나의 생물(single organism)'이란 의미를 가진다. 그럼에도 합성생물학이 적용된 박테리아의 '도덕적 지위'에 대한 논의는 대부분의 사람들에게 매우 피상적인 느낌으로 다가오기 쉽다. 실제로 인간의 게놈을 합성한다는 소식에는 즉각 사회적으로 생명윤리 논란이 촉발됐지만, 효모의 게놈이 합성됐다는 발표에는 별다른 반응이 드러나지 않았다. 설령 미생물이 생명체로 인식된다 해도 인간을 비롯한 동물이나 식물에 비해 상대적으로 '미미한' 존재로 여겨지기 쉽다.

따지고 보면 미생물을 하등한 존재로 보는 일반인의 인식은 과학계의 계통분류학적 지식과 확실히 괴리가 있다. 미생물은 그저 육안으로 보이지 않는 작은 생명체라는 의미의 일상용어일 뿐이다. 19세기 유럽의 생물학자들은 현미경과 미세한 필터 장치 등을 통해 각종 질병의 원인이 맨눈으로 보이지 않는 생명체에서 비롯된다는 '세균설(germ theory)'을 정립했다. 그리고 미생물은 학문적으로 동물이나 식물처럼 하나의 독립된 '계(Kingdom)'를 이루는 것으로 분류했다. 이후 계보다 한 단계 높은 분류군으로 '영역'이 상정됐는데, 대체로 지구 생명체는 박테리아 영역, 고세균 영역, 그리고 진핵생물 영역 등으로 구분되고 있다. 동물계와 식물계는 진핵생물 영역에 속하며, 흔히 미생물이라 부르는 생명체는 유전자를 둘러싸는 핵막이 없는 원핵생물인 박테리아와 고세균 영역에 포함된다. 이에 비해 사회에서는 인간을 기준으로 나머지 생명체를 '고등(higher)' 또는 '하등(lower)'으로 구분하는 통념이 퍼져 있다.

최근 서구 사회에서는 그동안 고등 생명체로 일컬어지는 대상에 한정해서 생명의 본질을 논의해 온 전통을 벗어나 미생물에 대한 철학적 논의가 필요하다는 문제의식이 제기됐다. 만일 사회에서 미생물의 생물학적 지위가 지금보다 높게 인식된다면, 미생물을 합성하는 학계의 접근은 좀 더 조심스러워지게 될 것이다. 흥미롭게도 그 가능성은 합성생물학 연구 자들 자신에게서 도출되기도 했다. 예를 들어 효모의 게놈을 합성해 온 연구자들의 활동을 관찰한 결과, 가축이나 애완동물의 경우와 유사하게 효모에 대해 '애정'을 느끼기도 하고, 심지어 실험 과정을 '고문(torture)'이라 표현하며 연구의 당위성을 두고 갈등하는 상황도 벌어졌다. 이 같은 심리 상태는 "효모가 유전체에 굉장히 심한 고문을 겪으면서도 여전히 행복하고 건강할 수 있다는 게 놀랍다"는 한 연구자의 표현에서 단적으로 확인됐다. 오랫동안 친숙하게 느껴 온 연구 대상에게 자신도 모르게 인간적 감정이 이입된 결과였다.

이런 상황을 의식해서일까? 공교롭게도 합성 박테리아나 효모에 대한 공식 발표에서는 '세포'라는 용어가 자주 혼용돼 나타난다. 세포는 '생물의 구조적·기능적 기본 단위'로 정의돼 있는, 일종의 물질적 존재에 해당한다. 그래서인지 합성생물학의 초창기 성과 발표에서 많이 등장한 '생명체의 창조'라는 표현은 점차 '최소 유전체를 가진 인공 세포', '게놈 합성 효모 세포', '컴퓨터에서 시뮬레이션을 거친 생물학적 시스템' 등으로 대체되고 있는 것 같다.

'합성 게놈 인간'도 출현할까?

현재 인간게놈 합성 기술은 주로 세포 수준에 머물러 있지만, 미래에는 훨씬 극적인 상황이 펼쳐질 가능성도 상상해 볼 수 있다. 예를 들어 앞서 언급한 처치의 네안데르탈인 복원 계획은 사회적 논란 속에서 해프닝으로 마무리됐지만, 그 발언의 근거였던 기술적 실현 가능성 자체는 여전히 유효하다. 어쩌면 합성생물학은 사회적 우려 속에서도 조용히 기술적 한계를 조금씩 넘어서고 있을지 모른다.

만일 처치가 언급한 기술이 네안데르탈인이 아니라 우리 호모 사피엔스에게 적용된다고 가정한다면 너무 지나친 상상일까? 인간의 게놈을 인공적으로 합성한 뒤 이를 줄기세포에 이식하고, 다시 인간 난자와 융합시켜 배아를 만드는 방식, 즉 복제 기술이 활용된다면 어떨까? 이론적으로는 '합성 게놈을 가진 인간'의 출현도 불가능하지 않을 것이다. 물론 사회적으로 용인되기 어려운 사안이기 때문에 조만간 시도될 일은 없으리라 생각한다. 하지만 기술적 가능성을 염두에 둔다면, 지금 우리 사회가 미리 논의하고 대비해야 할 시나리오일지 모른다.

최근 과학계에서 새롭게 보고되는 성과들을 계속 접하다 보면 이런 생각을 떨치기 어려워진다. 예를 들어 이스라엘 와이즈만 과학연구소는 난자나 정자 없이 인간의 줄기세포만으로 배아와 비슷한 구조를 만드는 데 성공했다고 2023년 9월 6일 자 《네이처》에 발표했다. 이 배아 유사체는 실제 배아가 수정 후 14일이 경과한 시점, 즉 자궁에서의 착상이 완료되고 초기 형태가 드러나는 단계와 유사했고, 임신 테스트에서 양성 반응이 나올 정도로 특정 호르몬을 분비했다.

만일 인공 배아 모델에 합성생물학의 기술력이 더해진다면 어떨까? 원하는 기능을 갖춘 유전체를 설계해 여기에 삽입한다면 질환 원인의 규명과 신약 개발에서 예전보다 훨씬 정밀하고 효율적인 성과를 도출할 수 있을 것이다. 하지만 이 실험 모델이 인간의 실제 배아와 본질적으로 무엇이 다른지를 두고 근본적인 의문이 발생할 수밖에 없다.

한편에서는 피부세포 같은 체세포를 역으로 분화시켜 줄기세포를 생성하는 기술도 활발히 개발돼 왔다. 급기야 줄기세포를 정자와 난자 같은 생식 세포로까지 분화시키는 연구가 이미 동물실험에서 성공했다고 한다. 이 기술이 인간에게 적용된다면, 그리고 여기에 합성생물학의 성과가 결합한다면 어떤 일이 벌어질까? 실험실에서 설계된 인공 세포를 정자나 난자로 직접 분화시킬 수 있게 되지 않을까? 최소한 기술적인 측면에서는 상상할 수 있는 시나리오다.

이제 인류는 자연에 존재하지 않던 완전히 새로운 생명체를 만들 수 있는 능력을 거의 갖춘 것 같다. 합성생물학의 잠재력을 어디까지, 어떻게 활용할지는 결국 인류의 선택과 판단에 달려 있다.

참고문헌

국문

건강보험심사평가원(2023.7). 『요양급여의 적용기준 및 방법에 관한 세부사항과 심사지침』.

곽민정·김지현(2017). 「인체 마이크로바이옴 연구개발 동향」, 《KHIDI 전문가 리포트》, 2017-3, 한국보건산업진흥원 R&D진흥본부 R&D기획단 R&D조사분석팀.

국가생명공학정책연구센터(2023.1.5). 「영국과 뉴욕시의 신생아 게놈 시퀀싱 프로젝트」, 《BioIN watch》, 23-2, 1~6.

국가생명윤리정책원(2022.12). 『DTC 유전자 검사 서비스를 위한 항목 신청 가이드라인(유전자 검사 기관용)』.

_________________(2022.7). 『DTC 유전자 검사 소비자를 위한 길라잡이』.

김나경(2018). 「DTC(Direct-to-Consumer) 유전자 검사의 정당성 구조와 법정책」, 《의료법학》, 19(3), 81~120.

김명신(2019). 『DTC 유전자 검사 항목에 대한 결과 전달 가이드라인 개발 연구』, 보건복지부.

김명희(2021). 『DTC 유전자 검사 기관 관리방안 연구』, 보건복지부.

김민혜(2024). 「글로벌 RNA 치료제 성장 기회」, 《BioINdustry》, No. 197. 국가생명공학정책연구센터.

김종원(2015). 『질병예측성 유전자 검사 관리 개선안 적용 연구』, 질병관리본부.

김훈기(2010). 『합성생명-창조주가 된 인간과 불확실한 미래』, 이음.

_______(2015). 『바이오해커가 온다-생명공학을 해킹하는 신인류에 관한 보고서』, 글항아리.

_______(2017). 「유전자 변형 농산물의 안전성 설득을 위한 은유-크리스퍼/카스9에 대한 대중적 표현에서의 부각과 은폐」, 《수사학》, 29, 55~80.

_______(2019). 「'맞춤아기'의 세 가지 의학적 의미와 대중 은유에 대한 고찰」, 《예술인문사회융합멀티미디어 논문지》, 9(11), 601~611.

_______(2021). 「'바이러스와의 전쟁' 은유의 의미와 한계」, 《수사학》, 40, 29~61.

_______(2022). 「합성생물학 분야의 은유와 그 의미전달의 한계」, 《차세대융합기술학회논문지》, 6(9), 1665~1675.

_______(2024). 「국내 DTC 유전자 검사에서 '질병 예측' 항목의 개념과 실제-보건복지부의 '암묵적 허용'과 산업통상자원부의 '명시적 허용'」, 《아시아태평양융합연구교류논문지》, 10(1), 231~244.

_______(2024). 「생명윤리법의 DTC 유전자 검사 허용 추이에 대한 비판적 고찰-질병과 웰니스 항목의 불명확한 법적 구분과 그 영향」, 《과학기술과 법》, 15(2), 1~30.

______(2024). 「한국 DTC 유전자 검사 규제의 추이와 특성-2015년 생명윤리법 개정의 배경과 영향」, 《문화와 융합》, 46(1), 343~357.

네사 캐리, 이충호 옮김(2018). 『정크 DNA』, 해나무.

배정민(2012). 『그림으로 이해하는 닥터 배의 술술 보건의학통계』, 한나래.

스티븐 하이네, 이가영 옮김(2018). 『유전자는 우리를 어디까지 결정할 수 있나』, 시그마북스.

앙드레 피쇼, 이정희 옮김(2010). 『유전자 개념의 역사』, 나남.

윤혜섭·박돈하·장수철(2022). 「일반생물학 교양 교과에서 '사례를 통한 개념 학습'의 예로서 겸형혈구증 활용에 관한 연구」, 《교양학연구》, 19, 143~173.

이성재·전상학(2020). 「유전 영역에서의 우성 돌연변이에 대한 분자적인 특징의 이해」, 《현장과학교육》, 14(2), 227~244.

이일하(2014). 『이일하 교수의 생물학 산책: 21세기에 다시 쓰는 생명이란 무엇인가?』, 궁리.

임홍탁 외(2022). 『유전자변형 생물체 국제 논의 주요 이슈 대응방안 연구』, 한국생명공학연구원 바이오안전성정보센터.

전방욱(2019). 『크리스퍼 베이비-유전자 변형 인간의 탄생』, 이상북스.

정상모(2003). 「유전자 개념의 발견법적 특성: 유전자는 있는가?」, 《대동철학회지》, 23(23), 1~25.

제리 비숍·마이클 월드홀츠, 김동광·과학세대 옮김(1995). 『유전자 사냥꾼』, 동아출판사.

조은희(2014). 「유전 정보에 대한 윤리적 쟁점의 변천」, 《생명윤리》, 15(1), 39~55.

최재천 외, 과학동아북스 편집부 엮음(2013). 『내 생명의 설계도 DNA』, 동아엠앤비.

영문

Abdellaoui Abdel et al.(2023). 15 years of GWAS discovery: Realizing the promise, *The American Journal of Human Genetics*, 10(2), 179~194.

Alastair Crisp et al.(2015). Expression of multiple horizontally acquired genes is a hallmark of both vertebrate and invertebrate genomes, *Genome Biology*, 16, Article number 50.

Alban Ziegler et al.(2025). Expanded newborn screening using genome sequencing for early actionable conditions, *The Journal of the American Medical Association*, 333(3), 232~240.

Alex Lopata(2009). History of the egg in embryology, *Journal of Mammalian Ova Research*, 26(1), 2~9.

Alexander J. Gates et al.(2021). A wealth of discovery built on the Human Genome Project—by the numbers, *Nature*, 590, 212~215.

Ambroise Wonkam(2021). Sequence three million genomes across Africa, *Nature*, 590, 209~211.

Annet Wauters & Ine Van Hoyweghen(2016). Global trends on fears and concerns of genetic discrimination: a systematic literature review, *Journal of Human Genetics*, 61, 275~282.

Annika Inampudi(2025.8.1). Blood taken from Danish babies ended up in huge genetic study—without consent(https://www.science.org/content/article/blood-taken-danish-babies-ended-huge-genetic-study-without-consent?utm_source=sfmc&utm_medium=email&utm_content=alert&utm_campaign=WeeklyLatestNews&et_rid=300357479&et_cid=5698255)

Catherine Baker(1997). *Your Genes, Your Choices*, U.S. Department of Energy Office of Science.

Ceymi Doenyas et al.(2025). Gut-brain axis and neuropsychiatric health: recent advances, *Scientific Reports*, 15(3415), DOI: 10.1038/s41598-025-86858-3.

Charnell Peters(2025). 1997: "Your genes, your choices" and public education about the ethical, legal and social issues of the Human Genome Project, *Public Understanding of Science*, 34(2), 256~260.

Cheryl Erwin et al.(2010). Perception, experience, and response to genetic discrimination in Huntington disease: the international RESPOND-HD study, *American Journal of Medical Genetics PART B-Neuropsychiatric Genetics*, 153B(5), 1081~1093.

Clyde A. Hutchison et al.(2016). Design and synthesis of a minimal bacterial genome, *Science*, 351(6280), DOI:10.1126/science.aad6253.

Daniel Tepfer(2023.6.30). Jury awards $2.5 million to Shelton man over false DNA paternity test result, *ctpost*(https://www.ctpost.com/news/article/jury-awards-2-5-million-shelton-man-dna-18177893.php?utm_source=chatgpt.com).

Deborah Mascalzoni et al.(2022). Ten years of dynamic consent in the CHRIS study: informed consent as a dynamic process, *European Journal of Human Genetics*, 30, 1391~1397.

Diya Uberoi et al.(2024). The key features of a genetic nondiscrimination policy: a delphi consensus statement, *JAMA Network Open*, 7(9), e2435355, DOI:10.1001/jamanetworkopen.2024.35355.

Elizabeth Pennisi(2021). Genomes arising, *Science*, 371(6529), 556~559.

Eric T. Juengst(2000). Concepts of disease after the Human Genome Project, in Stephen Wear et al ed., *Ethical Issues in Health Care on the Frontiers of the Twenty-First Century*, Springer Dordrecht, 127~154.

Ewan Bolton(2025.2.18). As Japan starts compensation payments, forced sterilization continues around the world, *The Telegraph*(https://www.telegraph.co.uk/global-health/women-and-girls/as-japan-starts-compensation-payments-forced-sterilisation/).

Fowzan S. Alkuraya(2021). A genetic revolution in rare-disease medicine, *Nature*, 590, 218~219.

Francis S. Collins & Victor A. McKusick(2001). Implications of the Human Genome Project for Medical Science, *JAMA*, 285(5), 540~544.

Friedrich Otto Vogel(1964). A preliminary estimate of the number of human genes, *Nature*, 201, 847.

Genomics England(2022.10). *Choosing conditions, genes, and variants: Four guiding principles*.

Genomics England(2024.10.3). *Participant Information Sheet*, IRAS number 324562, V5.0.

Hermann Joseph Muller & Theophilus Shickel Painter(1929). The cytological expression of changes in gene alignment produced by X-rays in Drosophila, *The American Naturalist*, 63(686), 193~200.

Ian Kobain(2016.6.7). Killer breakthrough-the day DNA evidence first nailed a murderer, *The Guardian*(https://www.theguardian.com/uk-news/2016/jun/07/killer-dna-evidence-genetic-profiling-criminal-investigation?utm_source=chatgpt.com).

IHGSC(2001). Initial sequencing and analysis of the human genome, *Nature*, 409(6822), 860~921.

Iñigo Martincorena et al.(2015). High burden and pervasive positive selection of somatic mutations in normal human skin, *Science*, 348(6237), 880~886.

Jacob S. Sherkow et al.(2024). The Myriad decision at 10, *Annual Review of Genomics and Human Genetics*, 25(1), 397~419.

James D. Watson & Francis H.C. Crick(1953). Molecular structure of nucleic acids: a structure for deoxyribose nucleic acid, *Nature*, 171, 737~738.

James F. Pelletier et al.(2021). Genetic requirements for cell division in a genomically minimal cell, *Cell*, 184(9), 2430~2440.

Jay D. Aronson(2005). DNA fingerprinting on trial: the dramatic early history of a new forensic technique. *Endeavour*, 29(3), 126~131.

Jennifer Sills(2021). Beyond DNA: the rest of the story, *Science*, 371(6529), 560~563.

Jef D. Boeke et al.(2016). The genome project-write, *Science*, 353(6295), 126~127.

John Craig Venter et al.(2001), The sequence of the human genome, *Science*, 291(5507), 1304~1351.

Karen H. Miga(2021). Breaking through the unknowns of the human reference genome, *Nature*, 590(7845), 217~218.

Kathianne Boniello(2025.4.20). NYC woman had abortion at 20 weeks after paternity test-only to find out lab was wrong, *New York Post*(https://nypost.com/2025/04/12/us-news/woman-has-abortion-after-incorrect-paternity-test-lawsuit/?utm_source=chatgpt.com).

Kathryn M. Jones et al.(2018). The Bermuda Triangle: the pragmatics, policies, and principles for data sharing in the history of the human genome project, *Journal of the History of Biology*, 51, 693~805.

Kathryn M. Jones et al.(2021). Complicated legacies: the human genome at 20, *Science*, 371(6529), 564~569.

Katie Moisse(2013.5.27). Angelina Jolie loses aunt to breast cancer: should you get BRCA gene testing?, *ABC News*(https://abcnews.go.com/blogs/health/2013/05/27/angelina-jolie-loses-aunt-to-breast-cancer-should-you-get-brca-gene-testing).

Katie Kavanagh(2025.9.5). First CRISPR horses spark controversy: what's next for gene-edited animals?, *Nature*(https://www.nature.com/articles/d41586-025-02800-7).

Keith A. Grimaldi et al.(2017). Proposed guidelines to evaluate scientific validity and evidence for genotype-based dietary advice, *Genes & Nutrition*, 12(35), Article number 35. DOI: https://doi.org/10.1186/s12263-017-0584-0.

Kendall Powell(2021). How a field built on data sharing became a tower of Babel, *Nature*, 590(7845), 198~201.

Kristen V. Brown(2024.11.12). Genetic discrimination is coming for us all, *The Atlantic*(https://www.theatlantic.com/health/archive/2024/11/dna-genetic-discrimination-insurance-privacy/680626/?utm_source=chatgpt.com).

Lenka Dohnalová et al.(2022). A microbiome-dependent gut-brain pathway regulates motivation for exercise, *Nature*, 612(7941), 739~747.

Leroy Hood & Lee Rowen(2013). The Human Genome Project: big science transforms biology and medicine, *Genome Medicine*, 5, Article number 79.

Linus Pauling & Robert B. Corey(1953). A Proposed Structure for the Nucleic Acids, *Proceedings of the National Academy of Sciences*, 39, 84~97.

Matthew Cobb(2012). An amazing 10 years: the discovery of egg and sperm in the 17th century, *Reproduction in Domestic Animals*, 47, Suppl 4: 2-6. DOI: 10.1111/j.1439-0531.2012.02105.x.

Matthew Rozsa(2023). The scientist who discovered sperm was so grossed out he hoped his findings would be repressed-Antonie Philips van Leeuwenhoek, the father of microbiology, was horrified by how sperm looked under the microscope(https://www.salon.com/2023/01/02/the-scientist-discovered-sperm-was-so-grossed-out-he-hoped-his-findings-would-be-repressed/).

Mihaela Pertea & Steven L. Salzberg(2010). Between a chicken and a grape: estimating the number of human genes, *Genome Biology*, 11, Article number 206.

Mitch Leslie(2023.11.8). Synthetic yeast project unveils cells with 50% artificial DNA designer chromosomes enable new studies of genome organization and evolution(https://www.science.org/content/article/synthetic-yeast-project-unveils-cells-50-artificial-dna).

Namandjé N. Bumpus(2021). For better drugs, diversify clinical trials, *Science*, 371(6529), 570~571.

Pascal Maguin & Luciano A. Marraffini(2021). From the discovery of DNA to current tools for DNA editing, *Journal of Experimental Medicine*, 218(4), e20201791. DOI: 10.1084/jem.20201791.

Paul R. Billings et al.(1992). Discrimination as a consequence of genetic testing, *The American Journal of Human Genetics*, 50(3), 476~482.

Ranim Mahmoud et al.(2022). Genetics of obesity in humans: a clinical review, *International Journal of Molecular Sciences*, 23(19), 11005.

SCBD(2022). *CBD Technical Series No.100-Synthetic Biology*.

Sebastian Köhler et al.(2014). The Human Phenotype Ontology project: linking molecular biology and disease through phenotype data, *Nucleic Acids Research*, 42(1), 966~974.

Shen Tian et al.(2024). A microRNA is the effector gene of a classic evolutionary hotspot locus, *Science*, 386(6726), 1135~1141.

Signe Altmäe et al.(2017). Celebrating Baer-a Nordic scientist who discovered the mammalian oocyte, *Acta Obstetricia et Gynecologica Scandinavica*. DOI: 10.1111/aogs.13234.

Silvia Cernea Clark(2025.1.3). Major breakthrough for 'smart cell' design(https://news.rice.edu/news/2025/major-breakthrough-smart-cell-design).

Sneha Khedkar(2025.3.6). Same drug, new actions: metabolomics reveals hidden drug effects, *TheScientist*(https://www.the-scientist.com/).

Steve D.M. Brown & Mark W. Moore(2012). Towards an encyclopaedia of mammalian gene function: the International Mouse Phenotyping Consortium, *Disease Models and Mechanism*, 5(3), 289~292.

Steven L. Salzberg(2018). Open questions: how many genes do we have?, *BMC Biology*, 16, Article number 94.

Stuart S. Howards(1997). Antoine van Leeuwenhoek and the Discovery of Sperm, *Fertility and Sterility*, 67(1), 16~17.

Sven Furberg(1952). On the structure of nucleic acids, *Acta Chemica Scandinavica*, 6, 634~640.

The International HapMap Consortium(2003). The International HapMap Project, *Nature*, 426, 789~796.

Ting Wang et al.(2022). The Human Pangenome Project: a global resource to map genomic diversity, *Nature*, 604, 437~446.

Vassily Trubetskoy et al.(2022). Mapping genomic loci implicates genes and synaptic biology in schizophrenia, *Nature*, 604, 502~508.

Vitor Heidrich et al.(2025). Human microbiome acquisition and transmission. *Nature Reviews Microbiology*. DOI: 10.1038/s41579-025-01166-x.

Ziad Ahmed Memish & Mohammad Y Saeedi(2011). Six-year outcome of the national premarital screening and genetic counseling program for sickle cell disease and β-thalassemia in Saudi Arabia, *Annals of Saudi Medicine*, 31(3), 229~235.